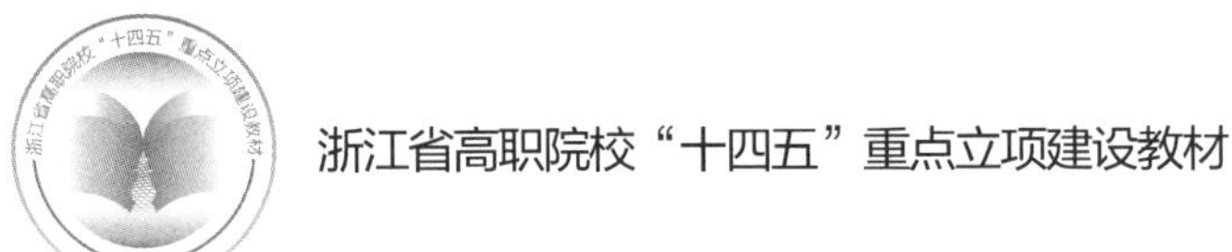

General Course of

Artificial Intelligence

人工智能通识教程

（第二版）

主编　陈云志　胡　韬　叶鲁彬

副主编　吴红娉　张　净　万亮斌

ZHEJIANG UNIVERSITY PRESS
浙江大学出版社
·杭州·

图书在版编目（CIP）数据

人工智能通识教程 / 陈云志，胡韬，叶鲁彬主编. 2版. -- 杭州 : 浙江大学出版社，2025. 8. -- ISBN 978-7-308-26372-6

Ⅰ. TP18

中国国家版本馆CIP数据核字第2025AR0996号

人工智能通识教程(第二版)

主　编　陈云志　胡　韬　叶鲁彬

副主编　吴红娉　张　净　万亮斌

策划编辑　黄娟琴

责任编辑　吴昌雷

责任校对　王　波

封面设计　程　晨

出版发行　浙江大学出版社

（杭州市天目山路148号　邮政编码310007）

（网址：http://www.zjupress.com）

排　　版　杭州晨特广告有限公司

印　　刷　杭州宏雅印刷有限公司

开　　本　787mm×1092mm　1/16

印　　张　17.75

字　　数　420千

版 印 次　2025年8月第2版　2025年8月第1次印刷

书　　号　ISBN 978-7-308-26372-6

定　　价　55.00元

FOREWORD

序

2022年底，ChatGPT横空出世，全球瞩目，未来，必将引发以人工智能为中心的一场蝴蝶效应。

人工智能是国家战略，是科技发展和人才培养的战略制高点。世界大变局中的未来教育创新，需要聚焦培养人工智能时代的中国力量。国务院发布的《新一代人工智能发展规划》指出，“鼓励高校在原有基础上拓宽人工智能专业教育内容；充分发挥各类人工智能创新基地平台等的科普作用”。从全球趋势来看，谁能赢得人工智能，谁将主导未来时代。人工智能时代呼唤人工智能教育。

《人工智能通识教程》的出版，旨在为学生提供人工智能技术基础和典型应用场景实训的通识教学材料。目前已出版的同类教材主要面向本科以上院校，教材编撰内容偏向人工智能数学推导及算法原理，对学习者的数学基础、编程能力要求较高，与高职、中职类学生的知识储备和培养目标不尽一致。作者从职业院校的学生培养目标和职业岗位能力需求出发，所介绍的技术内容较为浅显易懂，且重点突出技术应用和实际案例任务与工单实训，因而可以弥补市场上面向职业院校人工智能导论课程的教材不足。该教材既可作为高职、中职院校各专业提升信息化素养通识课程的配套教材，也可以作为信息电子大类专业基础课程配套教材。

该教材的最大特色是，创新性地结合了“二维码教材”和“工单式教材”的优点，形成“二维码+工单”式新形态教材。每章均有“实训工单”，要求学生以处理工单的方式来完成实训任务，体现教学的工作任务导向，提高学生解决实际问题的能力。教材内容选自百度、科大讯飞、海康威视等人工智能龙头科技企业的新技术、新应用，并邀请了企业专家参与教材编写。结合百度计算机视觉、科大讯飞智能语音等“1+X”职业标准，从实际行业需求出发进行课程标准开发与任务项目的设计，选取了行业中常见的图像处理、语音识别、数据处理的人工智能技术以及智能制造、智慧医疗、智慧零售等场景作为教材中的案例，贴近生产实际应用需求。

陈云志教授深耕职业教育教学领域多年，是首批国家级职业教育教师教学创新团队核心成员，也是首批浙江省职业教育教师教学创新团队负责人，浙江省中高职一体化教学创新团队负责人，在多年的职业教育教学科研活动中取得了一系列优秀学术成果，同时在教育教学领域具备丰富的管理工作经验，在多年的课程教学实践过程中，带领一批又一批的职业院校学生，认识人工智能概念，理解人工智能方法，实践人工智能应用，拓展人工智能视野。

教育要面向未来、面向世界。希望该教材能帮助更多职业院校的教师和学生,助力人工智能教育的探索与实践,创设更好的智能学习情境,创造上佳的人工智能教育价值!

庞晶

浙江大学教授、博士生导师

浙江大学智能教育研究中心主任

PREFACE 前 言

人工智能在当今社会的各行各业都发挥着越来越重要的作用。习近平主席在致2018年世界人工智能大会的贺信中说："新一代人工智能正在全球范围内蓬勃兴起，为经济社会发展注入了新动能，正在深刻改变人们的生产生活方式。"①党的二十大报告也提出，要加强科技基础能力建设，加快推进数据和人工智能驱动的科研范式变革。由此可见，人工智能已经上升到了国家发展战略的高度，是对当前社会发展影响最大的新兴学科。从智能家居、无人驾驶、智慧医疗，到智慧物流、智能金融、智能零售等行业，人工智能不断地推动着科技的发展，成了当前科技领域最为热门的话题之一，也必将在未来很长一段时期内成为科研和工业领域研究的热点之一，因此对于人工智能人才的培养是重中之重。许多高校都已陆续开设了人工智能通识课程，旨在让该技术能够与现有的学科和产业相结合，形成新工科、新医科、新农科、新文科。毫无疑问，人工智能是当今每个大学生以及从业人员都必须关注、学习、重视的知识技能。

具体而言，人工智能是一门研究如何使计算机能够像人一样思考、学习和解决问题的科学与技术。它涵盖了多个领域，包括机器学习、神经网络、自然语言处理、计算机视觉、专家系统、智能控制、智能代理、群体智能、数据挖掘、机器人等，目标是使计算机能够执行复杂的认知任务，进而模拟人类的智能行为。因此，人工智能是一门极其富有挑战性的交叉学科。

本书面向职业本科、高职院校各专业所开设的"人工智能通识课"，旨在让各专业学生了解人工智能的基础知识，并能够根据自己所处行业的性质与内容，灵活地选择人工智能方案来辅助完成各项任务。本书具有以下几大特色。

1. 模块化教材，为不同专业赋能

本书采用模块化教材编排，便于教师灵活安排教学进度，学生自主选择学习内容。人工智能相关专业的教师可以根据学生的学习情况，对教学章节安排的前后顺序作出一定的调整，形成适合自己教学体系的课程安排；其他专业的教师可以根据本专业所需的人工智能知识，有选择地组织部分章节内容进行教学安排，其余章节可以作为拓展阅读内容，丰富学生的素养与见识。学生也可以根据自己的兴趣来自主选择不同章节的内容进行学习，使学习过程更加符合自身的需求。

---

①习近平致2018世界人工智能大会的贺信[EB/OL].(2018-09-17)[2023-07-01].https://www.gov.cn/xinwen/2018-09/17/content_5322692.htm?cid=303.

2. 工单教材,为学生建立情境

本书采用工单教材形式,以任务为导向,引导学生进行学习。工单教材注重任务驱动,实践性强,让学生通过解决实际问题和完成任务来获取人工智能知识和技能。例如,统计分析餐厅订单信息、房价预测、猫狗识别等,使学习更加贴近实际应用,提高学习效果。工单教材也可以为教师提供更加明确、清晰的教学目标和评价标准,同时也可以节省教师的课前备课时间和课堂授课时间,提高教师的教学效率。

3. 大量的二维码,拓展阅读开阔视野

本书配备了大量的二维码。学生可以使用手机、平板电脑等移动设备扫描二维码,快速获取与学习内容相关的多媒体资源(如图片、音频、视频等),增强学生与教材内容的互动性,为学生提供更加多样化、丰富的学习形式和方式,激发学生的学习兴趣。同时,教师可以通过二维码链接来管理和更新学习资源,使得教材内容的管理和更新变得更加方便快捷,保证人工智能教学内容的及时性和准确性;也可以通过二维码链接来统计学生对于不同类型资源的访问情况,了解学生对于不同形式的学习资源的需求。本书可为教师提供精准的教学指导和决策支持,提高教学效率。

本书共分为10章:第1章人工智能导引,介绍人工智能的起源、发展、应用等;第2章DeepSeek应用;第3章人工智能语言Python基础;第4章数据分析,以餐饮行业作为示例进行分析;第5章深度学习平台TensorFlow2.0基础(Keras API),主要介绍全连接神经网络与卷积神经网络;第6章图像处理,通过票据识别、身份证识别等实例来完成一系列基础的图像识别功能;第7章语音识别,介绍语音转写、语音性别年龄识别、音频识别等内容;第8章智能制造;第9章智能医疗;第10章智能零售。

本书主要编写人员为陈云志、胡韬、叶鲁彬、吴红娉、张净、万亮斌等。本教材案例资源由杭州海康威视数字技术股份有限公司、虹软科技股份有限公司的工程师参与设计;教材编写过程中得到浙江大学计算社会科学研究中心主任、Mo人工智能教育平台创始人、博士生导师吴超副教授及其团队的指导,在此一并表示衷心的感谢。

为了方便读者使用,书中的全部源代码及电子教案均赠送给读者,读者可以通过邮件(2006010022@hzvtc.edu.cn)与编者联系。

编　者

CONTENTS 目录

第 1 章

人工智能导引

1.1 什么是人工智能

人工智能(Artificial Intelligence,AI)是研究和开发用于模拟、延伸和扩展人的智能的理论、方法、技术及应用系统的一门新的技术科学。自1956年人工智能诞生以来,众多学科和不同专业背景的学者们投入人工智能研究领域,引起了各国政府、研究机构和企业的重视。

从学科定义来讲,人工智能是一门典型的交叉学科。首先,该学科是建立在计算机科学与技术基础之上的,大量核心的技术和算法均需使用计算机语言编程实现,而且往往涉及较多的计算机学科的基础理论和技术,因而目前国内大多数人工智能专业均基于计算机或信息类专业开设。同时,人工智能学科也需要对人类智力活动和具体应用领域的深入探究,因而通常需要与逻辑学、心理学、仿生学、控制论、计算机视觉、知识工程等学科领域深入结合。此外,人工智能学科在相应的应用场景中还须与具体场景所在的专业学科相融合。例如,机器人、车辆自动驾驶领域的人工智能技术必须结合传感器、机电执行机构的相关技术;图像与视频识别则必须考虑相机(摄像机)原理与光学理论;语音识别技术必须考虑声学原理和人类发音规律;而自然语言处理技术必须和语言学中的语义分析深度融合。

从人工智能的技术或能力角度来看,在人工智能学科的发展过程中,对于人工智能的定义一直都存在多样的理解。英国数学家、逻辑学家图灵(Turing)在其提出的著名“图灵测试”的构想中,曾提出“机器能否思维”的问题,认为通过图灵测试的机器是具备思维能力的。约翰·麦卡锡(John McCarthy)在1956年提出AI概念时,认为“人工智能的目的就是让机器能够像人一样思考,让机器拥有智能”。斯坦福大学人工智能研究中心的尼尔森(Nilsson)教授对人工智能下了这样一个定义:人工智能是关于知识的学科——怎样表示知识以及怎样获得并使用知识的科学。麻省理工学院人工智能实验室的温斯顿(Winston)教授认为:人工智能就是研究如何使计算机去做过去只有人才能做的智能工作。

虽然各种定义考虑的角度有所不同,但基本聚焦于若干关键词,如模拟人类的智能行为、机器思维、识别、推理、自动化等。因而人工智能可以直观地理解为人工制造的模拟人类思维和行为的一套系统或机制。

小贴士

党的二十届三中全会提出,"完善推动新一代信息技术、人工智能、航空航天、新能源、新材料、高端装备、生物医药、量子科技等战略性产业发展政策和治理体系,引导新兴产业健康有序发展"。随着新一轮科技革命和产业变革深入发展,人工智能已成为驱动新质生产力的重要引擎。人工智能融入各产业和社会再生产各环节,通过优化资源配置、革新生产模式,推动制造业、医疗、金融、消费、安全等领域智能化升级,催生无人经济、个性化定制等新业态,由此推动新质生产力的形成与发展。

1.2 人工智能的起源与发展

1.2.1 人工智能的历史

阅读材料_达特茅斯会议

目前一般认为,人工智能元年为1956年。1956年,在美国汉诺斯小镇宁静的达特茅斯学院,约翰·麦卡锡(John McCarthy)、马文·闵斯基(Marvin Minsky)、克劳德·香农(Claude Shannon)等学者聚在一起,共同讨论着机器模拟智能的一系列问题。在这场会议上,麦卡锡正式提出了人工智能的概念。

从人工智能的历史发展途径来看,人工智能的发展经历了几个不同特点的阶段,大致反映了人工智能在近70年的过程中的变迁。

1.孕育时期(20世纪50年代以前)

人类对智能奇迹和人工智能的梦想和追求可以追溯至三千多年前。早在西周时期,相传巧匠偃师就曾献给周穆王可自动跳舞的机器歌伎,虽然这个故事被认为是一个传说。相传三国时期蜀汉丞相诸葛亮发明的木牛流马可自动在山间行走。虽然经后世考证其可能是一种运粮独轮车,但这些设想均反映了人们自古以来对模仿人类行为的人造机器的向往。然而,在漫长的人类发展过程中,受限于理论和技术水平的不足,始终未出现真正的人工智能。20世纪以来,随着数理逻辑、计算本质、控制论、信息论、电子计算机的发展,人工智能的诞生具备了理论和实践基础。

1936年图灵(Turing)创立了自动机理论(后来被称为图灵机),提出一个理论计算机模型,为电子计算机设计奠定了基础,促进了人工智能和思维机器的研究。维纳(Wiener)于1948年创立了控制论(Cybernetics),对人工智能的早期思潮产生了重要影响。该理论将信息理论、控制理论、逻辑以及计算联系起来。麦卡洛克(McCulloch)和皮茨(Pitts)于1943年提出了拟脑机器模型,其是世界上第一个神经网络模型(MP模型),开创了从结构上研究人类大脑的途径。该模型成了后续连接主义学派中各种神经网络模型的鼻祖。冯·诺依曼(John von Neumann)提出了冯·诺依曼计算机结构,并在世界上第一台计算机ENIAC上成功实现，诞生了史上第一台通用计算机。基于计算机，人们可以尝试编写程序来解决智力测验难题、数学定理和其他命题的自动证明。

2.形成时期(20世纪50—60年代)

1956年达特茅斯会议之后，人工智能进入了第一个蓬勃发展的时代。数学、心理学、信息论、计算机科学、神经学等领域的学者纷纷投身人工智能的研究，为其发展做出了重要的贡献。

20世纪中叶以来，随着计算机技术的成熟应用，人们对人工智能的理论研究及实际应用也进入了一个新的时期，科学家们在历史上第一次使用了计算机编程来自动实现一些复杂的人类行为。例如，解方程、智力题求解、定理证明、下棋、语言翻译等，这些被认为是第一批的人工智能。

1957年，美国心理学家罗森布拉特(Frank Rosenblatt)基于神经感知科学背景提出了第一个计算机神经网络——感知机(Perceptron)，它模拟了人脑的运作方式。感知机接收多个输入信号，输出一个信号，与人类神经元细胞的工作机制非常相似，因而罗森布拉特也被认为是神经网络之父。

3.反思发展时期(20世纪60—70年代初)

在人工智能迅速发展的同时，也遇到了一些困难和问题。一些学者在繁荣发展期对其作出了过高的预言，期望与最终实际效果的落差，在一定时期内给人工智能造成了声誉上的损害。具体分析，当时人工智能发展主要存在以下问题。

(1)知识的局限性：早期开发的人工智能程序包含太少的主题知识，甚至没有知识。例如，对于自然语言理解或机器翻译，如果缺乏足够的专业知识和常识，就无法正确处理语言。

(2)解法的局限性：人工智能试图解决的许多问题因其求解方法和步骤的局限性，使得在实际上无法求得问题的解答，或者只能得到简单问题的解答，而这些并不需要人工智能的参与。

(3)结构的局限性：用于产生智能行为的人工智能系统或程序存在一些基本结构上的严重局限，没有考虑不良结构，无法处理组合爆炸问题，因而只能解决较为简单的问题，严重影响推广使用。

当时认知生理学研究发现，人类大脑含有1000亿个以上的神经元，而人工智能系统受限于当时的计算条件，无法完整模拟人类大脑。因而在全世界范围内，人工智能的研究陷入了一阵低潮。

4.应用发展时期(20世纪70年代初—80年代中)

连接主义和行为主义学派在这段时间得到了快速发展。1982年霍普菲尔德(Hopfiled)提出了离散神经网络模型，促进了人工神经网络研究的复兴，接着反向传播(BP)算法的提出，进一步推动了人工神经网络的研究热潮。1989年，西本科(George Cybenko)证明了“万能近似定理”(Universal Approximation Theorem)：多层前馈网络可以近似任意函数，其表达力和图灵机等价。这一结论从原理上验证了人工神经网络模型能够表征任意实际函数关系，消除了人们对神经网络学习能力的质疑。

5.低迷发展期(20世纪80年代中—90年代中)

到20世纪80年代后期，人工智能研究又一次遭遇了严峻挑战和困难，当时的专家系统缺乏常识知识,应用领域狭窄,知识获取困难,无法实现预期目标,因而促使研究者们对已有的人工智能思想和方法进行了反思。

6.稳步发展期(20世纪90年代中—2010年)

在这段时期,人工智能与其他学科和科学技术领域进行深度渗透。科特斯(Cortes)和瓦普尼科(Vapnik)提出经典的支持向量机(Support Vector Machine,SVM),它在解决小样本、非线性及高维模式识别中表现出许多特有的优势,同时作为机器学习、数据挖掘的原理性基础,统计学习理论也开始进入快速发展时期,对于如何使用统计学和数据驱动技术来解决回归、分类等问题奠定了数学基础。

1997年IBM的深蓝计算机战胜了国际象棋冠军卡斯帕罗夫,这被认为是一个里程碑式的事件,让人们相信可以依靠算法与计算机强大的算力来达到甚至超过人类智慧。

7.快速发展期(2010年以来)

随着大数据、云计算、互联网、物联网等信息技术的发展,泛在感知数据和图形处理器等推动以深度神经网络为代表的人工智能技术飞速发展,大幅跨越了科学与应用之间的技术鸿沟,诸如图像分类、语音识别、知识问答、人机对弈、无人驾驶等人工智能技术实现了重大的技术突破,迎来爆发式增长的新高潮。

2011年,IBM Waston问答机器人参与Jeopardy回答测验比赛并最终赢得了冠军。Waston是一个集自然语言处理、知识表示、自动推理及机器学习等技术实现的电脑问答(Q&A)系统。

2012年,辛顿(Hinton)和他的学生设计的AlexNet神经网络模型在ImageNet图像识别竞赛中大获全胜,这是史上第一次有模型在ImageNet数据集表现如此出色,并引爆了神经网络的研究热情。

2012年,谷歌正式发布谷歌知识图谱(Google Knowledge Graph),它是Google的一个从多种信息来源汇集的知识库,通过Knowledge Graph在普通的字符串搜索上叠一层相互之间的关系,协助使用者在更快找到所需的资料的同时,也可以向以知识为基础的搜索更近一步,以提高谷歌搜索的质量。2014年,聊天程序"尤金·古斯特曼"(Eugene Goostman)在英国皇家学会举行的"2014图灵测试"大会上,首次"通过"了图灵测试。

2015年,微软研究院(Microsoft Research)的何恺明等人提出的残差网络(ResNet),在ImageNet大规模视觉识别竞赛中获得了图像分类和目标检测的优胜。同年,谷歌发布开源深度学习框架TensorFlow框架。作为一个基于数据流编程的符号计算系统,被广泛应用于各类机器学习算法的编程实现。

2016年,谷歌旗下的DeepMind公司设计的AlphaGo与围棋世界冠军、职业九段棋手李世石进行围棋人机大战,以4比1的总比分获胜。这一事件比1997年的深蓝战胜国际象棋世界冠军更为引人瞩目,在世界范围内引起了人工智能研究和应用的热潮。

2022年11月,OpenAI发布对话聊天机器人ChatGPT(Chat Generative Pre-trained Transformer,生成式预训练转化器),属于自然语言处理工具,能够通过理解和学习人类的语言来进行对话,还能根据聊天的上下文进行互动,真正像人类一样进行聊天交流,甚至能完成撰写邮件、视频脚本、文案、翻译、代码、写论文等任务。ChatGPT的成功应用,在全世界范围内又掀起一阵人工智能的浪潮。

之后，OpenAI的多模态大模型GPT-4o、高清视频生成模型Sora、谷歌的Gemini模型纷纷上线，而在中国，豆包、文心一言、通义千问、元宝等更加适用于中文语境的大模型也被广大普通用户所熟知。

2025年1月，位于中国杭州的深度求索公司推出了DeepSeek-R1模型并宣布开源，引燃了世界范围内新一轮大模型应用的热潮。DeepSeek R1模型性能比肩于世界最先进的OpenAI的o1模型，在各种任务上都展现出了惊人的实力，尤其是在数学、代码和推理任务方面。然而其训练成本只需要约580万美元，远远低于美国同行的数亿到十亿美元，该模型的上线大大降低了人工智能技术应用的成本，导致了芯片厂商英伟达公司的股票在一天之中大跌近17%。除了成本低廉，DeepSeek的模型在多模态处理能力、推理速度、任务通用性、硬件适配性等方面也有显著的优势。DeepSeek模型推出和开源之后，国内各行各业的AI应用系统纷纷进行DeepSeek模型的接入或进行本地化部署。

1.2.2 我国人工智能发展现状

中国人工智能的发展可以追溯到20世纪50年代末期，当时中国就开始探索人工智能的研究。1956年，中国科学院计算技术研究所成立，该机构是中国最早的计算机研究机构之一，也是中国人工智能的重要研究机构之一。此后，中国在计算机硬件和软件方面得到了快速发展，奠定了中国在人工智能领域的技术基础。

20世纪80年代，中国开始着手发展人工智能技术，并在语音识别、机器翻译等领域取得了初步进展。在此期间，中国计算机科学家和工程师开始积极探索人工智能的理论和技术，开展了一系列创新性的研究工作。例如，提出了基于模型的机器翻译方法、神经网络等。国防科工委于1984年召开了全国智能计算机及其系统学术讨论会，1985年召开了全国首届第五代计算机学术研讨会。1986年起把智能计算机系统、智能机器人和智能信息处理等重大项目列入国家高技术研究发展计划(863计划)。1987年7月《人工智能及其应用》一书在清华大学出版社公开出版，成为国内首部具有自主知识产权的人工智能专著。1993年起，我国把智能控制和智能自动化等项目列入国家科技攀登计划。

国内学者在人工智能的诸多领域，如问题求解、不确定推理、泛逻辑理论、模式识别、图像处理、机器学习、专家系统、智能计算和智能控制等领域的基础研究也多有建树，取得了一批具有国际先进水平的创造性成果。例如，在模式识别方面，对文字识别、语音识别、指纹识别、人脸识别、虹膜识别和步态识别等开展深入研究，应用场景覆盖生物医学、卫星遥感、机器视觉、货物检测、目标跟踪、自主导航、保安、银行、交通、军事、电子商务和多媒体网络通信等应用领域。

发展人工智能是国内产业转型升级的需要，发展智能产业和智慧经济需要人工智能的持续创新，人工智能产业化是国家发展的大趋势。中国的经济社会发展正面临新的机遇与挑战。劳动力红利的缺失、老龄化社会的来临、精英人才的需求、关键技术的开发等问题，都需要通过发展来逐一解决。发展人工智能和智能机器能够实现“机器换人”和产业转型升级，“人工智能+X”将成为万众创新的新时尚和新潮流。不能说发展人工智能能够解决所有的经济问题和社会问题，但是可以说人工智能能够为解决现有的经济问题和社会问题创造良机。中国的社会进步和经济发展迫切需要人工智能的参与，中国产业转型升级和社会发展重构也为人工智能科技和人工智能产业发展提供了“用武之地”。

1.3 人工智能的技术架构

人工智能的技术构架通常由基础层、技术层和应用层构成,见图1-1。

图1-1 人工智能的技术架构

基础层主要是包含实现人工智能技术的软硬件基础,提供人工智能算法和应用所需的算力、存储能力、数据;技术层则是人工智能实现的核心技术所在,主要指各类算法以及实现各种算法的底层框架,同时也包含了一些通用的应用大类(计算机视觉、自然语言处理、语音处理等);应用层则聚焦于具体的行业应用场景,与具体行业内的业务知识和需求密切相关。

人工智能的应用

1.3.1 基础层

基础层主要解决了人工智能技术应用的基础软硬件需求。

1.硬件

在云计算快速发展的时代,比较常见的是各种云计算的服务器,包括面向互联网的公有云、企业专属的私有云。由于人工智能算法需要处理海量的数据并完成高强度训练计算,在计算资源和存储上有较大的需求,因而须配置GPU(主要用于并行训练计算)、CPU、内存、硬盘等资源。通过云计算技术,可以提供足够的计算、存储和数据资源,通过弹性计算技术实现计算任务的调度和优化，整体上节省了计算机硬件的成本。同时小型企业、个人可以方便地获取足够的计算资源，避免受到计算资源的束缚，大大提高了人工智能应用的通用性。

2. 软件

此处的软件主要是指支撑人工智能程序运行的各种平台型系统软件，用于部署各种人工智能算法和模型，同时提供计算、存储能力的调度支持，以保障足够的算力和数据处理。

人工智能的技术应用离不开大数据的支持，大数据系统是指以处理海量数据存储、计算及不间断流数据实时计算等场景为主的一套基础设施。典型的包括 Hadoop 系列、Spark、Storm、Flink 等计算框架，以及 Flume/Kafka 等集群。

3. 数据

数据是现代人工智能技术的基石，人工智能模型的建立和学习需要大量的数据提供训练，从而提炼出蕴含在数据中的对象的变化规律或模式。因而在软硬件基础设施完成之后，首先需要采集与应用对象相关的各类数据，包括图像、视频、语音、文字等非结构化数据，以及数据库表、日志文件等结构化数据。

1.3.2 技术层

技术层的核心是各种人工智能算法，目前应用最多的是各类机器学习算法，包括回归模型、树模型、支持向量机、各种聚类分析算法，以及当前发展迅猛的深度学习、强化学习等算法。

在深度学习算法应用时，通常会基于一些现有的深度学习框架来进行。深度学习框架是一种界面、库或工具，在无须深入了解底层算法的细节的情况下，能够更容易、更快速地构建深度学习模型。深度学习框架利用预先构建和优化好的组件集合定义模型，为模型的实现提供了一种清晰而简洁的方法。一个良好的深度学习框架通常具有优化的性能、易于理解和编码、良好的社区支持等特点，利于开发者直接利用现有的算法库快速实现所需功能。

当前，人工智能技术在不同领域中有不同的应用场景，其中最为典型的场景可以归纳为计算机视觉、智能语音、自然语言处理这三大类。

1.3.3 应用层

在应用层，需要根据具体行业、业务、场景的需求，选择合适的人工智能软硬件平台，部署人工智能相关的服务，收集学习训练所需的数据，然后选择合适的算法和模型来完成实际业务模型的训练。由于不同行业、场景中的业务属性和需求差异较大，因此一般需要根据行业的通用需求来设计人工智能的整体应用方案。

当前，人工智能的产业化应用主要包括智能工业、智能交通、智慧城市、智能医疗、自动驾驶、智慧农业、智慧政务、智慧财务、智能零售等。

1.4 人工智能技术基础

1.4.1 基础概念

人工智能是研究、开发用于模拟、延伸和扩展人类智能的理论、方法及应用系统的一门技术科学。因而从不同的维度出发，人工智能技术有不同的分类。

按照具体命题的类型，可以将人工智能方法分为4大类问题。

(1)回归(Regression)：回归问题是指通过训练数据集来预测连续数值的问题。具体而言，通过对已知数据进行学习，来预测未知数据的结果。回归问题通常被用于探索变量之间的关系，并预测某个变量的值。例如，根据某商品往年的销售数据，预测其未来销售情况；在工业生产过程中，使用各类生产参数和原料情况预测最终的产品质量指标。

(2)分类(Classification)：分类问题是指根据给定的输入，将其归为事先定义好的一组类别之一的问题。其核心是将输入映射到离散的输出空间中。例如，二元分类问题只能输出0或1，多元分类问题可能有多个输出类别。例如，在图像分类中，需要将输入的图像分为不同的类别，如猫、狗、车等；在文本分类中，需要将输入的文本分为不同的主题类别，如政治、体育、娱乐等。

(3)聚类(Clustering)：聚类问题是指根据给定的输入数据，将其划分为若干个类别，使得每个类别内的数据之间具有相似性，而不同类别之间的数据差异性较大。聚类问题通常用于对数据进行无监督学习，即不需要预先定义数据的类别。在医疗系统中，给定一系列的CT图像，能够自动划分病变程度类别，辅助医生进行诊断；电商系统面对大量的客户数据，能够自动将客户进行画像分类，归类至不同消费行为喜好的类别。

(4)强化学习(Reinforce Learning)：强化学习主要应用于智能系统在动态环境中学习和决策的问题。与其他机器学习方法不同，强化学习主要体现出其对“动态”特性和环境条件影响的学习，其学习过程是基于奖励信号的反馈机制进行的，能够不断地自主优化模型。例如，在机器人的运动控制中，可以使用强化探索不同动作对稳定性的影响，适应环境变化，优化其动态响应模型。

根据学习训练的数据集情况的不同，可以分为三类：

(1)监督学习。使用带有标签的数据来训练模型，并用于预测未知数据的标签。

(2)半监督学习。同时使用有标记和未标记的数据来训练模型。

(3)无监督学习。使用未标记的数据来训练模型，通常用于聚类和降维等任务。

对于人工智能算法(主要指机器学习)，有几个基本概念，解释如下。

(1)训练(Training)：训练指利用现有数据学习目标对象的内在规律，即通过输入一组已知的输入输出数据，并根据训练算法自动调整模型参数，使模型能够推断出输入与输出之间的映射关系。这个过程也被称为学习。一般来说机器学习模型的训练是通过迭代优化实现。

训练之前，通常将训练数据集分为训练集和验证集。训练集用于训练模型，验证集用于评估模型性能。在训练过程中，算法通过最小化损失函数来调整模型参数，使得模型能在拟合训练数据的同时，在验证集上获得较好效果。

（2）预测（Prediction）：预测指利用训练好的模型对未知数据进行推断或分类的过程。在预测过程中，输入数据将会被送入模型中，模型会对这些数据进行处理并给出相应的预测结果。

预测是机器学习算法的一个重要应用场景。例如，在分类问题中，算法通过训练得到了一个分类模型，可以用于对新的数据进行分类预测；在回归问题中，算法可以通过训练得到一个回归模型，用于预测新数据的输出值。

（3）过拟合（Overfitting）：过拟合指机器学习模型在训练数据上表现良好，但在测试数据上性能显著下降的情况。一般来说，过拟合发生在模型过于复杂、过度拟合训练数据的情况下，导致模型对噪声数据和训练数据的细节特征过于敏感，从而忽略了真实数据的整体规律。

过拟合的原因包括数据量不足、噪声数据或特征选择不当，或者是模型复杂度过高，参数过多，导致模型过度拟合训练数据，而无法泛化到新数据集。

缓解过拟合的方法有：收集更多的数据、使用更好的特征、模型正则化、使用dropout策略降低模型复杂度、进行交叉验证。

（4）欠拟合（Underfitting）：欠拟合指机器学习模型在训练集和测试集上均表现欠佳的情况。通常来说，欠拟合是指模型在训练数据上的表现不佳，无法很好地学习到训练数据的特征和规律，同时也无法很好地推广到新数据。简单的理解就是当前模型无法学习到目标对象的内在规律。

欠拟合的原因通常是模型太简单，导致无法很好地拟合训练数据的复杂特征。在这种情况下，模型的预测能力受到限制，不能够对数据进行准确分类或预测。

解决欠拟合的方法有：增加特征维度、增加模型复杂度、减少正则化约束、增加训练数据。

AI模型常见的评价指标通常有以下几个。

（1）均方误差（Mean Squared Error，MSE）/均方根误差（Root Mean Squared Error，RMSE）：均方误差和均方根误差都是用于衡量模型真实值与预测值的偏差程度，通常回归问题会采用这2个指标。

（2）决定系数（Coefficient of Determination，R^2）：在统计学中，用于度量因变量中可由自变量解释比例，以此来判断回归模型的解释力，因而该系数亦可作为机器学习回归问题中模型的优劣评价。

（3）混淆矩阵（Confusion Matrix）：用于衡量分类模型的预测能力。将实际结果和预测结果的匹配情况用四个指标呈现，分别是真正（TP）、假正（FP）、真负（TN）和假负（FN），通过计算这四个指标可以得到模型的准确率、精确率、召回率和F_1值等性能指标。

（4）ROC曲线（Receiver Operating Characteristic Curve）：ROC曲线是一种用于衡量分类器性能的曲线。通过改变分类器的阈值来计算真正率（TPR）和假正率（FPR），ROC曲线可以帮助理解模型的性能，以及在不同的阈值下模型的表现。

(5)AUC值(Area Under The Curve):AUC值是ROC曲线下的面积,用于衡量分类模型的性能。AUC值取值范围为[0,1],越接近1,说明模型的性能越好。

(1)和(2)这两个指标,通常用于评估回归问题;(3)、(4)、(5)这3种指标,通常用于评估分类问题。

1.4.2 机器学习

阅读材料_"机器学习"名称的由来

机器学习(Machine Learning)是人工智能领域的核心分支,其本质是通过计算机程序学习数据的规律和模式,从而使计算机系统能够在无需显式编程的情况下自动改善性能。简单来说,机器学习就是让计算机通过数据学习知识和技能,以便在新的数据上进行预测和决策。

目前主流的机器学习算法主要包括以下几种。

1.逻辑回归

逻辑回归是一种用于解决分类问题的机器学习算法,它将输入数据映射到一个二元输出(是或否、正面或负面等)的概率上。逻辑回归算法适用于许多不同的分类问题。例如,信用风险评估、医学疾病诊断和垃圾邮件过滤等。

2.线性回归

线性回归是一种经典的机器学习算法,用于建立一个输入变量与输出变量之间呈线性关系的模型。线性回归的目标是通过最小化残差平方和来确定最佳拟合线。

3.人工神经网络

人工神经网络(Artificial Neural Network,ANN)是模拟生物神经元网络结构的计算模型,通过多层非线性变换实现输入到输出的复杂映射。人工神经网络通常由多层组成,每一层包含多个神经元。每个神经元接收一些输入,执行计算,然后输出传递至下一层。通常是输入数据特征,经过一层层的计算,最终输出预测结果。

人工神经网络计算模型的核心是神经元的计算。每个神经元的计算流程为,接收输入特征,再经过加权计算,然后得到加权和,并将这些加权和传递给一个激活函数进行非线性变换。激活函数通常是一个非线性函数。例如,Sigmoid函数或者ReLU函数。这个非线性变换使神经网络能够处理具有复杂的非线性数据关系。

人工神经网络的训练机制是,基于反向传播算法进行的。反向传播算法通过计算误差梯度迭代更新人工神经网络的权重,从而减少模型预测与实际输出之间的误差。在训练过程中,人工神经网络使用训练数据来调整权重,使得人工神经网络能够更好地适应数据,并提高其预测能力。

阅读材料_神经网络的历史

人工神经网络的应用非常广泛,如图像分类、目标检测、语音识别、自然语言处理、推荐系统、游戏策略等领域。随着计算机硬件的不断发展和神经网络算法的不断优化,人工神经网络已成为现代机器学习领域中最为强大和流行的算法之一。

4.支持向量机

支持向量机(Support Vertor Machine,SVM)在高维(或无限维)空间中构造超平面(或超平面集合），实现分类、回归等任务的机器学习算法。在保证分类准确率的前提下，最大化两类数据之间的间隔距离，从而缩小分类器的泛化误差。

5. 决策树模型

决策树模型是一种基于树形结构的机器学习模型，适用于分类和回归任务。决策树模型通过对训练数据进行学习，生成树形决策结构，树上的每个节点都对应一个特征，并根据该特征对样本进行分类或回归预测。这个过程可以看作是对特征空间的划分，每个叶节点都对应一个类别或一个数值，从而实现对新样本的预测。

决策树模型的优点在于具有可解释性和易于理解的特点，因为它可以将决策规则以树形结构的形式呈现出来。此外，决策树模型也具有高效性和易于处理大规模数据的优点。然而，决策树模型也存在一些缺点，例如，容易产生过拟合和对输入数据的变化非常敏感。

6. 集成学习

集成学习（Ensemble Learning）是一种将多个分类器或回归器（比较多地采用决策树模型）集成在一起，以提高模型的预测性能的机器学习技术。其主要思想是将多个弱分类器或回归器组合成一个强分类器或回归器，以获得更准确、稳定的预测结果。集成学习可以分为Bagging和Boosting两种策略类型。

（1）Bagging：Bagging（Bootstrap Aggregating）是一种基于自助采样的集成学习技术。它通过随机采样训练数据集，产生多个子数据集，并在每个子数据集上训练一个基本分类器或回归器。最后，这些基本模型的结果通过平均或投票等方式组合成一个强模型，从而提高了预测性能的稳定性。随机森林模型就属于一种Bagging策略。

（2）Boosting：Boosting是一种基于加权的集成学习技术。它通过迭代训练多个基本分类器或回归器，并根据前一个分类器或回归器的错误来加权更新样本的权重。最后，所有基本模型的结果通过加权投票等方式组合成一个强模型，从而进一步提高了预测性能。在机器学习竞赛中大放异彩的AdaBoost模型、梯度提升树GBDT/GBR以及XGBoost均属于Boosting策略。

集成学习的优点在于可以降低模型的方差和偏差，提高模型的稳定性和准确性，同时还能够有效地处理噪声和异常数据。由于集成学习能够结合多个基本模型的优点，它通常比单一模型具有更高的预测性能。

7. 特征工程

特征工程指对原始数据进行预处理和转换，以提取出能够最大限度反映问题本质、能够支持机器学习模型训练特征集合的过程。

特征选择的目的是从原始数据中筛选出最具相关性的特征子集，降低特征数量和模型的复杂度，避免过度拟合，从而提高模型的泛化能力。特征构建则是根据业务需求或特定领域的专业知识，构造新的特征，以提高模型对问题的理解和建模能力。

阅读材料_贝叶斯与人工智能

在机器学习中，数据的质量和特征的选择往往决定了模型的准确性和性能。优质的特征工程往往能够大大提高模型的效果和性能。

1.4.3 深度学习

深度学习(Deep Learning)是机器学习的分支,是一种以人工神经网络为架构,对数据进行表征学习的算法。深度学习中的形容词"深度"是指在网络中使用较多层的网络,也就是指该网络结构的深度值较大。深度学习在计算机视觉、语音识别、自然语言处理、机器人技术等领域得到了广泛的应用,并且正在逐渐改变人们对世界的认识和交互方式。

常见的深度学习有卷积神经网络(Convolutional Neural Network,CNN)、循环神经网络(Recurrent Neural Network,RNN)。CNN特别适合图像识别、人脸认证等任务,RNN则更适合存在动态关系的自然语言处理和语音识别的任务。

卷积神经网络(CNN)是一种有效处理二维数据(如图像、视频)的神经网络,一般由卷积层、池化层、全连接层、输出层组成。CNN最初是为图像处理而设计的,由于其对数据进行了二维卷积操作以提取特征,因而得名为卷积神经网络。二维卷积能够有效提炼图像的局部特征。例如,边缘、纹理等,因此特别适合对图像、视频识别的应用,主要用于图像分类、目标检测、人脸识别、自然语言处理等任务。对于某些图像识别任务,其已经达到甚至超过人类的识别表现。

循环神经网络是一种常用的神经网络模型,主要用于处理序列数据,如语音信号、自然语言、时间序列等。循环神经网络在处理序列数据时考虑了时间维度上的关联性,因此可以捕捉到数据的时序信息。

循环神经网络的核心是循环单元(Recurrent Unit),它会接收前一个时刻的输出作为本时刻的输入,并将本时刻的输出传递给下一个时刻。在循环神经网络的训练过程中,需要考虑梯度消失和梯度爆炸,以及如何处理长序列数据的信息传递效率等问题。

阅读材料_深度学习与GPU

循环神经网络有多种变体,如长短时记忆网络(Long Short-Term Memory,LSTM)和门控循环单元(Gated Recurrent Unit, GRU)等。它们通过引入门控机制,可以更好地处理长序列数据,并且能够学习到数据的长期依赖关系,因此在自然语言处理、语音识别、机器翻译等领域得到了广泛应用。

1.5 人工智能的应用

1.5.1 计算机视觉

人工智能在计算机视觉中的应用非常广泛,主要包括以下典型场景。

1. 图像分类

利用机器学习算法对图像进行分类。例如,将图像分为人、车、建筑等类别。图像分类在自动驾驶、智能安防等领域有着较大的需求。

2. 目标检测

在图像中检测和定位目标物体的位置。例如,检测交通场景中的车辆、行人等。目标检测技术在自动驾驶、机器人视觉、智慧城市、智慧交通等领域得到广泛应用。

3. 人脸识别

利用机器学习算法对人脸进行识别,常用于安防、人员管理等场景。该技术已经广泛应用于社交网络、手机解锁等领域。

4. 图像分割

将图像分割成不同的区域,以便于进一步地处理和分析。该技术广泛用于医疗影像、无人机视觉等领域。

5. 姿态估计

利用机器学习算法对人体的姿态进行估计。例如,识别人体的动作和姿势。该技术在游戏、虚拟现实等领域有着广泛应用。

6. 光学字符识别(Optical Character Recognition, OCR)

通过摄像头扫描,可以将图片中的文字转化为文本文字,快速而准确地识别图片中的所有文字信息,返回文字框位置与文字内容。这也是计算机视觉最快被应用的领域之一。

计算机视觉应用原理

1.5.2 语音识别

语音识别技术可以将语音信号转换为文本或指令,让计算机能够理解和处理人类的语言。这项技术已经被广泛应用于语音助手、智能客服、语音翻译、语音搜索等领域。

语音识别技术的典型应用场景有以下4类。

1. 语音客服机器人

企业呼叫中心的智能转写功能,可实时记录客户询问的问题。语音客服机器人可通过查询和匹配更好地回答问题,可有效解决重复问题的解答,同时对客户询问的问题自动记录备案。

2. 智能医疗

语音识别在医疗领域中的应用主要是电子病历录入。语音识别系统在医生进行临床诊断时可将诊断信息实时转化成文字,自动录入医院诊疗系统,有效地提高了医生的工作效率。

3. 智能金融

银行通过运用语音识别,实现了语音导航、语音交易、办理业务等基础服务。保险行业通过语音识别,实现了业务员与客户之间的对话记录备案。

4. 智能家居

以智能音箱为代表,作为智能家居交互的入口,智能音箱使用人类的语音指令实现了日程设置、音乐播放、天气查询、灯光控制、空调调节等功能。

语音识别原理

1.5.3 自然语言处理

人工智能在自然语言处理(Natural Language Processing, NLP)领域的应用越来越广泛,可以帮助人们更好地理解和处理文本数据。下面介绍几个常见的应用。

1. 文本分类

将文本分成不同的类别,如垃圾邮件分类、情感分析、新闻分类等。这通常采用机器学习算法来完成,如朴素贝叶斯分类器、支持向量机、决策树等。

2. 命名实体识别

识别文本中的人名、地名、组织机构名等实体信息。这可以使用机器学习模型和规则匹配的方式来完成。

3. 语言模型

预测给定文本序列的下一个单词或字符。这可以使用神经网络模型,如循环神经网络、长短时记忆网络等来完成。

4. 机器翻译

将一种语言的文本翻译成另一种语言。这通常使用神经网络模型,如编码器—解码器模型、注意力机制等来完成。

5. 文本生成

生成符合语法规则和上下文语义的文本,如聊天机器人、自动摘要、文章生成等。这可以使用神经网络模型,如递归神经网络、变分自编码器等来完成。

自然语言处理原理

1.5.4 生物特征识别

人工智能在生物特征识别中有着广泛的应用,常见的场景有以下五类。

1. 指纹识别

通过对指纹图像的特征提取和匹配,实现对指纹的自动识别。指纹识别在门禁、考勤、银行等领域有着广泛的应用。

2. 声纹识别

通过对声音信号的特征提取和匹配,实现对说话人身份的自动识别。声纹识别在电话银行、公安、司法等领域有着广泛的应用。

3. 虹膜识别

通过对虹膜图像的特征提取和匹配,实现对虹膜的自动识别。虹膜识别在安防、门禁等领域有着广泛的应用。

4. 掌纹识别

通过对掌纹图像的特征提取和匹配,实现对掌纹的自动识别。掌纹识别在门禁、考勤等领域有着广泛的应用。

5.DNA 序列识别

通过对DNA序列的特征提取和匹配,实现对DNA序列的自动识别。DNA序列识别在生物医药领域有着广泛的应用,如基因测序、药物研发等。

1.5.5 知识图谱

知识图谱是一种基于语义网络的知识表示方法,通过建立实体、属性和关系之间的图谱结构来表达和组织知识。它可以应用于多个领域,包括自然语言处理、推荐系统、智能问答、聊天机器人等。

生物特征识别

在自然语言处理中,知识图谱可以帮助机器理解文本背后的语义信息。例如,当机器遇到一个人名时,它可以通过知识图谱来了解这个人的相关信息,如其职业、国籍、出生地等。这使得机器能够更好地理解文本并作出准确的推断。

在推荐系统中,知识图谱可以帮助机器理解用户的兴趣和偏好。它可以根据用户的历史行为和偏好来构建知识图谱,并利用这些信息来为用户提供更加个性化的推荐。

在智能问答中,知识图谱可以帮助机器回答用户的问题。它可以将问题中涉及的实体、属性和关系与知识图谱进行匹配,并根据图谱中的信息来生成回答。

在聊天机器人的应用中,使用知识图谱可以帮助聊天机器人更好地理解语义,同时提供丰富的知识库以供机器人搜索。知识图谱可以支持聊天机器人实现多轮对话管理,使得聊天更加连贯和自然。聊天机器人的知识更新和维护也离不开知识图谱的功能。

1.5.6 人机交互

人机交互是指人类和计算机之间的信息交流和交互方式。人工智能技术的发展为人机交互提供了更多可能性和挑战。人工智能在人机交互中的应用主要包括三个方面。

1.语音识别和自然语言处理

人工智能技术可以帮助计算机更好地理解和处理人类语言,从而实现更自然和高效的人机交互方式。例如,人们可以使用语音指令来控制智能家居、手机等设备,而不需要使用手指操作。

2.情感分析和情感计算

情感分析技术可以帮助计算机识别和理解人类的情感和情绪状态,从而更好地响应用户的需求。例如,在在线客服中,情感分析可以帮助客服系统更好地识别用户的情绪状态,并有针对性地给予回复和解决方案。

3.智能交互和推荐系统

基于人工智能的智能交互和推荐系统可以通过学习和分析用户的历史行为和兴趣,为用户提供更加个性化和智能化的服务和推荐。例如,基于推荐算法的电商平台可以根据用户的购物历史和兴趣推荐商品,为用户提供更加个性化的购物体验。

1.5.7 虚拟现实与增强现实

人工智能在虚拟现实和增强现实中有着广泛的应用。虚拟现实是通过计算机技术模拟出一种虚构的环境,让用户可以与之进行交互。增强现实则是在现实世界中加入虚拟元素,让用户在现实环境中获得更多的信息和体验。虚拟现实和增强现实中一些典型应用如下:

1.训练模拟

通过虚拟现实和增强现实技术,可以为军事、医疗、工业等领域提供训练模拟环境,使得受训者可以在模拟环境中体验真实场景,从而有效提高训练效果。

2. 营销推广

在增强现实中,可以将虚拟商品或广告信息嵌入现实场景中,实现更加个性化的推广效果。

3. 产品设计

在虚拟现实中,可以实现产品的3D设计和实时交互,提高产品的设计效率和精度。

4. 游戏娱乐

虚拟现实和增强现实技术可以为游戏和娱乐体验提供更加丰富的场景和互动。

5. 教育培训

通过虚拟现实和增强现实技术,可以为学生提供更加生动的教学场景和互动体验,提高学习效果。

6. 智能交互

人工智能可以与虚拟现实和增强现实技术相结合,为用户提供更加智能的交互体验。例如,语音识别、手势识别等技术。

1.6 人工智能技术的实践

1.6.1 任务1:目标检测与识别

1. 任务需求

目标检测与识别(object detection and identification)技术的研究一直以来都是计算机视觉领域中最基本、最具有挑战性的研究课题之一。目标检测是通过研究获取一套计算模型以及技术,从原始的图像信号中获取感兴趣的物体,完成两个任务,即分类(classification)和定位(localization),最终确定物体的类别和位置。目标检测与识别在自动驾驶、人脸检测、视频监控等领域有着非常广泛的应用。

本任务即要求使用成熟的人工智能平台的应用程序接口(Application Programming Interface, API),实现对图片中某一种物体(如人体、汽车、狗、猫等)的识别并进行数量统计。

2. 任务准备

在进行图片中某物体的目标检测和识别的任务之前,需要进行一些准备工作,包括以下内容:

(1)图片数据准备:准备若干张照片文件,要求单个照片文件不能超过5MB,每张照片里面应该有一些人像,以便测试识别效果。

(2)登录Mo平台,准备好实施环境:本任务使用浙江大学公开的人工智能教学与应用平台(Mo系统)中的"物体识别"AI应用,实现对照片中某一种物体(可以是人体、汽车、狗、猫等)的识别并进行数量统计。

单击浙江大学Mo平台的物体识别应用API的网址为https://momodel.cn,进入目标识别的应用界面(建议使用谷歌Chrome浏览器),如图1-2所示。

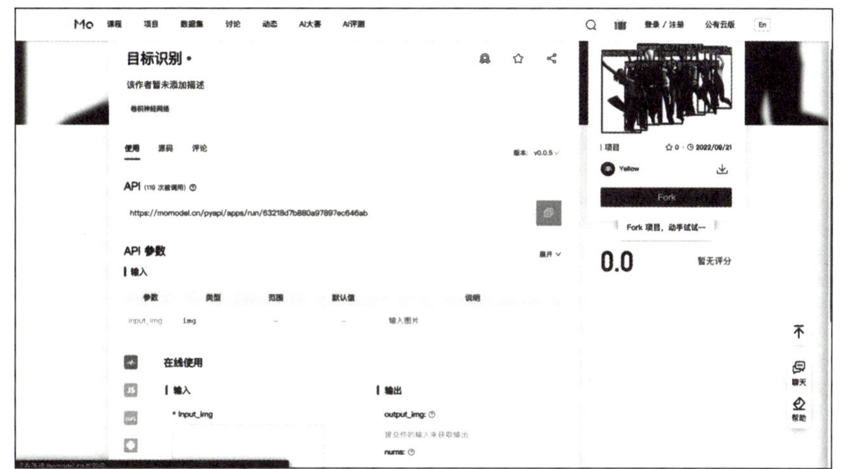

图1-2　目标识别的应用界面

Mo平台中有大量的AI应用场景，以项目形式呈现，该地址便是其中一个具体案例。在该案例中，物体识别的代码已经上线部署在Mo平台上，而且其中所用的深度学习模型也已经事先根据数据训练得到且部署在项目中，并对使用者提供API接口，用户仅需提供测试所需的图片即可得到最终的识别结果。该应用支持4种API调用方式：在线使用（浏览器上传图片）、JavaScript API、CURL API、Python API。对于一般的使用者，建议选择"在线使用"方式，直接上传图片即可得到结果。

3. 任务实施过程

在"在线使用"模式下，单击"输入图片"的控件，并按照提示从本地计算机中上传一张大小合适的图片，然后在"detect_object"下拉列表中选择"人体"（或者根据测试需求选择相应的物体类型），最后单击"提交"按钮，等待后台程序给出识别结果。目标识别的输入和参数配置界面如图1-3所示。

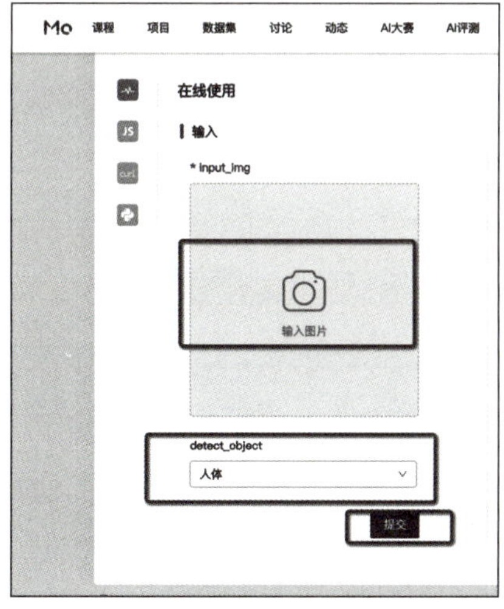

图1-3　目标识别的输入和参数配置界面

后台程序运行完毕后，会在应用界面输入图片的右侧显示如图1-4所示的识别结果。

在右侧输出的图里，已将识别出来的物体使用矩形框标记，并在框边显示算法所认为属于该类型物体的概率（0~1），同时对所有识别出来的物体进行数量统计，并显示在图下方。

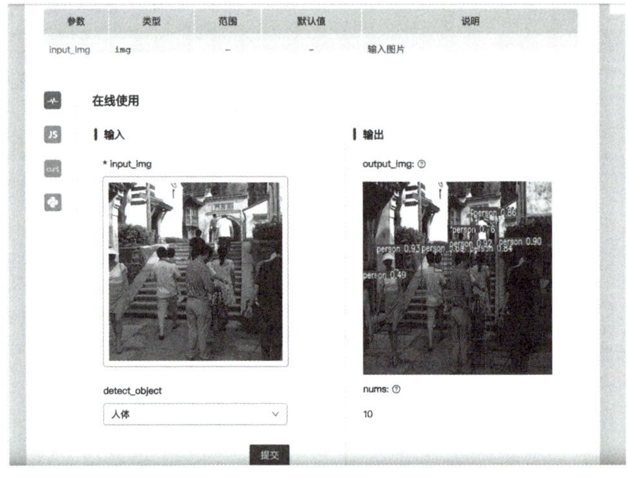

图 1-4　目标识别结果界面

1.6.2　任务 2：古诗词自动生成

1. 任务需求

自然语言处理是人工智能领域的一个重要应用方向，语义处理、文本生成、聊天机器人、智能客服、搜索引擎、机器翻译等领域均需要 NLP 技术作为支撑。

本任务要求使用成熟的人工智能平台，在给定关键字的条件下实现古诗词自动生成功能。古诗词自动生成的功能本质上是一个可控文本内容生成器。

2. 任务准备

进行古诗词自动生成任务之前，需要完成以下准备工作：登录 Mo 平台，配置实施环境。本任务使用浙江大学公开的人工智能教学与应用平台（Mo 系统）中的"古诗词生成"AI 应用。网址为 https://momodel.cn/explore/5bfd118f1afd942b66b36b30?type=app 即可访问。古诗词自动生成应用的界面如图 1-5 所示。

图 1-5　古诗词自动生成应用的界面

3. 任务实施过程

在“输入”下方“Chinese_word”处输入 4 个关键字（汉字），然后在“style”下拉列表中选择诗的类型（目前可选藏头诗或藏字诗），最后单击“提交”按钮。稍等一段时间之后，便可在“输入”左侧生成一首符合要求的诗词，仔细推敲其用语，是符合汉语和古诗规范的，同时包含了一定的语言艺术性。如图 1-6 所示。

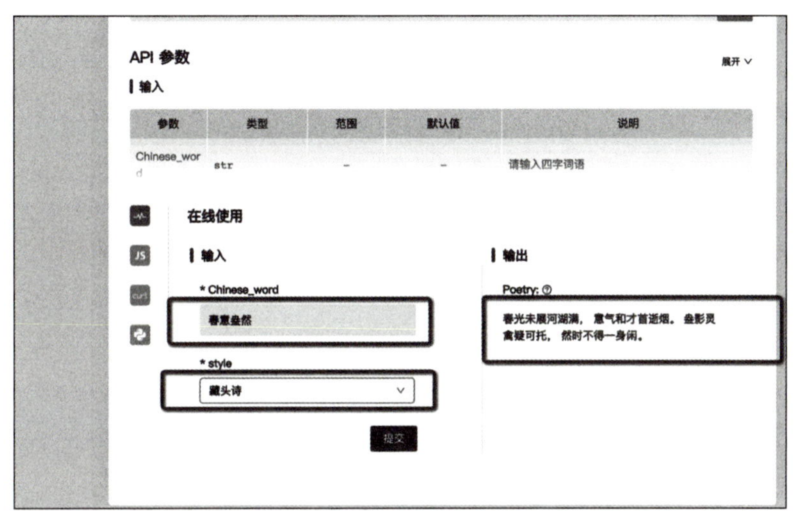

图 1-6　古诗词生成的输入输出界面

本章小结

本章阐述了人工智能的概念，回顾了学科发展历程。围绕人工智能的技术架构出发，论述了该领域的核心基础，包括各类基础算法以及与算法相关的基础概念、人工智能命题类型，然后结合各领域中的常见应用场景进行了相应的讨论。针对计算机视觉、语音识别、自然语言处理、生物特征识别、知识图谱、人机交互、虚拟现实与增强等现实的场景，简述了人工智能技术的应用原理和方法。

课后习题

1. 神经网络与机器学习的关系是什么？（　　）

A. 神经网络就是机器学习　　B. 神经网络不属于机器学习

C. 机器学习包含了神经网络　　D. 神经网络包含了机器学习

2. 日常生活中人们常说的人工智能是否等于机器学习？（　　）

A. 是　　B. 否

实训工单1:形色识花

工单名称	形色识花		
实施地点		计划工期	1个工作日
项目负责人		组员	
任务说明	使用手机端“形色识花”APP,实现对具体一个包含花或植物的图片进行植物识别		
任务目标	(1)掌握如何使用常见的AI类应用的使用; (2)理解AI在图像识别和目标定位中的作用; (3)理解大数据、行业知识在具体AI应用中的重要作用		
任务1	在手机端使用“形色识花”APP来实现		
任务解决方案或结果			
任务总结与心得			
参考答案			

实训工单2:语音识别与文字生成

工单名称	语音识别与文字生成		
实施地点		计划工期	1个工作日
项目负责人		组员	
任务说明	使用手机端“微信”APP,实现语音输入及将语音转换成对应文字的功能。		
任务目标	(1)掌握常规语音识别、文字转换功能的使用; (2)理解AI在自然语言处理(NLP)中的作用; (3)理解时间序列信号的概念		
任务1	在手机端使用“微信”APP的语音输入功能来实现,尝试将相同的话语用不同的声调、语气和节奏来输入,查看识别结果是否存在差异		
任务解决方案或结果			
任务总结与心得			
参考答案			

第2章

DeepSeek 应用

2.1 认识DeepSeek

DeepSeek作为新一代人工智能技术的代表,凭借其卓越的大语言模型能力与创新技术架构,已发展成为多场景智能助手领域的标杆工具。该平台深度融合复杂推理、精准交互与高效生成能力,在中文语境下展现出独特的本土化优势。在DeepSeek发布并火爆全球之前,无论是国内还是国外都已出现了不少优秀的AI工具。相比其他AI工具,DeepSeek具备以下优势:

(1)思考细致:擅长复杂逻辑推理与多维度分析,在数学、编程等场景中表现突出。

(2)中文深度适配:精准理解中文语言习惯与文化背景,提供更本土化的生成与交互体验。

(3)性能顶尖:数学推理、代码生成等核心能力达到国际顶尖模型水平。

(4)成本效率双优:训练与推理成本大幅低于同类模型,响应速度行业领先。

(5)开源开放:全技术栈开源,支持私有化部署、深度定制及保障数据安全。

DeepSeek不仅实现了从文本生成到跨平台协作的技术突破,更构建了完整的智能工具生态链。其开放的技术架构支持与Kimi、即梦等专业工具的深度协同,打通从内容创作(演讲稿、PPT)到视觉设计(AI绘图)的全流程智能化生产链路。在持续迭代中,DeepSeek正推动人工智能从单一工具向系统化生产力平台的进化,为个人与企业用户提供兼具专业深度与操作便捷性的智能解决方案。

小贴士

在国产AI技术快速发展的背景下,DeepSeek的突破性进展彰显了我国科技工作者自主创新、勇攀科技高峰的奋斗精神。DeepSeek于2025年1月15日正式发布,由"杭州六小龙"之一的深度求索人工智能基础技术研究有限公司研发。DeepSeek在数学推理、代码生成等核心能力上达到国际顶尖水平,构建了首个覆盖研发、训练、应用全周期的中文开源大模型生态系统,为我国AI产业升级注入了创新动能。截至2月9日,DeepSeek应用日活跃用户数达2215万,DeepSeek APP的累计下载量超1.1亿次,周活跃用户规模最高近9700万,成为我国突破"卡脖子"技术、实现科技自立自强的典型案例。

2.1.1 任务1 使用DeepSeek(基本操作、多轮对话)

在概述了DeepSeek的核心优势后,下面详细介绍这个工具的注册与使用。截至2025年2月,DeepSeek拥有网页端、APP端和API接入3种使用途径,下面对网页端进行详细介绍。值得注意的是,随着版本更新,部分界面样式可能有调整,实际操作请以最新版本的界面为准。

步骤一:DeepSeek的注册

打开浏览器,访问DeepSeek官网(https://www.deepseek.com),如图2-1所示,单击页面左侧的“开始对话”按钮,跳转至网页端注册界面。

图2-1 DeepSeek官网

跳转后进入登录页面,如图2-2所示,可以选择验证码登录、微信登录或者密码登录等登录方式。

(1)密码登录:单击“密码登录”按钮,单击“立即注册”按钮,填写手机号、密码、用途后完成注册。

(2)验证码登录注册:单击“忘记密码”,输入手机号,并接收验证码,未注册的手机号会自动进行注册。

图2-2 DeepSeek登录页面

步骤二:DeepSeek的使用

完成注册登录后会来到DeepSeek使用界面,整个界面有两个分区,分别是对话区和左侧的侧边栏,如图2-3所示。

图2-3　DeepSeek使用界面

在对话区中,对话框可以用来输入向DeepSeek询问的问题,或需要DeepSeek完成生成任务的相关指令。输入后,右下角的"发送"按钮会亮起,单击后,DeepSeek会生成对应的回答。

将鼠标指针放至提出的问题处,会出现复制和编辑消息的图标,如图2-4所示。单击"修改"按钮,可以修改向DeepSeek提出的问题,让DeepSeek重新回答。

鸡兔同笼，头共20个，脚共62只，鸡、兔各有多少只？

修改

图2-4　DeepSeek编辑修改消息

在单击"发送"按钮后,可以继续对DeepSeek进行多轮提问对话,对话的问题可以基于之前的对话,如图2-5所示。

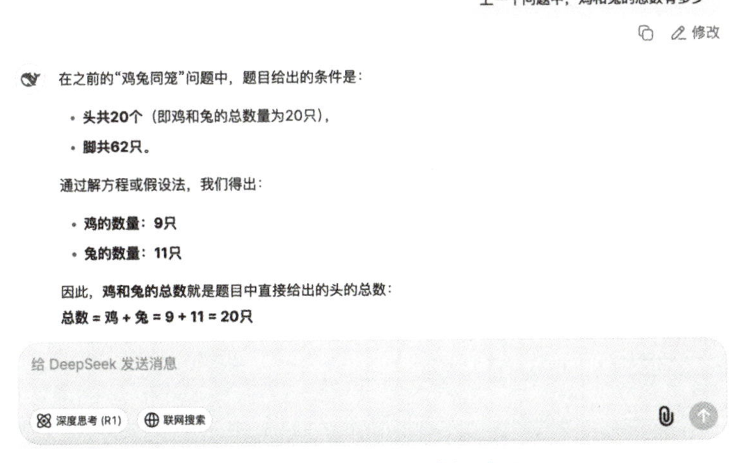

图2-5　DeepSeek多轮对话

对话框下方的3个按钮可使用DeepSeek不同的功能,如图2-6所示,这些功能既可以单独使用,也可以组合使用。

图2-6　DeepSeek不同的功能

(1)深度思考:主要针对复杂问题的回答,选择后,DeepSeek在回答问题前会对问题进行拆解、推理和思考,并在界面上展示对于问题的思考过程,如图2-7所示。

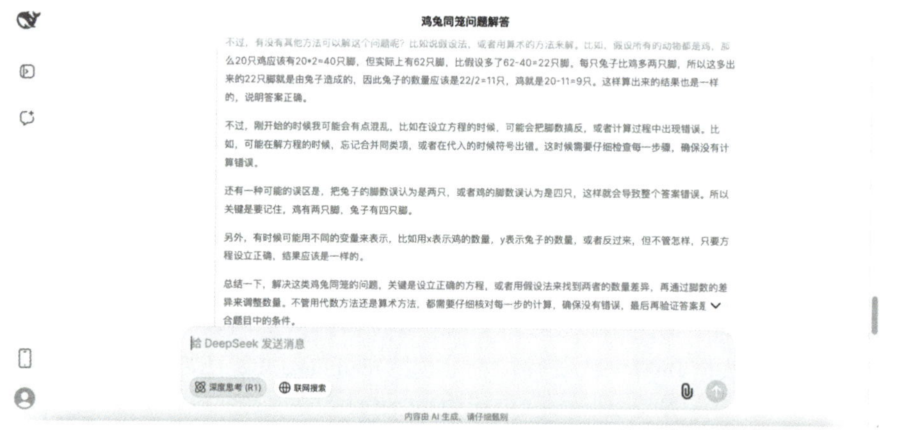

图2-7　DeepSeek深度思考功能

(2)联网搜索:可以根据需求,联网搜索网上的相关资料,并基于此给出回答。

(3)上传附件(回形针图标):添加附件,综合附件里的内容给出回答。

在左侧边栏中,可以开启新对话,或选择历史聊天对话记录继续对话。在同一个对话记录中,上下文是相互关联的,即DeepSeek会联系之前问过的问题和已经给出的答案进行回答,如图2-8所示。

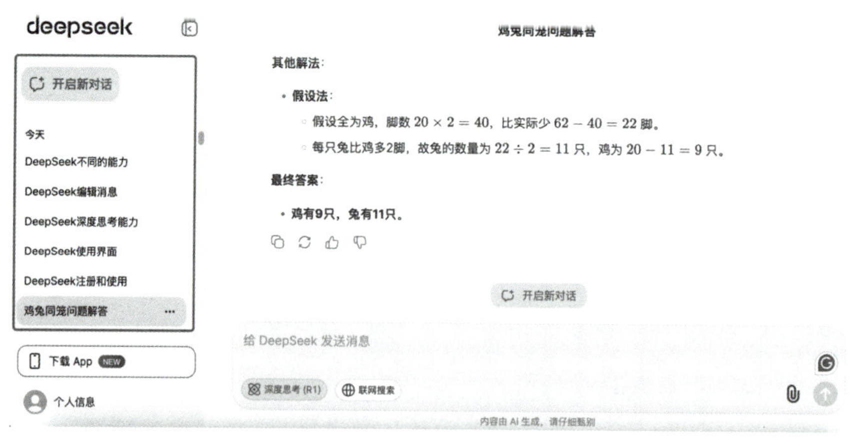

图2-8　DeepSeek聊天对话记录

步骤三:通过第三方工具使用DeepSeek功能

DeepSeek官网和APP因为访问人数过多,经常会出现服务器繁忙或崩溃的情况,这时,可以调用第三方工具嵌入的DeepSeek模型。如通过秘塔AI、钉钉、硅基流动等工具,都可以方便地调用DeepSeek。

(1)通过秘塔AI使用DeepSeek的方法。

打开秘塔AI搜索官网(https://metaso.cn/)进入主页,在对话框处左下角的“极速”下拉列表,从中选择左下角的“长思考R1”选项即可通过秘塔AI使用DeepSeekR1模型,如图2-9所示。

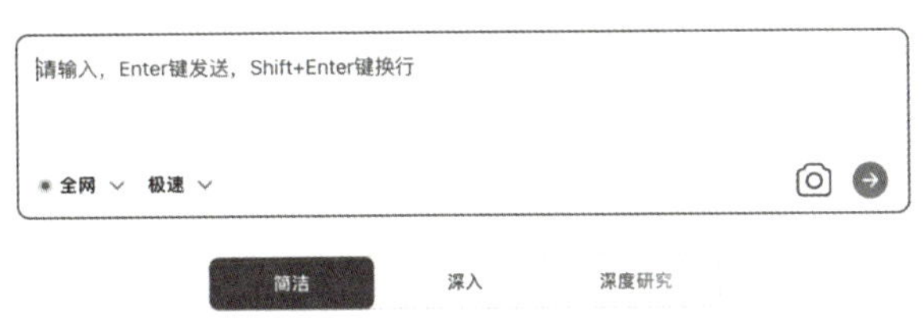

图2-9　秘塔AI搜索官网

(2)通过钉钉使用DeepSeek的方法。

进入钉钉后,可以创建一个组织,并单击右上角的AI图标,如图2-10所示。

进入后,单击界面上方的“AI助理”按钮,如图2-11所示。来到AI助理选择界面后,单击右上角的“助理市场”,如图2-12所示。

图2-10　AI图标

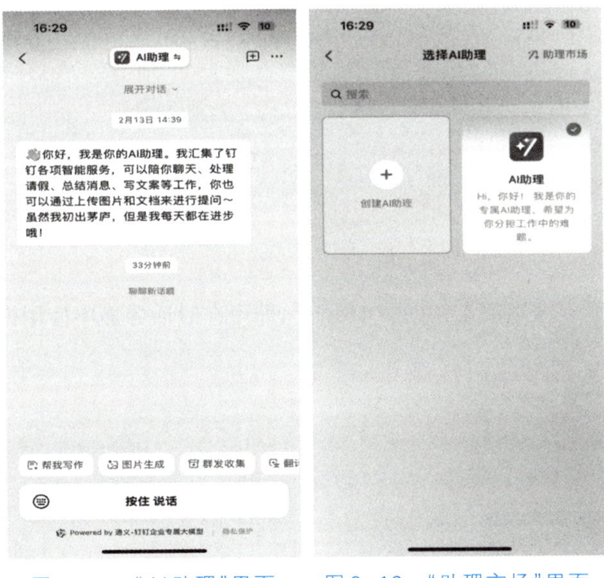

图2-11　“AI助理”界面　　图2-12　“助理市场”界面

进入助理市场后,选择添加DeepSeek,如图2-13所示。操作后会自动跳转到钉钉内的Deepseek对话框界面,就可以使用DeepSeek助理对话了,如图2-14所示。

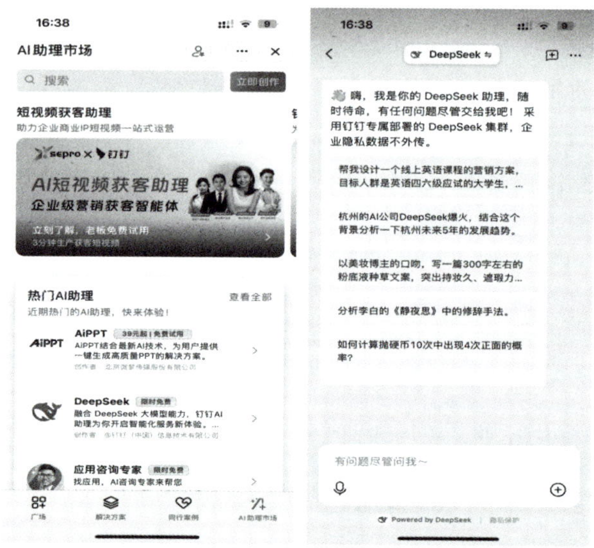

图2-13 添加DeepSeek　　图2-14 在钉钉内使用DeepSeek助理对话

(3)通过硅基流动使用DeepSeek的方法。

搜索硅基流动(https://siliconflow.cn/zh-cn/)并注册,在硅基流动的模型广场上,可以挑选DeepSeek的R1、V3模型,如图2-15所示。

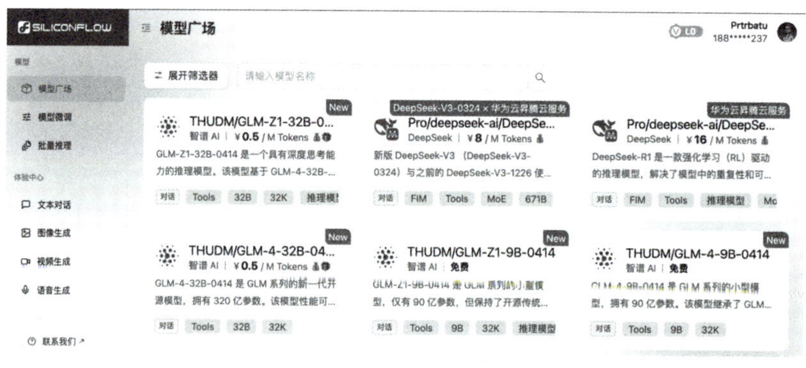

图2-15 硅基流动的模型广场

选择模型后,单击"在线体验",如图2-16所示,即可在对话界面中使用模型,如图2-17所示。

图2-16 单击"在线体验"

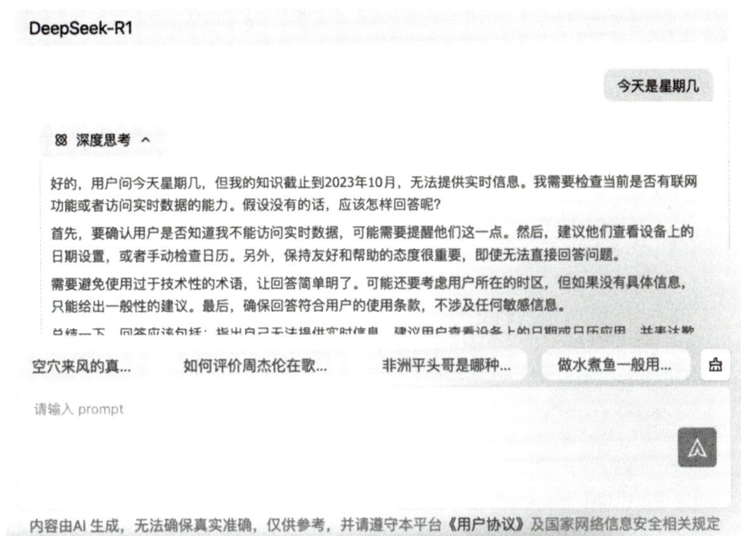

图2-17　在对话界面中使用模型

2.1.2　任务2　DeepSeek中英文翻译

DeepSeek的核心优势在于其强大的文本生成能力。用户只需在输入框中详细描述需求，系统便能快速生成符合要求的文本。DeepSeek翻译得比较准确，而且翻译花费的时间较短。DeepSeek可以实现中英文翻译，并且包含一些文字的分析，如图2-18所示。

您是一位精通中英文的专业翻译，对中英文翻译有很深的理解。我想请您帮我将下面的中文段落翻译成英文：“DeepSeek是一家创新型科技公司，长久以来专注于开发先进的大语言模型（LLM）和相关技术。”

修改

Here's a professional English translation with detailed annotations:

Translation:
"DeepSeek is an innovation-focused technology company that has been committed to developing state-of-the-art large language models (LLMs) and related technologies."

Translation Analysis:

1. **"创新型科技公司"**
   - Translated as "innovation-focused technology company"
   - Rationale:
     - "Innovation-focused" better conveys the continuous emphasis on innovation than "innovative"
     - More dynamic than "innovative technology company"
     - Avoids overused term "innovative" in tech descriptions
2. **"长久以来专注于"**
   - Rendered as "has been committed to"
   - Advantages:
     - "Committed to" conveys stronger dedication than "focused on"
     - Present perfect tense ("has been") accurately reflects the ongoing nature
     - More formal register suitable for corporate communications

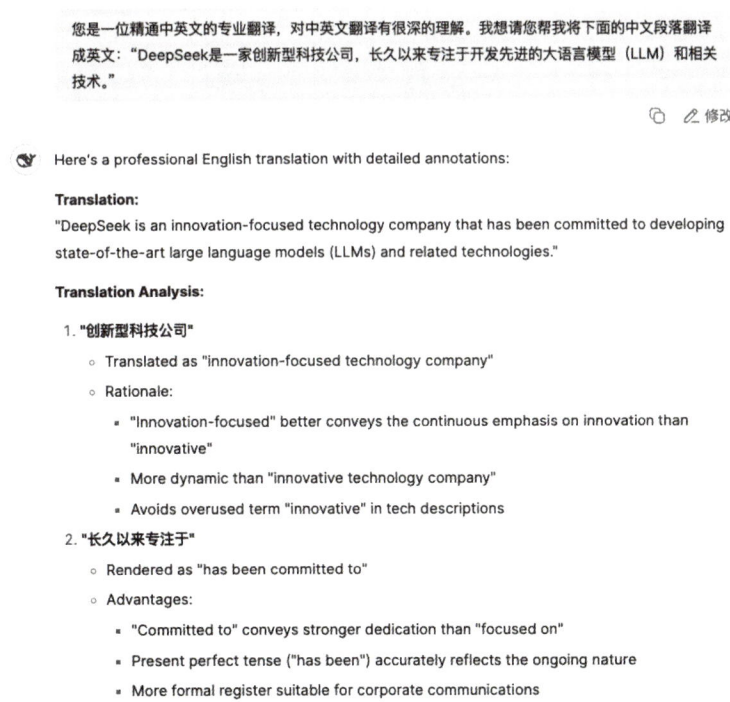

图2-18　DeepSeek中英文翻译

3. **"先进的大语言模型"**
    - Translated as "state-of-the-art large language models"
    - Why this works:
        - "State-of-the-art" is the standard technical term for cutting-edge technology
        - More precise than "advanced" in technical contexts
        - Maintains academic/professional tone
4. **"和相关技术"**
    - As "and related technologies"
    - Considerations:
        - Plural form "technologies" covers broader scope
        - "Related" is more accurate than "associated" in this context
        - Standard phrasing in AI/tech literature

Alternative Version for Different Contexts:

For **marketing materials**:
"DeepSeek stands at the forefront of AI innovation, specializing in the development of breakthrough large language models (LLMs) and transformative technologies."

For **technical documentation**:
"DeepSeek operates as a technology research company specializing in the ongoing development of sophisticated large language models (LLMs) and their supporting technical architectures."

Key Translation Principles Applied:

1. Technical accuracy in AI terminology
2. Appropriate register for corporate communications
3. Natural English phrasing while preserving original meaning
4. Consideration of target audience and purpose
5. Avoidance of literal translation pitfalls

This translation maintains the original's professional tone while optimizing for native English readability in tech industry contexts.

图2-18　DeepSeek中英文翻译(续)

2.2　应用DeepSeek

DeepSeek作为一款强大的AI工具,在多个应用场景中展现了出色的能力。通过本小节的三个实际案例可以看到:在会议发言场景中,它能快速生成结构清晰、重点突出的演讲稿,帮助演讲者准确把握核心要点;在演示汇报场景中,通过与专业工具协同,能够自动整理关键信息并生成具有专业视觉效果的演示文档,显著提升工作效率;在创意设计领域,依据精准的文字描述即可生成符合需求的视觉素材,为营销宣传和内容创作提供有力支持。

这些功能不仅体现了DeepSeek作为智能助手的实用价值,更实现了从文字内容到视觉呈现的全流程辅助。随着技术的持续优化,DeepSeek将在更多专业领域发挥重要作用,为用户提供更智能、更高效的工作支持。

2.2.1　任务1　生成演讲稿

构建演讲稿提示词,其中包括:讲话场合(会议、庆典、动员会等),核心主题(经济发展、团队建设、政策解读等),受众群体(员工、客户、上级单位等),演讲风格(务实型、鼓舞型、数据驱动型)。例如:"写一篇年度科技创新总结大会讲话稿,受众是科研团队和合作企业,风格偏向务实，时长3分钟，用通俗易懂的语言。”在DeepSeek中输入提示词，并得到相应的输出演讲稿，如图2-19所示。

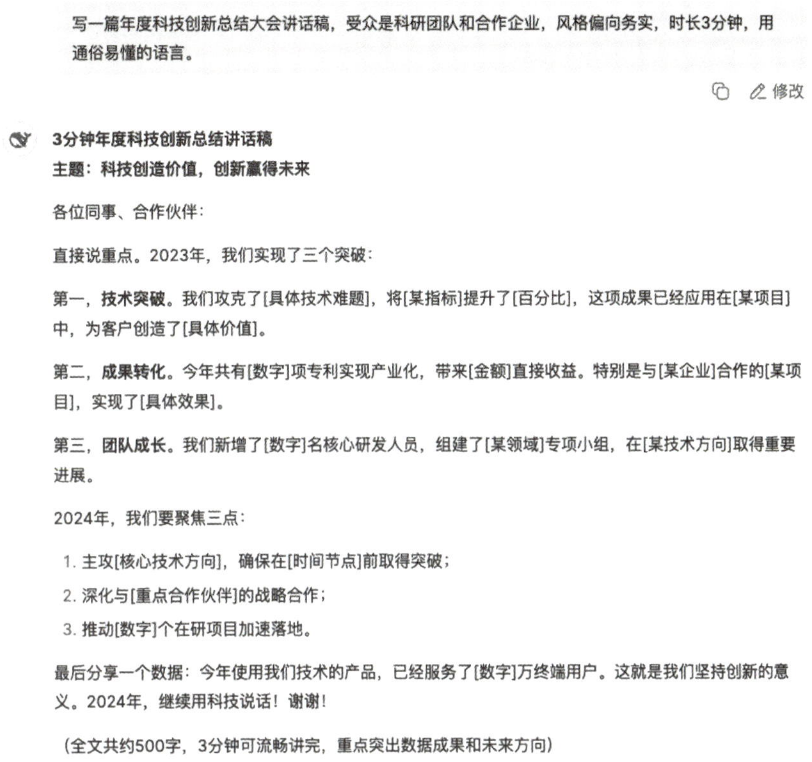

写一篇年度科技创新总结大会讲话稿，受众是科研团队和合作企业，风格偏向务实，时长3分钟，用通俗易懂的语言。

修改

3分钟年度科技创新总结讲话稿

主题：科技创造价值，创新赢得未来

各位同事、合作伙伴：

直接说重点。2023年，我们实现了三个突破：

第一，**技术突破**。我们攻克了[具体技术难题]，将[某指标]提升了[百分比]，这项成果已经应用在[某项目]中，为客户创造了[具体价值]。

第二，**成果转化**。今年共有[数字]项专利实现产业化，带来[金额]直接收益。特别是与[某企业]合作的[某项目]，实现了[具体效果]。

第三，**团队成长**。我们新增了[数字]名核心研发人员，组建了[某领域]专项小组，在[某技术方向]取得重要进展。

2024年，我们要聚焦三点：

1. 主攻[核心技术方向]，确保在[时间节点]前取得突破；
2. 深化与[重点合作伙伴]的战略合作；
3. 推动[数字]个在研项目加速落地。

最后分享一个数据：今年使用我们技术的产品，已经服务了[数字]万终端用户。这就是我们坚持创新的意义。2024年，继续用科技说话！谢谢！

（全文共约500字，3分钟可流畅讲完，重点突出数据成果和未来方向）

图2-19　DeepSeek生成演讲稿

2.2.2　任务2　生成PPT（用DeepSeek+Kimi生成PPT）

DeepSeek+Kimi结合了文档智能分析与PPT自动化生成。DeepSeek会自动总结文档内容，提取关键信息，以结构化方式组织要点；Kimi则根据这些提取的数据自动生成幻灯片（PPT），且提供多种模板和样式供用户选择。该集成化PPT的制作过程，可帮助用户高效创建专业、结构化的演示文稿，适用于各类报告撰写和汇报展示场景。

步骤一：使用DeepSeek生成PPT文档内容

在DeepSeek中输入提示词“以植树节为主题，只做一个5页的PPT介绍节日，请整理出PPT的讲稿”，如图2-20所示。使用DeepSeek生成PPT文档提示词，如图2-21所示。

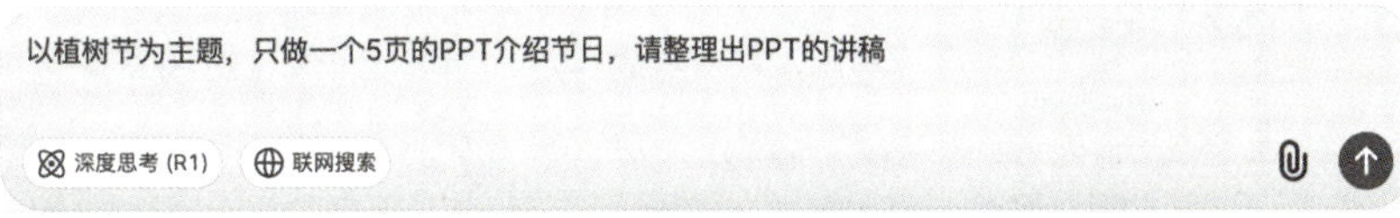

图2-20　DeepSeek生成PPT文档提示词

以下是一个以植树节为主题的5页PPT讲稿框架，结构清晰且易于呈现：

封面页

标题：植树节——播种绿色，守护未来
视觉：背景图（森林/植树场景）+ 植树节图标
讲稿：
"大家好！今天我们将一起了解植树节——这个充满绿色希望的节日。通过短短5页内容，我们将探索它的意义、起源以及我们如何参与其中。"

第1页：植树节是什么？

标题：植树节的由来与时间
内容：

- 时间：每年3月12日（中国）
- 起源：纪念孙中山先生逝世，1979年确立为全国性节日
  视觉：时间轴（1925年孙中山提议→1979年法定化）
  讲稿：
  "植树节是鼓励全民植树造林的节日。中国的植树节定于3月12日，既顺应春季种植的自然规律，也纪念倡导植树的孙中山先生。这一节日从1979年起正式成为全民行动。"

第2页：为什么要设立植树节？

标题：植树节的深远意义
内容：

1. **生态价值**：防风固沙、净化空气
2. **社会意义**：培养环保意识，促进可持续发展
   视觉：对比图（荒漠vs森林）+ 图标（空气、水滴、树）
   讲稿：
   "一棵树每年可吸收10公斤二氧化碳，而森林能保护30%的地球生物。植树节不仅是为了增加绿化，更是为了唤醒人们对生态危机的重视——每一棵树都是对未来的投资。"

第3页：我们如何参与？

标题：行动起来！你可以做的5件事
内容：

- 亲手种一棵树或盆栽
- 参与社区/学校植树活动
- 节约用纸，双面打印
- 线上支持环保项目（如蚂蚁森林）
- 宣传环保知识
  视觉：行动图标（铲子、树苗、手机APP界面）
  讲稿：
  "即使无法亲自植树，我们也能通过小事贡献力量：比如少用一次性筷子、参与'云种树'。记住，环保不是一个人的战斗，而是每个人的责任！"

第4页：全球的植树行动

标题：世界各地的植树节
内容：

- 美国：4月最后一个星期五（各州不同）
- 日本：4月3日（"绿之日"）
- 印度：7月1日
  视觉：世界地图标注不同国家节日时间
  讲稿：
  "全球超过50个国家有植树节，日期因气候差异而不同。比如印度在雨季种植，而日本将植树与国民假期结合。这体现了全人类对自然的共同珍视。"

封底页

标题：让每一天都是植树节！
视觉：标语+呼吁行动的背景图（如地球与树苗）
讲稿：
"今天，我们了解了植树节的意义。但保护地球不止于这一天——从节水节电到垃圾分类，让我们把环保融入生活。谢谢！"

PPT设计建议：

1. 每页文字不超过20字，用图标/图片传递信息。
2. 使用绿色为主色调，搭配自然元素（树叶、土壤色）。
3. 可插入1-2个互动问题（如"你种过树吗？"）增强观众参与感。

如果需要具体PPT制作或内容调整，可以进一步补充细节！

图 2-21　DeepSeek 生成 PPT 文档提示词

步骤二：使用Kimi生成PPT

打开Kimi（https://kimi.moonshot.cn/），单击“PPT助手”，如图2-22所示，将生成的PPT提示词复制粘贴到对话框中，如图2-23所示。

图2-22 单击“PPT助手”

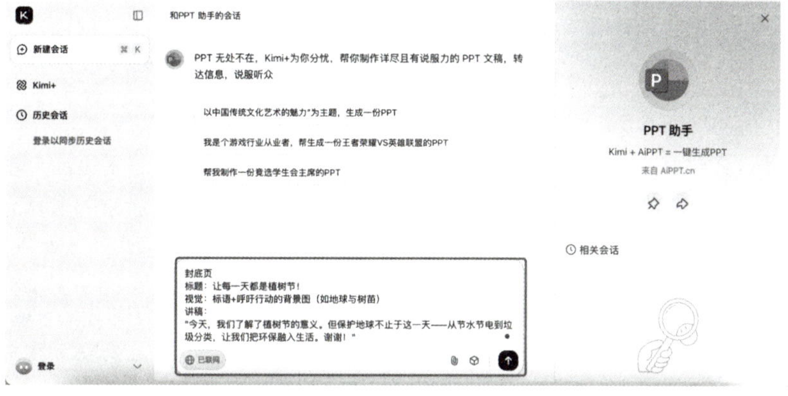

图2-23 粘贴提示词到对话框中

单击对话框右下角“发送”后，Kimi将对核心内容进行整理，待其完成后，单击“一键生成PPT”，如图2-24所示。

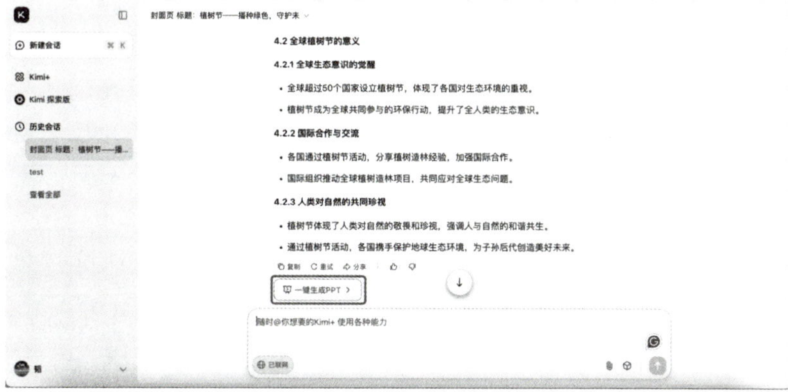

图2-24 单击“一键生成PPT”

跳转到模板选择界面，对主题的模板场景和风格等进行选择，选择完毕后单击右上角“生成PPT”，如图2-25所示。

图2-25　PPT模版选择

PPT制作已经完成，可以预览，如需再次编辑，单击“去编辑”按钮，编辑完成后，下载即可，如图2-26所示。

图2-26　PPT预览界面

小贴士

通过DeepSeek生成的植树节主题PPT，生动诠释了“绿水青山就是金山银山”的生态文明理念。《“十四五”生态保护监管规划》更将“提升森林覆盖率”列为核心目标。AI技术智能化生成环保科普内容的实践，正是科技创新服务国家“双碳”目标的实践体现。从荒漠治理到城市绿化，每一份PPT的传播都在强化全民生态意识，彰显智能化工具赋能生态治理、共建美丽中国的时代价值。

2.2.3　任务3　生成图片(DeepSeek+即梦生成图片)

即梦人工智能是一款专注于图像生成的工具，基于文本描述生成高质量图片。DeepSeek和即梦人工智能的联动使用户能够批量生成符合创意需求的视觉素材，适用于营销、设计、内容创作等领域。

步骤一：使用DeepSeek生成提示词

在DeepSeek中输入详细的图片描述。例如："任务：做图片。请帮我设计一张图片，要求一个巨大霸气的机器人在一个陈旧的矿场工作，要求机器人和整体画面有科技感，帮我生成中文AI绘画提示词。"如图2-27所示。

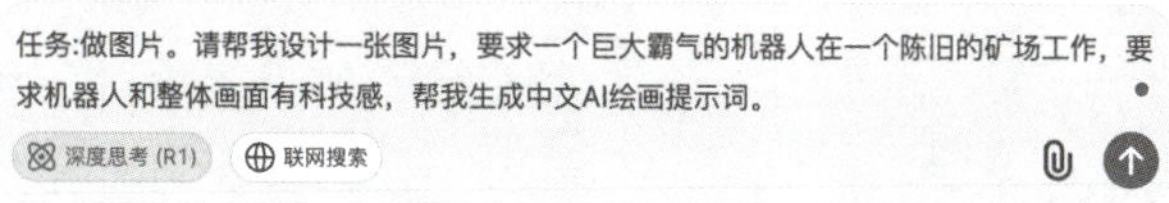

图2-27 DeepSeek输入图片描述

单击"发送"按钮后，DeepSeek会根据要求，输出AI绘画提示词，包括场景构成、色彩搭配等，如图2-28所示。

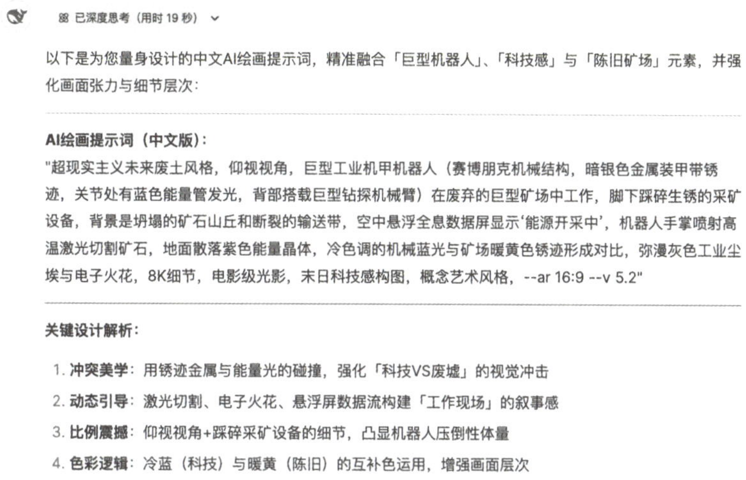

已深度思考（用时 19 秒）

以下是为您量身设计的中文AI绘画提示词，精准融合「巨型机器人」、「科技感」与「陈旧矿场」元素，并强化画面张力与细节层次：

AI绘画提示词（中文版）：

"超现实主义未来废土风格，仰视视角，巨型工业机甲机器人（赛博朋克机械结构，暗银色金属装甲带锈迹，关节处有蓝色能量管发光，背部搭载巨型钻探机械臂）在废弃的巨型矿场中工作，脚下踩碎生锈的采矿设备，背景是坍塌的矿石山丘和断裂的输送带，空中悬浮全息数据屏显示'能源开采中'，机器人手掌喷射高温激光切割矿石，地面散落紫色能量晶体，冷色调的机械蓝光与矿场暖黄色锈迹形成对比，弥漫灰色工业尘埃与电子火花，8K细节，电影级光影，末日科技感构图，概念艺术风格，--ar 16:9 --v 5.2"

关键设计解析：

1. **冲突美学**：用锈迹金属与能量光的碰撞，强化「科技VS废墟」的视觉冲击
2. **动态引导**：激光切割、电子火花、悬浮屏数据流构建「工作现场」的叙事感
3. **比例震撼**：仰视视角+踩碎采矿设备的细节，凸显机器人压倒性体量
4. **色彩逻辑**：冷蓝（科技）与暖黄（陈旧）的互补色运用，增强画面层次

图2-28 DeepSeek生成图片提示词

步骤二：使用即梦AI平台生成图片

打开即梦AI平台（https://jimeng.jianying.com/），单击"图片生成"，创建一个新的图像生成项目，如图2-29所示。将DeepSeek生成的提示词复制到即梦图片生成对话框，如图2-30所示，设置相关参数（如分辨率、风格、色调等）后，点击"发送"。

图2-29 即梦AI平台界面

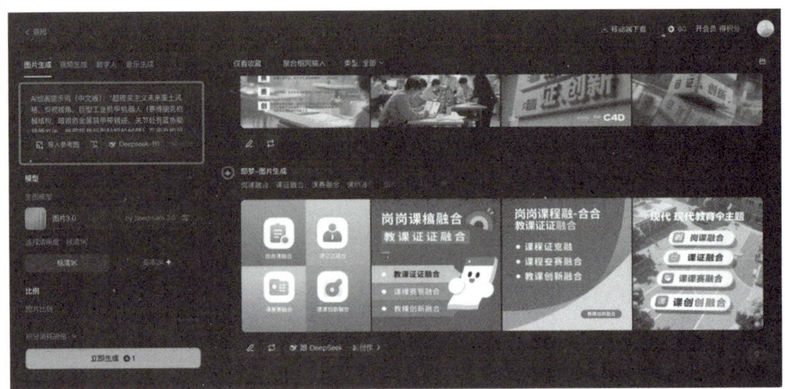

图2-30　即梦图片生成功能

步骤三:优化和后期处理

即梦允许对图片进行细节编辑。选择某张图片,进入画布编辑调整细节,包含细节修复、局部重绘、扩图、消除笔等功能,如图2-31所示。

图2-31　即梦图片细节编辑

步骤四:再次生成新的图片

即梦允许用户对生成的图片效果进行多次尝试和调整。若用户对初始生成的图片效果不满意,可以单击“再次生成”按钮,以重新生成另一组图片,如图2-32所示。

图2-32　即梦图片再次生成图片

课后习题

一、选择题

1. 以下哪一项不是DeepSeek的特征？（　　）

A. 可通过第三方平台（秘塔AI、钉钉）调用模型

B. 支持复杂推理与多轮对话

C. 提供中文深度适配的交互体验

D. 仅能生成文本内容，无法与其他工具协同

2. 以下哪一项是DeepSeek的核心技术优势？（　　）

A. 仅适用于专业程序员

B. 完全依赖英文数据集训练

C. 数学推理与代码生成能力达到国际顶尖水平

D. 无法支持本地私有化部署

二、填空题

1.DeepSeek的核心技术架构基于________，其数学推理、代码生成等能力达到国际顶尖水平。

2. 通过DeepSeek生成PPT需要与________工具联动，而生成图片需结合_______AI平台。

三、操作题

1. 使用DeepSeek对诗歌进行补全，诗歌内容为“写一首诗歌，《黄昏里》叫响的鸟雀，衔着沉闷的黄昏，________，云疏远天空的时候，风也疏远了我。”________的地方是需要补充的内容。

2. 使用DeepSeek生成完整邮件，邮件的主题是“回复客户，说软件没有任何使用问题”。

实训工单1:使用DeepSeek制作个人简历

工单名称	使用DeepSeek制作个人简历		
实施地点		计划工期	一个工作日
项目负责人		组员	
任务说明	实现用DeepSeek制作个人简历,首先确定简历的核心内容与结构,然后在DeepSeek中输入相关信息,调整格式与语言,最终生成一份专业简历		
任务目标	(1)掌握DeepSeek的基本操作; (2)学会输入结构化指令以生成简历内容; (3)通过对话优化简历细节; (4)掌握使用DeepSeek定制个人专属简历的技巧		
任务1	确定简历的核心模块(如个人信息、教育背景、工作经历、技能等),并整理相关材料		
任务解决方案或结果			
任务2	在DeepSeek中输入指令,生成简历初稿,并根据需求调整格式、语言及重点内容		
任务解决方案或结果			
任务总结与心得			
参考答案			

实训工单2:使用DeepSeek制作旅游攻略

工单名称	使用DeepSeek制作旅游攻略		
实施地点		计划工期	一个工作日
项目负责人		组员	
任务说明	实现用DeepSeek制作旅游攻略,首先明确旅游需求(如目的地、时间、偏好等),在DeepSeek中输入具体要求,输出初步攻略并进行个性化调整		
任务目标	(1)掌握DeepSeek的基本使用; (2)掌握输入特定指令输出攻略内容; (3)学会通过多轮对话优化内容; (4)掌握使用DeepSeek定制个性化旅游攻略的技巧		
任务1	确定旅游攻略的核心需求(如目的地、天数、预算、兴趣点等)		
任务解决方案或结果			
任务2	在DeepSeek中输入需求,生成攻略草案,并根据反馈调整内容(如优化路线、添加餐饮推荐等)		
任务解决方案或结果			
任务总结与心得			
参考答案			

第3章

人工智能语言Python基础

3.1 Python语言开发环境

3.1.1 任务1:Python系统下载

1.任务背景

Python是一门优雅而健壮的编程语言,它继承了传统编译语言的强大性和通用性,同时也借鉴了脚本语言和解释语言的易用性,使用简单,容易入门。在人工智能领域,研究者和实践者基于Python语言已开发了大量开源的库包,形成了良好的生态环境,学习者可以方便地使用这些库,因而目前Python是世界上人工智能领域使用最广泛的编程语言。

在开始学习Python编程之前,首先需要了解Python相关软件和环境的安装方法。一般地,本地计算机中Python环境的搭建有2种比较常见的方法:直接基于Python官网安装包搭建Python环境;安装Anaconda软件来搭建环境。本节介绍基于官网安装包进行安装和环境搭建的方法和过程。

Python语言简介

阅读材料_为什么人工智能领域选择Python语言

2.任务需求

从Python官网下载适合本地计算机环境的安装包。

小贴士

2025年3月12日,李强总理在《政府工作报告》中提出"持续推进'人工智能+'行动,将数字技术与制造优势、市场优势更好结合起来,支持大模型广泛应用,大力发展智能网联新能源汽车、人工智能手机和电脑、智能机器人等新一代智能终端以及智能制造装备”①。在人工智能领域,Python语言是最为广泛和通用的计算机编程语言,掌握Python编程技能,就掌握了开启人工智能赋能各行各业垂直领域的关键钥匙,是在这片充满无限可能的领域中探索前行的基础。

3. 任务描述

从Python官网(https://www.python.org/)下载适合本地计算机操作系统版本的安装包。通常安装包位于网站的“Downloads”栏中(网站可能会更新,以实时网站内容为准),如图3-1所示。选择对应的操作系统及版本,下载对应的安装包。如果对Python版本没有特殊要求,建议下载3.8、3.9版本或者最新的版本。

注意:Python分Python2和Python3两个大版本,一般均选择Python3的安装包下载。

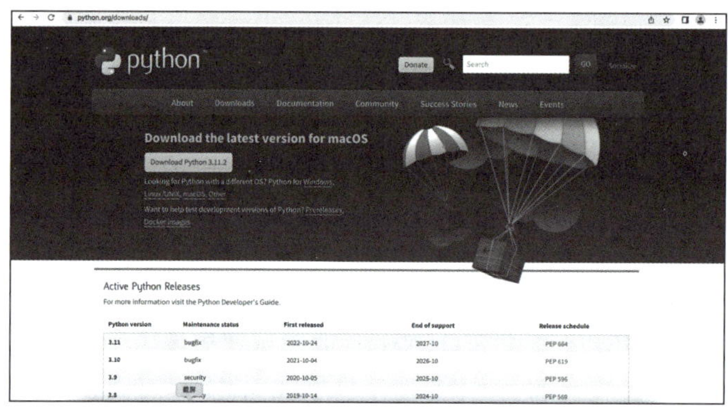

图3-1 Python官网的下载界面

3.1.2 任务2:安装Python

1. 任务需求

(1)使用Python官网下载的安装包搭建本地Python环境;

(2)使用pip命令安装jupyter软件。

2. 任务描述

(1)使用Python官网下载的安装包进行Python环境搭建。

使用下载的安装包进入安装过程,如无特殊要求则对于安装过程中所出现的选项均可选择默认配置,并记录Python所安装的路径,以Python3.8.2rc2的Windows操作系统版本为例,默认路径为C:\Users\(实际计算机的管理员用户名)\AppData\Local\Programs\Python\Python38。注意:如果出现“环境变量”的选择(如“Add Python To PATH”),应该选择将Python设为环境变量(详细过程请见3.1.3)。

安装完成后重启计算机,此时计算机上已经具备Python环境。若本地机器的操作系统为Windows,按下Win+R键,输入“cmd”打开命令提示符,输入“python”并按“Enter”键,应出

①李强.政府工作报告——2025年3月5日在第十四届全国人民代表大会第三次会议上[R/OL].(2025-03-12)[2025-05-11]. https://www.gov.cn/gongbao/2025/issue_11946/202503/content_7015861.html.

现如图3-2所示的Python环境，此时可以以命令行形式来实现简单的Python代码运行。例如，依次输入如下代码并按“Enter”键。

```
a=1
b=2
c=a+b
print("a+b=",c)
#则显示“a+b=3”。
```

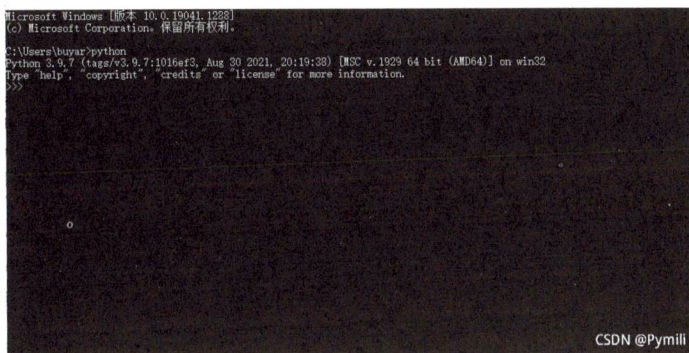

图3-2　命令行形式的Python运行环境

(2)使用pip命令安装Jupyter Notebook。

Jupyter Notebook的本质是一个Web应用程序，便于创建和共享程序文档，支持实时代码、数学方程、可视化图表和Markdown。使用Jupyter Notebook可以方便地实现Python在数据处理、机器学习、深度学习等方面的代码运行，并具备良好的交互性。

安装好Python之后，在cmd命令行输入pip install jupyter，即可自动下载安装Jupyter Notebook。

3.1.3　任务3:系统环境变量的设置

1.任务背景

环境变量一般是指在操作系统中用来定义运行环境的一些参数，如临时目录位置和系统目录位置等。当使用者要求操作系统运行一个程序而没有告诉它程序所在的完整路径时，操作系统除了会在当前目录下寻找该程序，也会在Path环境变量所包含的路径信息中寻找。

如果在使用官网下载安装包的安装过程中未配置Python为环境变量，或因为其他系统设置变化导致Python并未包含在系统环境变量中，会导致安装完成之后在cmd命令行中输入“python”命令无法正常运行，且出现“‘python’不是内部或外部命令，也不是可运行的程序或批处理文件”提示语，此时说明操作系统无法正确找到Python程序所在的路径。

为了后续Python环境的正常使用，需要将python.exe所在目录添加到操作系统的环境变量里。

2. 任务需求

在系统环境变量中添加python.exe所在路径。

3. 任务描述

按以下步骤完成环境变量设置任务。

(1)首先确定当前计算机上python.exe的安装路径,该信息在使用官网下载的安装包的安装过程时记录。例如,C:\Users\(实际计算机的管理员用户名)\AppData\Local\Programs\Python\Python38。

(2)右键点击“此电脑”,选择“属性”;在“系统属性”对话框,单击“高级”→“环境变量”按钮,即可进入环境变量的管理界面,如图3-3所示。

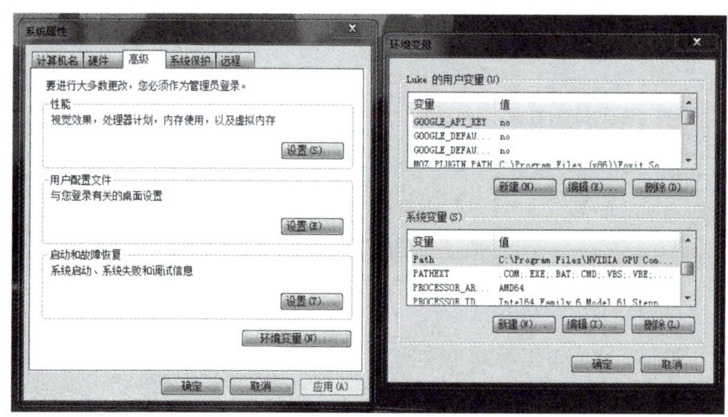

图3-3 环境变量管理界面

(3)在“系统变量”栏中,找到“Path”项,该项内容即包含了当前操作系统查找程序的目录范围。

(4)选中“Path”后再单击“编辑”按钮,将python.exe所在的路径添加在现有的各路径之后。注意:在Windows 7操作系统中,应与其他路径以半角输入模式下的“;”隔开。

将pip.exe的路径添加方法与python.exe一致,一般pip.exe的默认路径为python.exe所在目录的Scripts文件夹,即“C:\Users\(实际计算机的管理员用户名)\AppData\Local\Programs\Python\Python38\Scripts”。

3.1.4 任务4:Python程序的运行

1. 任务需求

在Jupyter软件中编写并运行Python程序。

2. 任务描述

在cmd命令行中运行Jupyter notebook命令,即可进入Jupyter Notebook界面,如图3-4所示。

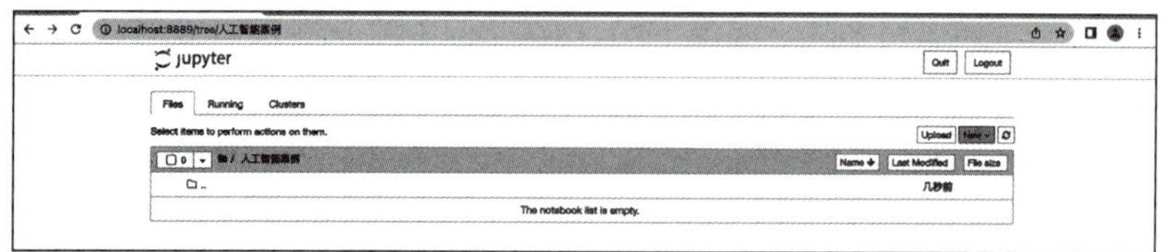

图3-4 Jupyter Notebook界面

单击右上角的“new”，并且选择python3选项，即可进入Python代码编辑的Notebook界面，如图3-5所示。

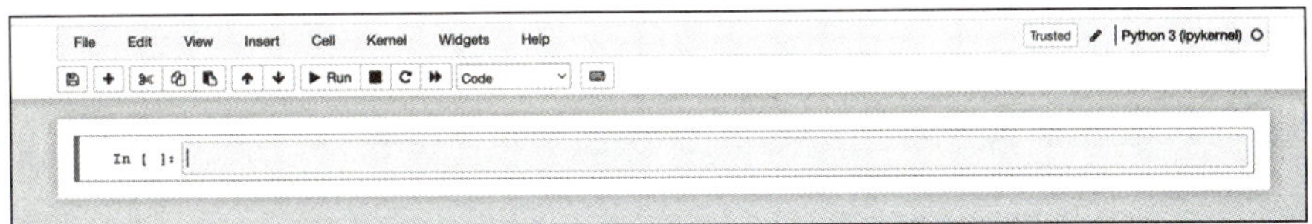

图3-5 Jupyter Notebook中的代码编辑界面

在代码行中，输入Python示例代码：

```
for i in range(10):
    print("i=",i)
```

该段代码的功能是分10行打印0~10的整数，具体效果如图3-6所示。

```
In [6]: for i in range(10):
            print("i=",i)

        i= 0
        i= 1
        i= 2
        i= 3
        i= 4
        i= 5
        i= 6
        i= 7
        i= 8
        i= 9

In [ ]:
```

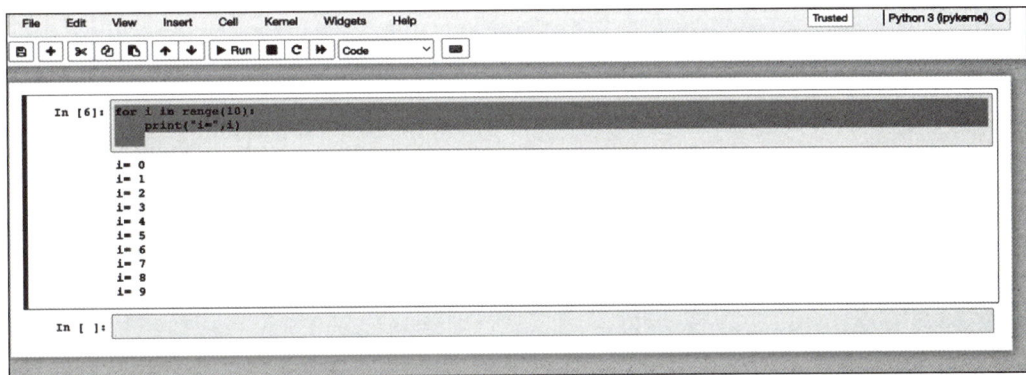

图3-6 Jupyter Notebook中示例代码及运行效果

以上示例代码为一个简单的Python应用，可以验证Jupyter Notebook和Python环境已经具备编程条件。

3.2 密码翻译任务(变量和数据类型)

3.2.1 提出问题

Python官网使用说明文档

摩斯密码是一种用点(·)和划(—)表示字母、数字、和标点的通信系统，它依靠一系列的点和划来传递编码信息，将文本信息转化作为一系列通断的音调、灯光或咔嗒声。它以电报发明者Samuel F. B. Morse的名字命名。作为世界上最早的用于电报的密码，摩斯密码表是公开的，任何人都可以通过密码表完整地翻译出原始电文所对应的译文。

本任务的需求是编写Python代码，实现以下功能：给定一段英文，将其加密成摩斯密码电文；然后给定一段摩斯密码电文，将其解密成英文。

3.2.2 预备知识

在Python中，常用的数据类型主要有整型(int)、浮点型(float)、字符串(str)、列表(list)、元组(tuple)、字典(dict)。

1. 整型(int)

整型数指整数，包括正整数、负整数和零，如1、-4、0。当使用一个不带小数点的整数给一个变量赋值时，默认为int类型，如下：

```
a=1
type(a)
```

运行结果为：

```
int
```

2. 浮点型(float)

浮点型数据即为带小数点的数，如1.5、1.3e5、0.0(注意这个是浮点数)。代码如下：

```
a=1.4
type(a)
```

运行结果为：

```
float
```

由于在计算机存储时有位数限制，一般浮点数会存在微小的误差，因此通常判断2个浮点数是否相等，并不适用严格的"=="符，而是允许两者之间存在一个微小的误差。

3. 字符串(str)

字符串是指采用双引号("")或单引号(' ')括起来的部分。注意：与C/C++、Java语言不同，Python只有字符串，没有字符类型的概念，即引号中的单个字符也属于字符串类型。字符串的连接可以直接使用"+"来实现，例如"ab"+"cd"即得到"abcd"。字符串的实例代码如下：

字符串操作

```
a = "h"
print("type of a is: ",type(a))
```

```
b = "ab"+"cd"
print("b =",b)
```

其结果为：

```
type of a is:  <class 'str'>
b = abcd
```

4. 列表

列表索引

列表是一种有序、可变的异构数据集合，可以添加、删除各种不同类型的数据，放置于中括号[]之中，用英文逗号“,”区分。

使用append()函数在列表尾部增加一个元素，使用pop()函数删除最后一个元素，使用insert()函数在列表某个位置插入一个元素。使用[i](i为序号)可以读取列表的某个元素，序号从0开始。使用len()函数可以获取列表的长度。

示例代码和运行结果如下：

```
a = [1,'a']
a.pop()
a.append(4.5)
a.insert(1,'inserted')
a[0] = 2
print('type of a is: ',type(a))
print("len(a) = ",len(a))
print("a = ",a)
print("a[1] = ",a[1])
```

其结果为：

```
type of a is:  <class 'list'>
len(a) = 3
a = [2, 'inserted', 4.5]
a[1] = inserted
```

5. 元组

与list相似，元组也是一种有序集合。但元组的元素是放置于小括号()内，最大的不同在于元组一旦建立则无法被编辑，示例代码如下：

```
a = (1,'a')
# 以下4行代码都会出错,因为元组类型无法被改变
# a.pop()
# a.append(4.5)
# a.insert(1,'inserted')
# a[0] = 2
print('type of a is: ',type(a))
print("len(a) = ",len(a))
print("a = ",a)
print("a[1] = ",a[1])
```

其运行结果为:

```
type of a is:  <class 'tuple'>
len(a) =  2
a =  (1, 'a')
a[1] =  a
```

6.字典

字典是一种无序集合,字典采用了键-值(key-value)方式来存储数据,在其他一些编程语言里面称为“映射(map)”,有着极快的查找速度。字典的内容包含在花括号{}之中,每一对key-value的键和值之间用英文冒号“:”隔开,不同的key-value对之间则用英文逗号“,”分隔。

当需要访问某个key所对应的value时,有2种访问方法:一是使用[]访问,[]中为key的内容,如果字典数据中没有该key,则会报错。二是使用get(),()中为key的内容,如果字典数据中没有该key,则会返回Nono。

字典的示例代码如下:

```
# 字典(dict)类型的案例
studentScoreDict = {"zhangsan":90,"lisi":95,"wangwu":80}
print("studentScoreDict = ",studentScoreDict)
print("the score of lisi = ",studentScoreDict["lisi"])
print("the score of zhangsan = ",studentScoreDict.get('zhangsan'))
print("the score of zhangsan1 = ",studentScoreDict.get('zhangsan1'))
```

其运行结果为：

```
studentScoreDict =  {'zhangsan': 90, 'lisi': 95, 'wangwu': 80}
the score of lisi =  95
the score of zhangsan =  90
the score of zhangsan1 =  None
```

7. 打印(print)的使用

print()可以直接打印内容并换行，括号中可以放置需要打印的内容。打印内容可以是多项，用英文逗号‘,’分开，则在两项之间会自动插入空格；如果没有任何参数，则直接换行。print比较常见的用法如下：

```
# print的示例
a = "hello"
b = "world"
c=1
d=2
print(a+"  " +b)
print()
print("c+d=",c+d)
```

其运行结果为：

```
hello world
c+d= 3
```

8. 输入(input)的使用

使用input()函数可以实现输入内容与代码功能的人机交互，input()的括号中一般包括需要展示输入提示的字符串，示例代码如下：

```
# input的示例
x = input("请输入x的值")
print("x=",x)
```

其运行结果为:

```
请输入x的值 32
x= 32
```

3.2.3 分析问题

摩斯密码由点(·)与横(—)组成:点(·)表示短促信号,读作"嘀",横(—)表示保持一定时间长度的长信号(3个点的时间长度),读作"嗒"。摩斯密码表如图3-7所示。

摩斯电码表							
字符	电码符号		字符	电码符号		字符	电码符号
A	·—		N	—·		1	·— — — —
B	—· · ·		O	— — —		2	· ·— — —
C	—·—·		P	·— —·		3	· · ·— —
D	—· ·		Q	— —·—		4	· · · ·—
E	·		R	·—·		5	· · · · ·
F	· ·—·		S	· · ·		6	—· · · ·
G	— — ·		T	—		7	— —· · ·
H	· · · ·		U	· ·—		8	— — —· ·
I	· ·		V	· · ·—		9	— — — —·
J	·— — —		W	·— —		0	— — — — —
K	—·—		X	—· ·—		?	· ·— —· ·
L	·—· ·		Y	—·— —		/	—· ·—·
M	— —		Z	— —· ·		)	—·— —·—
						—	—· · · ·—
						.	·—·—·—

图3-7 摩斯密码表

因此,将电文翻译成英文的过程,就是根据摩斯密码表的内容来进行一一对应。在Python中,由于字典数据结构具备key-value的数据匹配,因而可以使用字典来实现摩斯电码符号与英文字母之间的对应。

3.2.4 任务1:实现一个字母的加密

本任务实现对一个大写英文字母(如"C")的加密,参考代码如下:

```
# 加密成摩斯码电文
morseCode = { 'A':'.-', 'B':'-...',
              'C':'-.-.', 'D':'-..', 'E':'.',
              'F':'..-.', 'G':'--.', 'H':'....',
              'I':'..', 'J':'.---', 'K':'-.-',
```

```
            'L':'.-..', 'M':'--', 'N':'-.',
            'O':'---', 'P':'.--.', 'Q':'--.-',
            'R':'.-.', 'S':'...', 'T':'-',
            'U':'..-', 'V':'...-', 'W':'.--',
            'X':'-..-', 'Y':'-.--', 'Z':'--..',
            '1':'.----', '2':'..---', '3':'...--',
            '4':'....-', '5':'.....', '6':'-....',
            '7':'--...', '8':'---..', '9':'----.',
            '0':'-----', ', ':'--..--', '.':'.-.-.-',
            '?':'..--..', '/':'-..-.', '-':'-....-',
            '(':'-.--.', ')':'-.--.-'}
letter = input("请输入需要摩斯码加密的字母:")
print("the morse code of 'C' is ","'"+morseCode.get(letter)+"'")
```

运行这段代码,会提示输入一个待加密的字符,输入完成后将其转换成摩斯码,代码如下:

```
请输入需要摩斯码加密的字母: C
the morse code of 'C' is  '-.-.'
```

在代码中,使用了一个字典类型的变量(变量名为morse code),包含了摩斯电码和英文、数字、符号的映射关系,在使用时,直接从字典中读取对应的摩斯电码。

3.2.5　任务2:实现一句话的加密

在本任务中,将一句英文加密成摩斯电文。一句话中包含多个英文单词,每个英文单词又包含若干个英文字母。此处采用1个列表变量来代表1个英文单词,该列表变量中存储了该单词的各个字母所对应的摩斯码,然后再用1个列表变量来存储多个单词的列表变量,即代表了一句话。在加密过程中,单词和单词之间用单个空格分隔。参考代码如下:

```
#一句英文的摩斯密码加密
text = input("请输入需要加密的一句话(大写英文)")
morseCodeText = []
morseCodeText.append([])
i=0
for char in text:
    if (char==" "):#如果遇到空白,则产生新的1个单词的摩斯密码
```

```
            morseCodeText.append([])
            i += 1
        else:
            morseCodeText[i].append(morseCode.get(char))
print("the text is: ",text)
print("the morse codes of text are:",morseCodeText)
```

其结果为:

```
请输入需要加密的一句话(大写英文) HELLO WORLD
the text is:  HELLO WORLD
the morse codes of text are: [['....', '.', '.-..', '.-..', '---'], ['.--', '---', '.-.', '.-..', '-..']]
```

3.2.6 任务3:实现电文解密

在本任务中,与任务1、2相反,已知摩斯电文,须反向解密得到其英文原文。为了实现该功能,与加密过程类似,需要一个解密的对应关系,同样也是用一个字典变量来表示。参考代码如下:

```
# 摩斯电文解密
morseDecode = {} #解密也是通过字典变量来进行,一开始初始化该字典
for x in morseCode.items():#使用items()函数来获取morseCode字典变量的各条key-value信息
    character = x[0]
    code = x[1]
    morseDecode[code] = character
print("morseDecode: \n",morseDecode)
print()
morseCodeText = [['....', '.', '.-..', '.-..', '---'], ['.--', '---', '.-.', '.-..', '-..']]
decodedText = [] #用一个列表的列表来表示解密后的语句
for i in range(0,len(morseCodeText)):
    decodedText.append("")
    for j in range(0,len(morseCodeText[i])):
        decodedText[i] = decodedText[i]+morseDecode.get(morseCodeText[i][j])
print("the morse codes are: ",morseCodeText)
print("the decoded text is: ",decodedText)
```

其运行效果如下：

```
morseDecode:
{'.-': 'A', '-...': 'B', '-.-.': 'C', '-..': 'D', '.': 'E', '..-.': 'F', '--.': 'G', '....': 'H', '..': 'I', '.---': 'J', '-.-': 'K', '.-..': 'L', '--': 'M', '-.': 'N', '---': 'O', '.--.': 'P', '--.-': 'Q', '.-.': 'R', '...': 'S', '-': 'T', '..-': 'U', '...-': 'V', '.--': 'W', '-..-': 'X', '-.--': 'Y', '--..': 'Z', '.----': '1', '..---': '2', '...--': '3', '....-': '4', '.....': '5', '-....': '6', '--...': '7', '---..': '8', '----.': '9', '-----': '0', '--..--': ', ', '.-.-.-': '.', '..--..': '?', '-..-.': '/', '-....-': '-', '-.--.': '(', '-.--.-': ')'}
the morse codes are:  [['....', '.', '.-..', '.-..', '---'], ['.--', '---', '.-.', '.-..', '-..']]
the decoded text is:  ['HELLO', 'WORLD']
```

此处，在得到摩斯密码的解密所需的字典时尽量避免手动输入映射关系，采用在循环中使用items()函数来获取原始的映射关系，在得到其key和value值之后再一一赋值给新字典的value和key值。然后使用1个列表变量来表示一句话，列表中的每个字符串元素对应1个单词。通过循环，依次将摩斯电码中的符号一一反译成英文字母，最终形成一句话。

3.3 BMI与健康管理功能（选择和循环）

3.3.1 提出问题

身体质量指数（Body Mass Index，BMI）简称体质指数，是与体内脂肪总量密切相关的指标，是常用的衡量人体胖瘦程度及健康状况的标准。

BMI计算公式：

$$BMI=\frac{体重(kg)}{身高(m)^2}$$

根据BMI值，可以将人的胖瘦健康程度分为“体重过低”“正常”“超重、肥胖前期”“Ⅰ度肥胖”“Ⅱ度肥胖”“Ⅲ度肥胖”，如表3-1所示。

表3-1 BMI范围

胖瘦健康程度	BMI范围
体重过低	BMI<18.5
正常范围	18.5≤BMI<24
超重、肥胖前期	24≤BMI<28
Ⅰ度肥胖	28≤BMI<30
Ⅱ度肥胖	30≤BMI<40
Ⅲ度肥胖	BMI>40

使用Python编程,在命令行根据提示输入身高和体重之后,计算并打印相应的BMI,并给出胖瘦程度评价。

逻辑运算

3.3.2 预备知识

1.选择

在Python语言中,可以依据条件判断来实现流程选择,所以计算机可完成许多自动化的任务。选择功能可以使用if-else语句来实现,有以下几种用法:

(1)if功能。if功能的实例代码如下:

```
age=20
if age>=18:
    print("age is:",age)
    print("adult")
```

其运行结果为:

```
age is: 20:
adult
```

(2)if-else结构。if-else结构的示例代码如下:

```
age = 10
if age>=18:
    print("age is:",age)
    print("adult")
else:
    print("age is:",age)
    print("minor")
```

其运行结果为:

```
age is: 10
minor
```

(3)if-elif-else结构。if-elif-else结构的示例代码如下：

```
age = 5
if age>=18:
    print("age is:",age)
    print("adult")
elif age>10:
    print("age is:",age)
    print("tennage")
else:
    print("age is:",age)
    print("children")
```

其运行结构如下

```
age is: 5
children
```

注意：if、elif的条件之后和else之后均需要紧跟英文冒号":"，进入选择之后的执行代码应向右缩进一个制表符的宽度。

2.循环

循环一般使用for...in、while语句。与其他语言如C/C++、Java相比，Python并不支持do-while结构的循环。

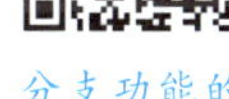

分支功能的综合案例

(1)for...in语句。一般使用在for x in range(0,10)、for x in [1,3,5,7,9]之类，当x在范围内依次变化时，执行循环体内代码。示例代码如下：

```
for x in range(0,5):
    print(x)
for y in ["zhangsan","lisi","wangwu"]:
    print(y)
```

其运行结果为：

```
0
1
```

```
2
3
4
zhangsan
lisi
wangwu
```

其中range(n1,n2)用于产生[n1,n2]之间的整数。

(2)while语句。一般用在while之后增加一个判断是否继续进行循环的判断语句,当该条件满足时即执行循环体内的语句,示例代码如下:

```
x=0
while x<5:
    print(x)
    x+=1
```

其运行结果为:

```
0
1
2
3
4
```

(3)break的使用。在循环体内,如果执行break语句,则中断并跳出当前循环,如下例子所示:

```
for x in range(0,5):
    print(x)
    if (x>1):
        if(x==3):
            break

for y in ["zhangsan","lisi",'wangwu']:
    print(y)
```

其运行结果为：

```
0
1
2
3
zhangsan
lisi
wangwu
```

注意：break仅对循环有效果，终止的是当前的循环体，并不是从当前选择分支中跳出，不影响外层或后续代码。

3.3.3 分析问题

得到BMI参数值之后，根据肥胖程度划分依据，可以得到如图3-8所示的逻辑流程图。

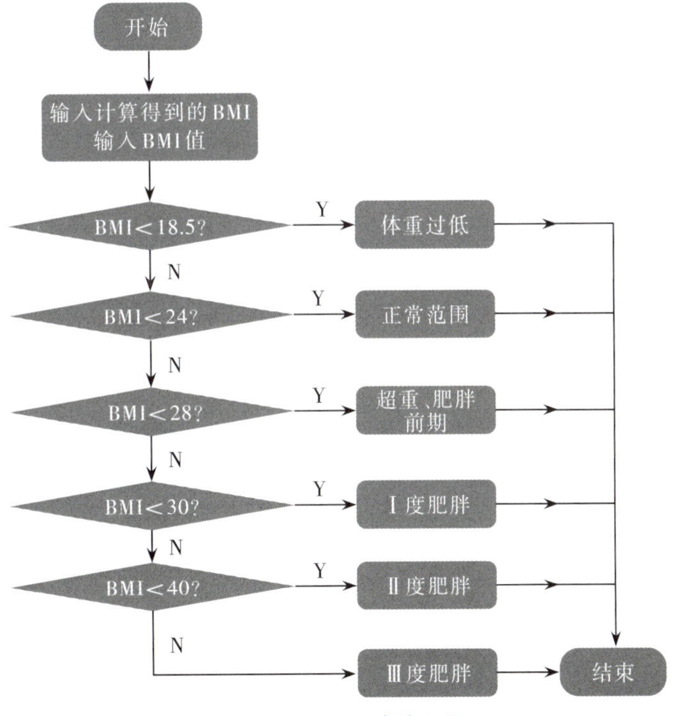

图3-8　BMI分类流程图

3.3.4 任务1：计算并输出BMI值

在jupyter notebook的编辑环境下，输入如下代码，给定体重、身高的数据，运行后得到BMI计算结果。

```
#计算BMI
weight = 70
height = 1.7
BMI = weight/pow(height,2)
BMI
```

其运行结果为:

```
24.221453287197235
```

3.3.5 任务2:实现健康分类

在得到BMI指数之后,健康评价代码如下:

```
health = ""
if BMI<18.5:
    health = "体重过低"
elif BMI<24:
    health = "正常范围"
elif BMI<28:
    health = "超重、肥胖前期"
elif BMI<30:
    health = "I度肥胖"
elif BMI<40:
    health = "II度肥胖"
else:
    health = "III度肥胖"
print(health)
```

其运行结果为:

```
超重、肥胖前期
```

3.3.6 任务3:完善输入和输出功能

以上代码仅仅实现了计算部分的功能。为了进一步完善BMI的使用,需要引入输入提醒和结果打印。同时,使用循环功能来实现对多人计算BMI和健康评价结果。如果需要终止功能,则需在“是否继续(y/n)”提示之后输入'n'即可。代码如下:

```
health = ""
while True:
    weight = float(input("请输入体重(kg):"))
    height = float(input("请输入身高(m):"))
    BMI = weight/pow(height,2)
    if BMI<18.5:
        health = "体重过低"
    elif BMI<24:
        health = "正常范围"
    elif BMI<28:
        health = "超重、肥胖前期"
    elif BMI<30:
        health = "I度肥胖"
    elif BMI<40:
        health = "II度肥胖"
    else:
        health = "III度肥胖"
    print("BMI = ",round(BMI,2),"您的健康程度为:",health)
    run = input("是否继续(y/n)? ")
    if run=='n':
        break
```

具体运行效果如下:

```
请输入体重(kg):70
请输入身高(m):1.7
BMI =  24.22 您的健康程度为: 超重、肥胖前期
是否继续(y/n)?
请输入体重(kg):60
请输入身高(m):1.65
BMI =  22.04 您的健康程度为: 正常范围
```

```
是否继续(y/n)?
请输入体重(kg):52
请输入身高(m):1.61
BMI =   20.06 您的健康程度为: 正常范围
是否继续(y/n)?n
```

3.4 住房按揭还款计算器任务(函数)

3.4.1 提出问题

住房按揭贷款是指银行向购买住房人发放的用于购买自住住房,并以其所购产权房为抵押物,作为偿还贷款的保证,按月偿还贷款本息的一种贷款方式。购房者按照一定的比例支付首付,剩余购房款则向银行借款,银行按照一定的利率按月计算利息,贷款人每月偿还当月所产生的利息和部分本金。通常,还款周期为事先约定的固定周期。

购房者在决定住房按揭贷款方案之前,需要评估贷款总额、利率、贷款年限、还款方式对还款金额的影响,因而需要进行详细的计算以便提供对贷款与还贷方式的决策支持。此外,在持续还贷一段时间之后,还款人可能会出现全额提前还贷、部分提前还贷等需求,此时也需要对还贷情况、剩余本金数量、已支付利息等信息进行评估。

1.按揭贷款的还款方式

在实际中,购房按揭贷款的还款方式可以分为等额本金与等额本息两种。

(1)等额本金:等额本金指每月偿还固定额度的本金,然后再偿还每月所产生的利息。由于未偿还本金逐月降低,所以每月产生的利息也会逐月减少,每月总还款数额也在逐月降低,但初期还款额较高。

(2)等额本息:等额本息指当利率一定时,每月总还款数额固定不变。每月还款总额由利息支付和偿还本金组成,由于未偿还本金也是在逐月下降,因而每月支付利息也在下降,每月的还款总额中,支付利息与本金偿还的比例一直在变化。

2.住房按揭还款计算器

无论以上哪种还款方式,给定贷款额、利率、还贷年限(周期数)之后,即可计算得到各个月所需还款的金额,以及各个月的还款额中支付利息和偿还本金的金额。但每月需要还款的金额并不是很直观地得到,需要根据动态利息计算的方法获取。

3.4.2 预备知识

Python中,为了实现代码的复用,避免不必要的重复代码编写,对一些共同功能进行抽象。在Python中,函数是一种抽象的实现,可以用def来定义函数。示例代码如下:

```
# 定义函数
def f1(x1,x2):
    res = x1+x2
    return res
print(f1(3,4))          #调用函数
print(f1(1,2))
```

运行结果为：

```
7
3
```

此处，def之后的f1为函数名，()内为两个参数，如果函数的结果需要传递至函数之外，则需要return来将结果返回。一旦函数定义完成，则可以在后续代码中使用函数名来调用该函数。

3.4.3 分析问题

无论哪种还款方案，均可基于一个基础的月还款计算。当剩余贷款额、利率、剩余还款周期数已知的情况下，可以计算该月的利息支付金额与偿还本金的金额。

假设对第$i(i = 1,2,3,\cdots)$个月，已知该月还款前的未还贷本金总额为p_i；月利率为a；剩余还款周期数为n。

需要得到以下计算结果：

该月总还款额为m_i，其中偿还本金的金额为h_i，支付利息金额为g_i，本月还款后的未还款本金总额为p_{i+1}。以下就等额本金和等额本息还款这两种还款方式，进行计算。

1. 等额本金

采用等额本金还款方式时，每月偿还的本金额度是固定的，因此

本月需支付的利息金额：$g_i = p_i \times a$

偿还本金的金额：$h_i = p_i / n$

本月还款总额：$m_i = p_i / n + p_i \times a$

本月还款之后的未还款本金总额：$p_{i+1} = p_i - p_i / n$

2. 等额本息

采用等额本息还款时，每月的偿还本金数额与支付利息的总额是固定的，因此$m_i = m$为一个恒定值。

本月需支付的利息金额：$g_i = p_i \times a$

偿还本金的金额：$h_i = m - g_i = m - p_i \times a$

本月还款之后的未还款本金总额：$p_{i+1} = p_i - h_i = (1 + a) p_i - m$

因而，$p_{n+1} = (1+a)^n p_1 - \frac{(1+a)^n - 1}{a} m = 0$（最后一个还款月还款之后刚好将本金还清），因而每个月的还款金额为

$$m_i = m = \frac{(1+a)^n a}{(1+a)^n - 1} \times p_1$$

3.4.4　任务：每月还款金额的计算

根据以上算式，使用Python的函数功能，可以实现两种还款方式下，某一个月的还款情况，代码中采用calculateMonthPayment()函数来实现该功能。此处可以采用该函数来计算并打印开始还贷的第1个月的还款情况。代码如下：

```
# 定义某个月的还款计算函数
def calculateMonthPayment(loan, interest, numPayment, mode):
    """
    输入参数：
    loan:本月还款之前的本金总额
    interest:月利率
    numPayment:本月还款之前的剩余还款周期数
    mode:还款方式，'1'代表等额本金，'2'代表等额本息

    输出结果：
    monthPayment:本月应还款额
    monthPaymentPrincipal:本月偿还本金额
    monthPaymentInterest:本月偿还利息额

    """

    #等额本金还款法
    if mode == '1':
        monthPaymentInterest = loan * interest
        monthPaymentPrincipal = loan/numPayment
        monthPayment = monthPaymentInterest + monthPaymentPrincipal

    #等额本息还款法
    if mode =='2':
        monthPayment = (pow(1+interest,numPayment)*interest) / (pow(1+interest,
        numPayment)-1) * loan
```

```
        monthPaymentInterest =  loan * interest
        monthPaymentPrincipal = monthPayment - monthPaymentInterest

    return monthPayment,monthPaymentPrincipal,monthPaymentInterest
#需还本金100万元,年利率5.9%,20年还款年限(240个月),等额本息的情况,每月还款金额
#1 等额本金
monthPayment,monthPaymentPrincipal,monthPaymentInterest = calculateMonthPayment
(100e4, 0.059/12, 240, '1')
print("等额本金还款法,第1个月情况:")
print("每月还款总额 = ",monthPayment)
print("该月偿还本金额 = ",monthPaymentPrincipal)
print("该月支付利息 = ",monthPaymentInterest)
print()
#2 等额本息
monthPayment,monthPaymentPrincipal,monthPaymentInterest = calculateMonthPayment
(100e4, 0.059/12, 240, '2')
print("等额本息还款法,第1个月情况:")
print("每月还款总额 = ",monthPayment)
print("该月偿还本金额 = ",monthPaymentPrincipal)
print("该月支付利息 = ",monthPaymentInterest)
print()
```

运行结果为:

```
等额本金还款法,第1个月情况:
每月还款总额 =  9083.333333333332
该月偿还本金额 =  4166.666666666667
该月支付利息 =  4916.666666666666
等额本息还款法,第1个月情况:
每月还款总额 =  7106.739875554155
该月偿还本金额 =  2190.0732088874893
该月支付利息 =  4916.666666666666
```

calculateMonthPayment()函数实现了对某一个月的计算,对于整个还款过程,需要进行全面的计算,每一个月的还款执行都会对下个月的所需还款金额产生影响,具体代码如下:

```
def calculateMortgage(loan, interest, numPayment, mode):
"""
    输入参数:
    loan:本月还款之前的本金总额
    interest:月利率
    numPayment:本月还款之前的剩余还款周期数
    mode:还款方式,'1'代表等额本金,'2'代表等额本息

    输出结果:
    monthPaymentList:从本月开始,每个月还款总额的列表
    monthPaymentPrincipalList: 从本月开始,每个月偿还本金额的列表
    monthPaymentInterestList: 从本月开始,每个月偿还利息额的列表
    loanList:从本月开始,每个月还款之后的剩余的本金额,
"""
    monthPaymentList = []  #记录各个月的还款金额数
    monthPaymentPrincipalList = []   #记录各个月还款额中偿还本金的部分
    monthPaymentInterestList = []    #记录各个月还款额中支付利息的部分
    loanList = []  #记录各个月还款之后的本金总额

    for i in range(numPayment):
        monthPayment,monthPaymentPrincipal,monthPaymentInterest \
        = calculateMonthPayMent(loan, interest, numPayment-i, mode)
        monthPaymentList.append(monthPayment)
        monthPaymentPrincipalList.append(monthPaymentPrincipal)
        monthPaymentInterestList.append(monthPaymentInterest)
        loan = loan - monthPaymentPrincipal #在当前月偿还本金之后,更新剩余的本
金总额
        loanList.append(loan)

    return monthPaymentList,monthPaymentPrincipalList, monthPaymentInterestList,loanList

# 调用还款计算函数(等额本金)
res1 = calculateMortgage(100e4, 0.059/12, 240, '1')
monthPaymentList1 = res1[0]
monthPaymentPrincipalList1 = res1[1]
monthPaymentInterestList1 = res1[2]
```

```
loanList1 = res1[3]

# 调用还款计算函数(等额本息)
res2 = calculateMortgage(100e4, 0.059/12, 240, '2')
monthPaymentList2 = res2[0]
monthPaymentPrincipalList2 = res2[1]
monthPaymentInterestList2 = res2[2]
loanList2 = res2[3]

# 计算两种还款方式各自需要支付的利息总额
print("等额本金,共支付利息:", sum(monthPaymentInterestList1))
print("等额本息,共支付利息:", sum(monthPaymentInterestList2))
```

运行结果为:

```
等额本金,共支付利息: 592458.3333333349
等额本息,共支付利息: 705617.570133001
```

在本段代码中,使用calculateMortgage()函数来计算整个还款过程的各项金额,调用calculateMonthPayment()函数来实现逐月计算。从最终的测试案例可看出,在100万元的贷款额,年利率为5.9%、还款年限为20年的情况下,等额本息比等额本金多支付了10万多的利息(这是因为等额本息在初期还款时,本金偿还较少,所以产生了更多的利息)。

3.5 回归任务(模块和包的使用)

3.5.1 提出问题

在统计学中,回归分析(regression analysis)指的是确定两种或两种以上变量间相互依赖的定量关系的一种统计分析方法,回归分析被广泛地应用于自然科学、工程、金融、医学、社会学等领域。在研究一个客观规律时,通过实验、数据采集等方法获取一定量的数据,数据中蕴含了该对象的规律,此时如何使用回归方法得到客观规律的准确数学表达是一种常见的做法。因而在本节,通过导入现有开源包的方式来实现线性回归。

任务需求:

(1)回归分析数据的生成;

(2)基于开源包的回归分析应用;

(3)使用开源包绘制回归效果图。

3.5.2 预备知识

Python编程语言已经形成了成熟的生态圈,全世界开发的人员已公开分享了大量的开源代码,这些代码基本以包的方式被他人使用。在学习使用Python语言实现数据分析、回归分析、机器学习建模功能时,可以先导入现有开源包来快速实现。

在数据分析领域,常用的开源包为numpy,是Python中科学计算的基础包。提供了多维数组对象,各种派生对象(如掩码数组和矩阵),以及用于数组快速操作的各种API,包括数学、逻辑、形状操作、排序、选择、输入输出、离散傅里叶变换、基本线性代数、基本统计运算和随机模拟等。在使用之前,一般采用“import numpy as np”语句来导入numpy包。

在回归分析及机器学习领域,常用的开源包为scikit-learn(简称sklear sklearn),是一个开源的基于Python语言的机器学习工具包。它通过numpy、SciPy和Matplotlib等Python数值计算的库实现高效的算法应用,并且涵盖了几乎所有主流机器学习算法。在使用scikit-learn中的线性回归功能之前,一般采用“from sklearn.linear_model import LinearRegression”语句来导入LinearRegression(线性回归)类。

Matplotlib是一个Python 2D绘图库,可以使用该包绘制各种不同类型的可视化图形。比较常用的是该包中的plt模块,在使用之前,一般采用“import matplotlib.pyplot as plt”语句来导入plt模块。

以上包能够正常使用的前提是都已经安装在Python环境下,可通过cmd窗口的"pip list"命令来查看是否已经正常安装。其准确名称分别为“numpy”“scikit-learn”“matplotlib”。如发现未安装,可使用pip安装,命令分别为:

```
pip install numpy
pip install scikit-learn(需要事先安装好numpy、matplotlib)
pip install matplotlib
```

3.5.3 分析问题

在本任务中,设计了一个简单的二元线性函数$y = a_1x_1 + a_2x_2 + b$作为数据拟合的案例。

根据$y = a_1x_1 + a_2x_2 + b$生成训练数据和测试数据,同时为了模拟实际问题中存在的测量误差、随机噪声等干扰因素,在得到函数的输出之前再额外增加一些随机噪声信号。训练数据用于回归过程计算,测试数据与训练数据独立,用于测试回归得到模型的有效性。

3.5.4 任务1:回归分析数据的产生

基于二元线性函数$y = a_1x_1 + a_2x_2 + b$产生模拟数据,此时需要使用Python的numpy包。因而在代码开始之前需要使用import numpy as np,代码如下:

```
# 产生数据
import numpy as np
L=100 #数据的长度
a1 = 3
a2 = 5
b = 1
# 取训练数据
x_train = np.zeros((L,2))
x_train[:,0] = np.arange(0,10,10/L)+10*np.random.randn(L)
x_train[:,1] = np.arange(0,5,5/L)+5*np.random.randn(L)
y_train = x_train[:,0]*a1+x_train[:,1]*a2+b+np.random.randn(L)
# 测试数据
x_test = np.zeros((L,2))
x_test[:,0] = np.arange(10,20,10/L)
x_test[:,1] = np.arange(10,15,5/L)
y_test = x_test[:,0]*a1+x_test[:,1]*a2+b+np.random.randn(L)
```

此处，x_train、y_train为训练数据，x_test、y_test为测试数据，均采用numpy产生的数据，为numpy.ndarray类型。为了模拟实际数据存在的噪声，使用np.random.randn()函数来产生随机数。

3.5.5 任务2:基于scikit-learn开源包的回归分析应用

获取训练数据之后，便可以使用scikit-learn开源包中的线性回归功能来实现对本任务的回归求解。

首先需要使用from sklearn.linear_model import LinearRegression语句来导入LinearRegression（线性回归）类，然后再调用fit函数来回归训练，具体代码如下：

```
from sklearn.linear_model import LinearRegression
#从sklearn包中导入LinearRegression(线性回归)类
reg = LinearRegression() #reg为一个线性回归的对象(即实际案例)
reg.fit(x_train,y_train) #在reg中，对训练数据集x_train,y_train进行回归计算，回归结果
保留在reg中
reg.score(x_train,y_train)
y_test_pred = reg.predict(x_test) #使用reg的回归结果，对测试数据集进行预测
R = reg.score(x_test,y_test) #计算R2(决定系数)，越接近1，说明回归效果越好
print("回归得到线性模型的系数：")
```

```
print("a1= ",reg.coef_[0])
print("a2= ",reg.coef_[1])
print("b= ",reg.intercept_)
print("R2= ",R)
```

其运行结果如下：

```
回归得到线性模型的系数：
a1=   3.0062849140430123
a2=   4.991584432239438
b=   1.0264911236472614
R2=   0.9964314202056069
```

此处，LinearRegression 为 scikit-learn 包中的线性回归类，通过 import 语句导入。reg 是 LinearRegression 的一个对象实例，代表具体的问题。调用 reg.fit()函数实现回归求解，然后利用 reg.predict()函数来获得测试数据的预测输出值，使用 reg.score()来获得回归模型在测试数据上的决定系数 R^2。reg.coef_和 reg.intercept_分别代表回归模型中的系数和截距。从结果中可以看出，回归系数和截距非常接近原始函数中的参数值，R^2接近 1，回归效果理想。

3.5.6 任务3：基于开源包的回归效果图的绘制

在完成回归分析之后，往往需要通过图形化方法来直观展示回归的效果，一般会观察两种图：一种为回归模型的预测结果与实际采样结果的散点图，数据点分布越接近对角线说明回归效果越精准；另一种为回归模型预测输出与实际输出的趋势图，横坐标为采样点的序号（或者时间）。此处导入 matplotlib 包中的 pyplot 类来实现这两种图的绘制，代码如下：

```
#图形化功能
import matplotlib.pyplot as plt
plt.figure(figsize=(10,3.8)) #设置图片的尺寸
plt.subplot(1,2,1)
#(1)测试数据的输出值和预测输出值的散点图
plt.scatter(y_test,y_test_pred)
plt.xlabel('y_test')
plt.ylabel('y_test_pred')
#plt.show()
plt.subplot(1,2,2)
#(2)测试数据的回归趋势图
```

```
plt.plot(y_test,'.',label='test  data')
plt.plot(y_test_pred,label='predict  data')
plt.legend()
plt.xlabel('samples')
plt.ylabel('y')
```

其回归结果的散点图和趋势图如图3-9所示。

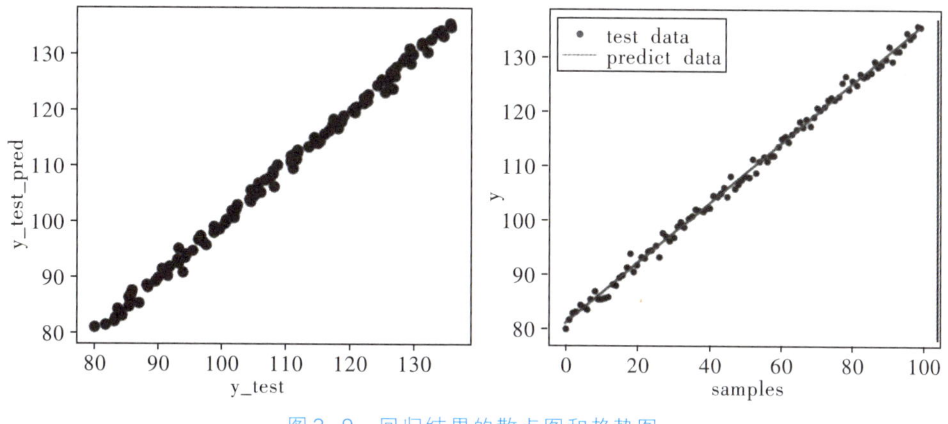

图3-9　回归结果的散点图和趋势图

从图中可清晰地观察到回归模型的预测值与真实值非常接近。此处的代码中也体现了使用matplotlib.pyplot模块实现多图绘制、横纵坐标配置、多条曲线同时显示的使用方法。

Python语言简史

本章小结

在本章中，使用5个问题任务来学习Python编程的基础，这5个任务包括安装和环境配置、变量与数据类型、选择循环、函数、模块使用内容。通过本章内容及相关练习，要求初步掌握Python语言来解决一些实际问题，了解Python语言在数据分析、可视化以及机器学习方面的简单应用案例，为进一步学习数据分析以及后续深度学习等人工智能领域的应用技术打下基础。

阅读材料_开源软件的特点与优势

课后习题

1.print()函数输出字符串可以使用哪种符号? ( )

A.''单引号 B.""双引号

C.""""""三引号 D.以上都可以

2.print(1+2)这句代码运行会输出什么结果? ( )

A.1+2 B.+ C.3 D.1+2=3

3.关于列表的说法,描述有误的是哪一个? ( )

A.list是一个有序集合,没有固定大小 B.list可以存放任意类型的元素

C.使用list时,其下标可以是负数 D.list是不可变的数据类型

4.以下有关print()函数的表述错误的是哪一个? ( )

A.单引号和双引号的使用方式完全不同

B.计算机可以直接识别数字

C.变量中保存的数据是可以变化的

D.命名规范有小驼峰命名法和大驼峰命名法

实训工单1:密码规则的校验

<table>
<tr><td>工单名称</td><td colspan="3">密码规则的校验</td></tr>
<tr><td>实施地点</td><td></td><td>计划工期</td><td>1个工作日</td></tr>
<tr><td>项目负责人</td><td></td><td>组员</td><td></td></tr>
<tr><td>任务说明</td><td colspan="3">在许多网站或APP的应用中,密码需要设置、重复确认和安全性校验的需求,本任务完成密码设置、密码的重复输入确认、密码的安全性校验</td></tr>
<tr><td>任务目标</td><td colspan="3">(1)掌握Python语言开发简单功能;
(2)掌握Python语言的输入交互功能;
(3)掌握Python中字符串的处理功能;
(4)掌握Python语言条件和循环的使用</td></tr>
<tr><td>任务1</td><td colspan="3">密码设置的交互功能,以提示框的方式提示输入密码,用户输入第一遍密码</td></tr>
<tr><td>任务解决方案或结果</td><td colspan="3"></td></tr>
<tr><td>任务2</td><td colspan="3">密码的重复输入确认,用户重复输入一遍密码,验证两次输入是否完全一致,如果不一致则设置失败</td></tr>
<tr><td>任务解决方案或结果</td><td colspan="3"></td></tr>
<tr><td>任务3</td><td colspan="3">密码安全性校验功能,用户所设置密码必须满足一系列的安全性要求,校验通过后才视为密码设置通过
要求:密码中必须包含大写字母(A~Z)、小写字母(a~z)、数字(0~9)、特殊符号(~,!,@,#,$,%,^),密码长度在8-18位。</td></tr>
<tr><td>任务解决方案或结果</td><td colspan="3"></td></tr>
<tr><td>任务总结与心得</td><td colspan="3"></td></tr>
<tr><td>参考答案</td><td colspan="3"></td></tr>
</table>

实训工单2:数独游戏

工单名称	数独游戏		
实施地点		计划工期	1个工作日
项目负责人		组员	
任务说明	数独游戏是一种智力挑战游戏。针对1个9×9的网格,每个网格上都有1个数字,正确答案应满足规则为:任意行和列都有不重复的1~9的数字,9个3×3的网格子块中都刚好有不重复的1~9的数字。 对1个9×9的网格,编写函数验证当前答案是否符合数独规则。测试方法:给出若干组正确答案(可自行通过网络搜索得到)和不正确的答案,查看函数输出是否与数独规则相符合。具体地,应包含3个功能: (1)对每一行进行数字不重复验证; (2)对每一列进行数字不重复验证; (3)对每一个3×3的网格子块进行数字不重复验证		
任务目标	(1)掌握Python的列表(list)实现二维数组的功能; (2)掌握Python的循环功能; (3)掌握Python的函数功能; (4)培养模块化编程的习惯		
任务1	编写行验证的函数,实现对某一行进行数字不重复的验证		
任务解决方案或结果			
任务2	编写列验证的函数,实现对某一列进行数字不重复的验证		
任务解决方案或结果			
任务3	编写网格子块验证的函数,实现对某一3×3网格子块进行数字不重复的验证		
任务解决方案或结果			
任务4	编写数独游戏整体的验证函数,将任务1-3的功能进行合并,实现最终的整体验证函数		
任务解决方案或结果			
任务总结与心得			
参考答案			

第4章

数据分析

数据分析是数据科学领域中的一个关键分支。它主要涉及使用统计方法和数据可视化来理解和解释数据。本章将介绍如何使用Python进行数据分析,包括数据统计分析、数据预处理和数据可视化。

小贴士

党的二十大报告指出,要"加快发展数字经济,促进数字经济和实体经济深度融合",而高质量的数据处理能力正是支撑这一目标的基础。我国颁布的《新一代人工智能伦理规范》等法规强调数据应用的安全性、合规性与社会责任,在本章学习中,使用Python分析数据时,应始终秉持在数据分析中严格保护用户隐私,避免数据滥用,体现技术人的法治意识;坚持技术创新,服务国家战略,推动关键领域自主可控;结合脱贫攻坚、智慧城市等国家需求,用数据分析技术挖掘社会价值,践行"科技为民"的初心。

4.1 餐饮数据统计分析

数据统计分析是数据分析中的重要环节。在这一节中,讨论了如何使用Python进行数据统计分析。

4.1.1 提出问题

在进行统计分析之前,需要先明确自己的分析目标和所面临的问题。在餐饮销售数据中,想要回答以下问题:

(1)哪些菜品是最受欢迎的?

(2)每天哪个时间段顾客最多?

(3)店铺的月度销售额如何变化?

(4)不同地区的销售情况如何?

上述这些问题需要进行数据统计分析来解决。

4.1.2 预备知识

进行数据统计分析,需要掌握使用Pandas数据分析库进行数据的读取、清洗和处理。

Pandas是一个Python数据处理和分析库,最初由Wes McKinney在2008年开发。它在处理结构化数据方面非常强大,可以轻松地处理包含行和列的数据集。Pandas提供了两个主要的数据结构,即Series和DataFrame。Series类似于一维数组,它由一组数据和与之关联的索引组成。每个数据点在Series中都有唯一的标签。DataFrame则是一种由多个Series构成的二维表格数据结构,可以看作是一个Excel表格或SQL表。DataFrame由行和列组成,每列对应一个Series,每行代表一条数据记录。

Pandas支持多种数据格式,包括CSV、Excel、SQL、JSON等。用户可以通过简单的一行代码读取这些不同格式的数据。Pandas中的read_csv()函数可以轻松地将CSV文件读取为DataFrame对象,而read_excel()函数可以读取Excel文件。Pandas还可以从SQL数据库中读取数据,这需要安装额外的依赖项。JSON数据也可以被读取和转换成DataFrame。

除了数据读取,Pandas还提供了数据清洗、数据整合、数据筛选和数据分析能力。在数据清洗方面,Pandas可以帮助处理缺失值、重复值、异常值和数据类型转换等问题。在数据整合方面,Pandas提供了多种方法,如merge()、join()、concat()等函数,可以方便地将多个数据源整合在一起。在数据筛选方面,Pandas提供了类似SQL的语法,使用户可以轻松地选择感兴趣的数据子集。在数据分析方面,Pandas支持多种聚合函数,如sum()、mean()、median()等,可以帮助用户对数据进行统计和汇总。

除此之外,Pandas还支持数据可视化,可以通过Matplotlib和Seaborn等库直接在Pandas中绘制各种图表。Pandas提供了一系列绘图函数,如plot()、scatter()和hist()等,可以快速创建图表。这些图表可以展示数据的分布、趋势和关系,帮助用户更好地理解数据。

总之,Pandas是一种非常强大的数据处理和分析工具,可以帮助用户轻松地处理和分析各种数据集。它的灵活性和易用性使其成为数据科学和机器学习领域中的必备工具之一。

4.1.3 分析问题

在数据统计分析阶段,需要先了解数据集,不同的数据源,需要使用不同的函数读取,然后根据遇到的问题选择合适的数据处理方法。

4.1.4 任务1:读/写不同数据源的数据

读写不同数据源　　数据类型

在Python中,可以使用Pandas库来读写各种数据格式的数据。常见的数据格式包括CSV、Excel、SQL、JSON和HTML等。读取数据后,可以使用Pandas提供的数据结构DataFrame来对数据进行操作和分析。

1.文本文件读/写

对于CSV文件,可以使用read_csv方法来读取。餐饮销售数据如表4-1所示,存放在一个名为sales.csv的文件中,包含了每个月的销售数据,其中第一列为日期,第二列为销售额,第三列为销售量。

表 4-1　餐饮销售数据

日期	销售额	销售量
2023/1/1	5000	50
2023/1/2	8000	80
2023/1/3	6000	60
2023/1/4	7000	70
2023/1/5	9000	90
2023/1/6	10000	100
2023/1/7	12000	120
2023/1/8	11000	110
2023/1/9	9500	95

下面是使用Pandas中的read_table()和read_csv()函数读取文本文件的示例代码：

```
import pandas as pd
#使用read_table()函数读取文本文件，以tab为分隔符
data = pd.read_table('sales.csv', sep='\t')
#使用read_csv()函数读取csv文件，以逗号为分隔符
data = pd.read_csv('sales.csv',encoding="utf-8",sep=',')
```

read_table()函数用于读取以“tab”为分隔的文本文件；read_csv()函数用于读取以逗号分隔的文本文件（也可以指定其他分隔符）。

read_table()和read_csv()函数的参数说明如表4-2所示。

表 4-2　read_table()和read_csv()函数的参数说明

参数	说明
filepath_or_buffer	需要读取的文件路径或文件对象
sep	指定分隔符，默认为逗号
header	指定数据的列名，如果不指定，则默认使用第一行数据作为列名
index_col	指定索引列
usecols	指定读取哪些列的数据，可以是列名或列索引，也可以是列名或列索引的列表
dtype	指定列数据类型
na_values	指定哪些值被认为是缺失值
skiprows	指定需要跳过的行数或指示行号
skipfooter	指定需要跳过的底部行数
encoding	用于指定文件的编码格式，常用的编码格式有utf-8、gb18030、gb2312、gbk等

to_csv()是Pandas中用于将DataFrame对象保存为CSV文件的函数。该函数可以通过参数设置保存的CSV文件的名称、路径、编码、分隔符、是否包含行索引和列头等选项。to_csv()函数的参数说明如表4-3所示。

表 4-3　to_csv()函数的参数说明

参数	说明
path_or_buf	要写入的文件路径或文件对象
sep	指定分隔符,默认为逗号
na_rep	表示空值的字符串,默认为空字符串
columns	要写入文件的列,默认为 DataFrame 的所有列
header	是否写入列头,默认为 True
index	是否写入行索引,默认为 True
mode	打开文件时的模式,默认为"w"
encoding	文件编码,默认为"utf-8"
compression	指定保存文件时的压缩格式,如"gzip""bz2""xz""zip"等
line_terminator	写入文件时使用的行终止符,默认为"\n"
date_format	日期格式,用于格式化日期和时间对象
decimal	小数点分隔符
float_format	浮点数格式化字符串

下面是将餐厅雇员信息写入 CSV 文件使用 to_csv()函数的示例代码:

```
import pandas as pd
#创建 DataFrame 对象
df = pd.DataFrame({
    "Name": ["John", "Mike", "Sarah", "Kate"],
    "Age": [25, 30, 28, 22],
    "Salary": [5000, 7000, 6000, 4500]
})
#将 DataFrame 对象保存为 CSV 文件
df.to_csv("employee.csv", index=False, header=True)
```

2.Excel 文件读/写

对于 Excel 文件,可以使用 read_excel 方法来读取。假设有一个名为 sales.xlsx 的文件,包含了两个工作表,分别为 Jan 和 Feb,可以使用以下代码读取这个文件:

```
df_jan = pd.read_excel('sales.xlsx', sheet_name='Jan')
df_feb = pd.read_excel('sales.xlsx', sheet_name='Feb')
```

read_excel 函数的参数说明如表 4-4 所示。

表4-4 read_excel()函数的参数说明

参数	说明
ilepath_or_buffer	需要读取的文件路径或文件对象
sheet_name	指定要读取的工作表名称,可以是工作表名称、索引或工作表编号,默认读取第一个工作表
header	指定列名所在的行,默认为0,表示第一行
index_col	指定要用作行索引的列,默认为None,表示第一列

将文件存储为Excel文件,可以使用to_excel(),将DataFrame数据对象保存为Excel文件。to_excel()参数说明如表4-5所示。

表4-5 to_excel()函数的参数说明

参数	说明
excel_writer	ExcelWriter对象或文件路径,用于指定Excel文件的保存位置
sheet_name	字符串或整数,表示工作表的名称或索引,默认为第一个工作表
index	布尔值,表示是否包含DataFrame的行索引,默认为True
header	整数表示是否写入列名
startrow	是整数,表示写入数据的起始行号,默认为True
startcol	整数,表示写入数据的起始列,默认为0
engine	字符串,表示使用的写入引擎。默认为"openpyxl",可选值还包括"xlsxwriter"和"xlwt"

下面是一个将DataFrame数据保存为Excel文件的示例代码:

```
import pandas as pd
#读取餐厅销售数据
df = pd.read_csv('sales.csv')
#将数据保存为Excel文件
df.to_excel('sales1.xlsx', sheet_name='销售数据', index=False)
```

4.1.5 任务2:掌握DataFrame的常用操作

DataFrame的常用属性

DataFrame是Pandas库中的一个重要数据结构。它可以看作是一个二维的表格,其中每一行表示一个数据记录,每一列表示一种数据类型。如表4-6所示,是一些常用的DataFrame属性说明。

表4-6 DataFrame属性说明

属性	说明
values	一个NumPy数组,它包含了DataFrame中的所有数据
index	返回Index对象,表示行索引

续表

属性	说明
columns	返回Index对象,表示列名
dtypes	返回一个Series,其中包含DataFrame的每个列的数据类型
size	返回一个整数,表示元素个数
shape	返回一个元组,其中包含DataFrame的行数和列数

在进行数据分析时,需要掌握如何使用DataFrame进行数据的切片、选择、筛选、排序、合并和统计等操作。

1.查看餐饮销售菜品数据

DataFrame查找

在Pandas中,查看DataFrame数据是数据分析的重要一环,它可以让开发者对数据有一个直观的了解,以便进一步进行数据清洗、转换和分析等工作。可以通过多种方式查看DataFrame的数据,如head()、tail()、sample()等方法,下面是一些示例代码,展示如何查看餐饮销售数据:

```
# 读取餐厅销售详情数据
saleDetail=pd.read_csv("sale_detail.csv",encoding="gbk")
# 使用访问属性方式取出saleDetail中的菜品名称列
dishes_name = saleDetail.dishes_name
print('订单详情表中的dishes_name的形状为:',dishes_name.shape)
# 使用访问字典方式取出saleDetail中的某一列
order_id = saleDetail['order_id']
print('订单详情表中的order_id的形状为:','\n',order_id.shape)
# 查看saleDetail随机数据
print(saleDetail.sample(10))
#查看saleDetail头部数据前n行数据,默认为5行
print(saleDetail.head(10))
#查看saleDetail尾部n行数据,默认为5行
print(saleDetail.tail(10))
#使用访问字典方式取出saleDetail中的某几列某几行数据
dishes_name5 = saleDetail['dishes_name'][:5]
print('订单详情表中的dishes_name前5个元素为:','\n',dishes_name5)
orderDish = saleDetail[['order_id','dishes_name']][:5]
print('订单详情表中的order_id和dishes_name前5个元素为:',
'\n',orderDish)
order5 = saleDetail[:][1:6]
print('订单详情表的1-6行元素为:','\n',order5)
```

Pandas还可以使用loc和iloc进行索引和切片操作来实现数据访问，其中，loc使用标签进行索引和切片，而iloc使用位置进行索引和切片。代码如下：

```
# 使用loc方法实现单列索引
dishes_name1 = saleDetail.loc[:,'dishes_name']
print('使用loc提取dishes_name列的size为：', dishes_name1.size)
# 使用iloc方法实现单列索引
dishes_name2 = saleDetail.iloc[:,3]
print('使用iloc提取第3列的size为：', dishes_name2.size)
# 使用loc方法实现多列索引
orderDish1 = saleDetail.loc[:,['order_id','dishes_name']]
print('使用loc提取order_id和dishes_name列的size为：', orderDish1.size)
# 使用iloc方法实现多列索引
orderDish2 = saleDetail.iloc[:,[1,3]]
print('使用iloc提取第1和第3列的size为：', orderDish2.size)
# 使用loc方法取出saleDetail中的任意数据
print('列名为order_id和dishes_name的行名为3的数据为：\n',
      saleDetail.loc[3,['order_id','dishes_name']])
print('列名为order_id和dishes_name行名为2,3,4,5,6的数据为：\n',
       saleDetail.loc[2:6,['order_id','dishes_name']])
# 使用iloc方法取出saleDetail中的任意数据
print('列位置为1和3行位置为3的数据为：\n', saleDetail.iloc[3,[1,3]])
print('列位置为1和3行位置为2,3,4,5,6的数据为：\n', saleDetail.iloc[2:7,[1,3]])
# 使用loc实现条件切片
print('saleDetail中order_id为458的dishes_name为：\n',
      saleDetail.loc[saleDetail['order_id']==417,
      ['order_id','dishes_name']])
# 使用iloc实现条件切片
print('saleDetail中order_id为458的第1,5列数据为：\n',
      saleDetail.iloc[(saleDetail['order_id']==417).values,[1,5]])
```

由于iloc不接收Series数据类型，所以需要取出该Series的values。

总体来说，loc方法用于基于标签（label）访问Pandas数据结构中的数据，其优点是更加直观易懂，可以同时选择行和列，可以进行切片和布尔索引。缺点是使用标签访问数据可能比使用整数索引访问数据更慢。iloc方法用于基于整数位置（integer position）访问Pandas数据结构中的数据，其优点是可以更快地访问数据。缺点是在处理时间序列数据时，可能需要将整数索引位置映射为时间序列标签才能方便地选择数据。

2. 修改餐饮销售菜品数据

DataFrame的修改操作

更改DataFrame中的数据，原理是将这部分数据提取出来，重新赋值为新的数据。需要注意的是，数据更改直接针对DataFrame原数据进行更改，操作无法撤销，如果做出更改，需要对更改条件做确认或对数据进行备份。代码如下：

```
#将order_id为417的，变换为41700
saleDetail.loc[saleDetail['order_id']==417,'order_id'] = 41700
print('更改后saleDetail中order_id为417的order_id为：\n',
    saleDetail.loc[saleDetail['order_id']==417,'order_id'])
print('更改后saleDetail中order_id为41700的order_id为：\n',
    saleDetail.loc[saleDetail['order_id']==41700,'order_id'])
```

3. 增加餐饮销售菜品数据

DataFrame新增数据

DataFrame添加一列的方法非常简单，只需要新建一个列索引。并对该索引下的数据进行赋值操作即可。新增的一列值是相同的则直接赋值一个常量即可。代码如下：

```
#新增一列'payment'
saleDetail['payment']=saleDetail['counts']*detail['amounts']
print('saleDetail新增列payment的前五行为：','\n',)saleDetail['payment'].head()
#新增一列'pay_way'
saleDetail['pay_way']='现金支付'
print('detail新增列pay_way的前五行为：','\n',
    saleDetail['pay_way'].head())
```

4. 删除餐饮销售菜品数据

DataFrame删除数据

删除某列或某行数据需要用到Pandas提供的方法drop，其用法如下面的代码所示。代码如下：

```
#axis为0时表示删除行，axis为1时表示删除列。
drop(labels, axis=0, level=None, inplace=False, errors='raise')
#删除'pay_way'列
print('删除pay_way前saleDetail的列索引为：','\n',saleDetail.columns)
saleDetail.drop(labels = 'pay_way',axis = 1,inplace = True)
print('删除pay_way后saleDetail的列索引为：','\n',saleDetail.columns)
```

```
#删除行数据
print('删除1-10行前saleDetail的长度为:',len(saleDetail))
saleDetail.drop(labels = range(1,11),axis = 0,inplace = True)
print('删除1-10行后saleDetail的列索引为:',len(saleDetail))
```

5.统计

使用以下函数来统计DataFrame的基本信息:

df.info(): 显示DataFrame的列名、非空值的数量、数据类型、内存占用等信息。

df.describe(): 显示DataFrame的基本统计信息,如数量、均值、标准差、最小值、25%、50%、75%和最大值等。代码如下:

DataFrame描述性统计方法

```
#输出数值特征的描述性统计信息
print(saleDetail.describe())
print('订单详情表counts和amounts两列的描述性统计为:\n',
      saleDetail[['counts','amounts']].describe())
```

输出结果将包括DataFrame中所有数值类型的列,其描述性统计信息包括:数量(count)、均值(mean)、标准差(std)、最小值(min)、分位数(25%、50%、70%)和最大值(max)。

如果要获取DataFrame中的类别型特征的描述性统计信息,可以使用value_counts()函数,示例代码如下所示:

```
#输出类别特征的描述性统计信息
print('订单详情表dishes_name频数统计结果前10为:\n',
      saleDetail['dishes_name'].value_counts()[0:10])
```

上述代码中,value_counts()函数统计该列中每个不同值出现的次数,从而得到该列的描述性统计信息。输出结果将包括该列中每个不同值以及它们出现的次数。

DataFrame也可以将其他数据类型列转换为类别列,并进行类别型特征的描述性统计分析,代码如下:

```
#数值型特征列转别为类别型特征列的描述统计
print('订单详情表order_id列转变前数据类型为:',saleDetail['order id'].dtype)
saleDetail['order_id']=saleDetail['order_id'];astype('category')
print('订单详情表order_id列转变数据类型后为:',saleDetail[order_id].dtype)
print('订单详情表order_id列的描述统计结果为:\n',
```

```
saleDetail['order_id].describe())
```

代码中的 astype()函数将“dishes_name”列的数据类型转换为“category”类型，然后使用 dtypes 函数查看转换后的数据类型，输出结果为“category”，最后利用 describe()函数返回各种统计数据。

4.1.6 任务3:使用分组聚合进行组内计算

在许多情况下，需要对数据进行聚合计算以了解数据的总体特征。例如，开发者可能希望了解每个菜品的总销售额、平均价格等指标。在这种情况下，可以使用 Pandas 库中的 groupby 方法进行分组聚合计算。GroupBy 对象常用的描述性统计方法如表 4-7 所示。

表 4-7　GroupBy 对象常用的描述性统计方法

方法	说明
count	统计每组中的非空值数量
sum	计算每组的总和
mean	计算每组的平均值
median	计算每组的中位数
min	计算每组的最小值
max	计算每组的最大值
std	计算每组的标准差
var	计算每组的方差
size	统计每组的数量
first	获取每组的第一个值
last	获取每组的最后一个值

这些方法可以用于对 GroupBy 对象进行聚合操作，将数据按照指定的分组进行计算，生成新的数据集。例如，以下代码将数据按照下单 ID 进行分组，并统计每个 ID 的分组数据。

分组函数

```
#使用 groupby 分组
detailGroup = saleDetail[['order_id','counts',
        'amounts']].groupby(by = 'order_id')
print('分组后的订单详情表为：',detailGroup)
print('订单详情表分组后前 5 组每组的均值为：\n',
```

```
        detailGroup.mean().head())
print('订单详情表分组后前5组每组的标准差为:\n',
        detailGroup.std().head())
print('订单详情表分组后前5组每组的大小为:','\n',
        detailGroup.size().head())
```

注意:分组后的结果不能直接查看,而是被存在内存中,输出的是内存地址。

agg是Pandas库中用于聚合数据的函数,常常与groupby函数一起使用。它可以计算指定分组数据的多个统计值,比如求和、平均值、方差等。同时,也可以对指定的列使用不同的聚合函数。agg函数能够对数据进行灵活的统计计算,适用于各种类型的数据分析任务。代码如下:

聚合函数

```
#使用agg 函数对订单详情信息的指定列进行统计分析
print('订单详情表的菜品销量与售价的和与均值为:\n',)
      saleDetail[['counts','amounts']].agg([np.sum,np.mean])
print('订单详情表的菜品销量总和与售价的均值为:\n',
      saleDetail.agg({'counts':np.sum,'amounts':np.mean}))
print('菜品订单详情表的菜品销量总和与售价的总和与均值为:\n',
      saleDetail.agg({'counts':np.sum,'amounts':[np.mean,np.sum]}))
#对订单详情表按照菜品名称和菜品类别进行分组,并计算总销售量和总销售额
result = saleDetail.groupby(['dishes_name','order_id']).agg({'counts': 'sum', 'amounts': 'sum'})
result = saleDetail.groupby('dishes_name').agg({'counts': np.sum, 'amounts': np.sum})
```

通过groupby函数对订单详情表按照菜品名称和菜品类别进行分组。接着,使用agg函数对每个分组进行聚合,计算总销售量和总销售额。需要注意的是,在agg函数中,可以使用一个字典来指定每个需要聚合的列以及需要应用的聚合函数。在上述示例中,使用了sum函数对counts和amounts列进行求和操作。

4.1.7 任务4:创建透视表与交叉表

透视表和交叉表是常用的数据汇总工具,它们可以将数据按照多个维度进行分类汇总,并计算各个维度的统计指标。在Python中,可以使用Pandas库中的pivot_table和crosstab方法来创建透视表和交叉表。pivot_table方法常用参数及其说明如表4-8所示。

表4-8 pivot_table方法常用参数及其说明

参数	说明
data	需要进行数据透视表操作的数据集
values	指定要聚合的列(或列的列表)

续表

参数	说明
index	用于分组的行分组键
columns	用于分组的列分组键
aggfunc	应用于每个组的聚合函数(或函数列表)
fill_value	用于替换结果中的缺失值
margins	如果为True,则在结果中添加所有行/列的小计和总计
dropna	如果为True,则丢弃所有包含缺失值的行/列
margins_name	添加到margins后行/列名称的字符或字符列表
observed	如果为True,则只使用观察到的值进行聚合操作。默认为False

以下代码将数据按照日期和菜品进行分类,并计算每个餐厅每天的不同菜品的销量和销售额之间的关系。

透视表一

透视表二

```
# 创建了一个以订单号作为分组键,统计订单销售数量与销售总价的透视表,并输出前5行。
detailPivot1 = pd.pivot_table(saleDatail[[
        'order_id','counts','amounts']],
        index = 'order_id',aggfunc = np.sum)
print('以 order_id 作为分组键创建的订单销量与售价总和透视表为:\n',
          detailPivot1.head())
# 创建了一个以订单号和菜品名称作为分组键,统计订单销售数量与销售总价的透视表,并输出前5行
detailPivot2 = pd.pivot_table(saleDetail[[
        'order_id','dishes_name',
        'counts','amounts']],
        index = ['order_id','dishes_name'],
        aggfunc = np.sum)
print('以 order_id 和 dishes_name 作为分组键创建的订单\
销量与售价总和透视表为:\n',detailPivot2.head())
# 创建了一个以订单号为行,菜品名为列的透视表,统计订单中每种菜品销售数量与销售总价的总和,并输出前5行4列
detailPivot2 = pd.pivot_table(saleDetail[[
        'order_id','dishes_name','counts','amounts']],
        index = 'order_id',
        columns = 'dishes_name',
```

```
        aggfunc = np.sum)
print('以 order_id 和 dishes_name 作为行列分组键创建的\
透视表前5行4列为:\n',detailPivot2.iloc[:5,:4])
# 创建了一个以订单号为行,统计订单中所有菜品销售数量的透视表,并输出前5行
detailPivot4 = pd.pivot_table(saleDetail[[
        'order_id','dishes_name','counts','amounts']],
        index = 'order_id',
        values = 'counts',
        aggfunc = np.sum)
print('以 order_id 作为行分组键 counts 作为值创建的\
透视表前5行为:\n',detailPivot4.head())
# 创建了一个以订单号和菜品名为行列分组键的透视表,统计订单中每种菜品销售
数量与销售总价的总和,并将空值填充为0,并输出前5行4列
detailPivot5 = pd.pivot_table(saleDetail[[
        'order_id','dishes_name','counts','amounts']],
        index = 'order_id',
        columns = 'dishes_name',
        aggfunc = np.sum,fill_value = 0)
print('空值填0后以 order_id 和 dishes_name 为行列分组键\
创建透视表前5行4列为:\n',detailPivot5.iloc[:5,:4])
# 创建了一个以订单号和菜品名为行列分组键的透视表,统计订单中每种菜品销售
数量与销售总价的总和,将空值填充为0,并添加了总计行和总计列,并输出前5行后4列
detailPivot6 = pd.pivot_table(saleDetail[[
        'order_id','dishes_name','counts','amounts']],
        index = 'order_id',columns = 'dishes_name',
        aggfunc = np.sum,fill_value = 0,
        margins = True)
print('添加 margins 后以 order_id 和 dishes_name 为分组键\
的透视表前5行后4列为:\n',detailPivot6.iloc[:5,-4:])
```

交叉表是一种特殊的透视表,crosstab 方法常用参数及其说明如表4-9所示。

表4-9 crosstab方法常用参数及其说明

参数	说明
index	需要进行行分组的列或列名,可以是单个列或列的列表
columns	需要进行列分组的列或列名,可以是单个列或列的列表
values	需要进行统计的列或列名,如果不指定则默认计算出现的频数(即计数)

续表

参数	说明
aggfunc	指定对于指定的values列需要进行的统计方法,例如sum、mean、count等,默认为计数
rownames	用于指定行索引的名称
colnames	用于指定列索引的名称
normalize	控制计算百分比的方式,可以选择按行(index)或按列(columns)计算,还可以指定计算出现频率('all')或者对行、列进行归一化('index'或'columns')
margins	是否需要添加分项小计,可以指定为True或者False

以下代码是用交叉表来实现按照订单编号和菜品名称分组,统计每个订单、每个菜品的销售分数总和。

```
# 以订单编号(order_id)和菜品名称(dishes_name)为行列分组键,利用crosstab交叉表统计菜品的销量(counts)并汇总,输出前5行5列
detailCross = pd.crosstab(
        index=detail['order_id'],
        columns=detail['dishes_name'],
        values = detail['counts'],aggfunc = np.sum)
print('以order_id和dishes_name为分组键\
counts为值的透视表前5行5列为:\n',detailCross.iloc[:5,:5])
```

4.1.8 思考与练习

学习完本小节,请同学们思考以下几个问题:

1.在进行数据统计分析时,有哪些常用的统计方法?

2.数据源的类型主要有哪些?

完成以下练习:

使用Pandas库读取一份餐饮订单信息数据的CSV文件(sale_info.csv),并对数据进行基本的统计分析,搜索其中订单号为417的订单信息。

4.2 餐饮数据预处理

在进行数据分析之前,需要对数据进行预处理,包括数据清洗和数据标准化等操作。本节将介绍Python中进行数据预处理的常用方法,并以餐饮数据为例进行演示。

4.2.1 提出问题

在餐饮行业中，菜品数据表格多，可以将数据进行关联合并到一张表中。其中，如果数据重复会导致数据的方差变小，数据分布发生较大改变，缺失会导致样本信息减少，分析结果产生偏差。异常则会产生伪回归。因此需要判断数据是否存在异常值、缺失值等问题，并针对这些问题进行处理。另外，不同特征之间往往具有不同的量纲，由此造成的数据之间的差异性很大，需要对数据进行标准化处理。

4.2.2 预备知识

1. 合并数据

在Pandas中，可以使用merge函数实现数据的主键合并。该函数的语法如下：

pandas.merge(left, right, how='inner', on=None, left_on=None, right_on=None,left_index=False, right_index=False, sort=False, suffixes= ('_x', '_y'), copy=True, indicator=False, validate=None)。merge函数参数说明如表4-10所示。

表4-10 merge函数参数说明

参数	说明
left	要合并的左侧 DataFrame
right	要合并的右侧 DataFrame
how	指定合并方式，可以是'inner'、'outer'、'left'或'right'，默认为'inner'
on	指定合并时的列名，必须同时存在于左侧和右侧 DataFrame 中。默认为 None，此时会将两个 DataFrame 中所有重叠的列名作为合并键
left_on	指定左侧 DataFrame 中用于合并的列名，可以是单个列名或多个列名的列表
right_on	指定右侧 DataFrame 中用于合并的列名，可以是单个列名或多个列名的列表
left_index	如果为 True，则使用左侧 DataFrame 的索引作为合并键
right_index	如果为 True，则使用右侧 DataFrame 的索引作为合并键
sort	如果为 True，则在合并后对合并的数据进行排序
suffixes	如果左侧 DataFrame 和右侧 DataFrame 中有相同列名，可以使用该参数指定列名的后缀，以区分它们
copy	如果为 True，则始终复制数据，否则应尽可能地避免复制
indicator	如果为 True，则添加一个名为'_merge'的列，用于标识每行来自哪个 DataFrame。'_merge'列的值可能是'left_only'、'right_only'或'both'
validate	可以是 None、'one_to_one'、'one_to_many'或'many_to_one'。默认为 None，不检查。如果指定了值，则在合并之前检查键是否是唯一的

2. 检测和处理重复值

在数据处理中，重复值是一个常见问题，可能会导致分析结果的不准确。Pandas提供了一些方法来检测和处理重复值，如duplicated()方法可以检测DataFrame中的重复值，返回一个布尔类型的Series，标识每一行是否为重复行；drop_duplicates()方法可以删除DataFrame中的重复的行或列，返回一个没有重复数据的DataFrame。

3. 检测和处理缺失值

在数据分析中,某个或者某些特征是不完整的,这些值称为缺失值。缺失值是一个常见问题,需要进行处理。其中,检测缺失值的方法包括isnull()、notnull()。isnull()方法可以检测DataFrame中的缺失值,返回布尔类型的Series,标识每一个元素是否为缺失值。notnull()方法则是isnull()方法的反向操作。处理缺失值的方法包括使用dropna()、fillna()等;dropna()方法可以删除DataFrame中含有缺失值的行或列,返回删除缺失值后的DataFrame;fillna()方法可以用指定的值或方法填充DataFrame中的缺失值,返回填充后的DataFrame。

4. 检测和处理异常值

异常值通常是指与其他数据值相差较大的值,可能会对数据分析的结果造成较大的影响。使用describe()方法可以统计DataFrame中每一列的描述性统计信息,包括平均数、标准差、最小值、最大值等,用于检测异常值。拉依达准则可以按照一定的概率确定区间,认为误差不在该区间范围内则为异常值。

拉依达准则的基本思想是对一组数据进行统计分析,通过计算数据的平均数和标准差,以及设定一定的概率,来判断数据是否为异常值。具体判定方法如下:

(1)对于一组数据,计算其均值μ和标准差σ。

(2)根据设定的概率,计算出数据点的正态分布区间,一般情况下,该概率取3σ或2σ。

(3)如果数据点的取值不在正态分布区间内,则认为其为异常值。

根据拉依达准则,在正态分布的情况下,大约有68%的数据在一个标准差内,约95%的数据在两个标准差内,约99.7%的数据在三个标准差内。以3σ为例,拉依达准则认为,如果一个数据点的值距离平均值的偏差超过3倍标准差$(\mu-3\sigma,\mu+3\sigma)$,则该数据点可以视为异常值。

箱线图boxplot()方法可以绘制DataFrame中每一列的箱线图,用于检测异常值。箱线图(boxplot)是一种基于数据中位数、四分位数及离群值范围来显示数据分布情况的图形。具体识别方法如下:

(1)绘制箱线图:使用boxplot()方法绘制数据集中每一列的箱线图。在箱线图中,箱体表示数据的四分位数范围,中位线表示数据的中位数,箱须表示数据的分布范围,离群点表示数据中的异常值。

(2)确定离群值:根据箱线图中箱须的长度确定数据的分布范围,离群点是指超出箱须长度1.5倍的数据点。例如,如果箱须长度为10,那么超过上限(上四分位数加1.5倍箱须长度)或下限(下四分位数减1.5倍箱须长度)的数据点就是离群点。

5. 标准化数据

在数据分析中,由于数据的量纲不同或数据取值范围相差较大,会对分析结果造成一定的影响。为了消除这种影响,需要对数据进行标准化处理。标准化是指将数据按照一定比例进行缩放,使得数据落在一个特定的区间内,通常是[0,1]或[-1,1]。在Python中,Pandas库提供了多种标准化数据的方法。离差标准化数据是一种常用的标准化方法,其公式为:

$$X'=\frac{X-\min}{\max-\min} \tag{4.1}$$

式中,X'为标准化后的数据;X为原始数据;min为原始数据的最小值;max为原始数据的最大值。

在Pandas中,使用MinMaxScaler类进行离差标准化处理。

标准差标准化数据是另一种常用的标准化方法,其公式为:

$$X' = \frac{X - \mu}{\delta} \tag{4.2}$$

式中,X'为标准化后的数据;μ为原始数据的均值;δ为原始数据的标准差。

在Pandas中,使用StandardScaler类进行标准差标准化处理。

4.2.3 分析问题

提高数据质量,是数据分析中的重要工作。餐饮销售数据中包括订单详情表、订单信息表和客户信息表,需要将三张表合并为一张宽表,并对其中的重复、缺失、异常值进行检测并处理,最后对不同特征数据进行标准化,为人工智能大数据分析做准备。

4.2.4 任务1:合并数据

在Python中,可以使用Pandas库的merge()函数将两个数据集按照指定的列进行合并。代码如下:

```
#订单信息表、订单详情表、客户信息表主键合并
order=pd.read_csv("sale_info.csv",sep=",",encoding="gbk")
saleDetail=pd.read_csv("sale_detail.csv",sep=",",encoding="gbk")
user=pd.read_excel("users_info.xlsx")
order['info_id'] = order['info_id'].astype('str')
order['emp_id'] = order['emp_id'].astype('str')
user['USER_ID'] = user['USER_ID'].astype('str')
data = pd.merge(saleDetail,order,left_on=['order_id','emp_id'],
         right_on = ['info_id','emp_id'])
data = pd.merge(data,user,left_on='emp_id',
         right_on = 'USER_ID',how = 'inner')
print('三张表数据主键合并后的大小为:',data.shape)
```

以上代码的主要功能是对餐饮数据表中的对应特征的数据类型进行转换和合并多张表信息。首先,通过astype()函数将订单详情表、订单信息表和用户表中的id列的数据类型转换为字符串类型,方便后续合并操作的进行。然后,使用merge()函数对菜品详情表、订单表、用户表进行合并。left_on和right_on参数指定了合并的主键,将菜品订单详情表的order_id和emp_id与订单信息表的info_id和emp_id进行关联,然后将这个中间结果再与用户表通过emp_id合并。这里采用的是内连接(inner),即只有三个表中都存在相同主键的数据才会被合并,因此合并结果只包含三张表中共有的数据。最后打印出合并后的数据大小。

4.2.5 任务2:清洗数据

在实际的数据分析中,数据经常存在缺失值、异常值和重复值等问题,需要对这些问题进行清洗。

1.去重

利用列表互斥性特点对菜单详情表中的菜单名特征数据去重,代码如下:

```
#利用列表互斥性特点对菜单详情表中菜单名称特征数据去重
#将 dishes_name 从数据框中提取出来
dishes=list(saleDetail['dishes_name'])
#利用 drop_duplicates 方法对菜单详情表餐单名称特征数据去重
dishes_name = saleDetail['dishes_name'].drop_duplicates()
print('drop_duplicates 方法去重之后菜品总数为:',len(dishes_name))
```

2.缺失值处理

判断菜单详情表中菜单特征数据的缺失代码如下:

```
#判断菜单详情表菜单特征数据是否缺失
print('订单详情表每个特征缺失的数目为:\n',saleDetail.isnull())
print('订单详情表每个特征非缺失的数目为:\n',saleDetail.notnull())
#利用删除法将订单详情表中含有缺失值的列进行删除
print('去除缺失的列前详情表的形状为:', saleDetail.shape)
print('去除缺失的列后详情表的形状为:',
    saleDetail.dropna(axis = 1,how ='any').shape)
#利用替换法 fillna 将订单详情表中含有缺失值的位置替换成新的数据
detail = saleDetail.fillna(-99)
```

3.异常值处理

识别异常值的代码如下:

```
#定义拉依达准则识别订单详情表中异常值函数
def outRange(Ser1):
    boolInd = (Ser1.mean()-3*Ser1.std()>Ser1) | \
    (Ser1.mean()+3*Ser1.std()< Ser1)
    index = np.arange(Ser1.shape[0])[boolInd]
    outrange = Ser1.iloc[index]
    return outrange
```

```
outlier = outRange(saleDetail['counts'])
print('使用拉依达准则判定异常值个数为:',outlier.shape[0])
print('异常值的最大值为:',outlier.max())
print('异常值的最小值为:',outlier.min())
#使用箱线图识别订单详情表中异常值
import matplotlib.pyplot as plt
plt.figure(figsize=(10,8))
#画出箱线图
p = plt.boxplot(saleDetail['counts'].values,notch=True)
outlier1 = p['fliers'][0].get_ydata()    #fliers为异常值的标签
plt.savefig('菜品异常数据识别.png')
plt.show()
print('销售量数据异常值个数为:',len(outlier1))
print('销售量数据异常值的最大值为:',max(outlier1))
print('销售量数据异常值的最小值为:',min(outlier1))
```

4.2.6 任务3:标准化数据

在实际的应用场景中,经常会遇到需要对不同尺度或者不同单位的变量进行比较的情况,这时候标准化处理就非常有用了。以下代码是基于离差标准化和标准差标准化的公式对订单详情表中的销售数量和销售数额的特征进行自定义标准化。

```
#自定义离差标准化函数
def MinMaxScale(data):
    data=(data-data.min())/(data.max()-data.min())
    return data
#对菜品订单详情表销量和售价做离差标准化
data1=MinMaxScale(saleDetail['counts'])
data2=MinMaxScale(saleDetail['amounts'])
data3=pd.concat([data1,data2],axis=1)
print('离差标准化之前销量和售价数据为:\n',
    saleDetail[['counts','amounts']].head())
print('离差标准化之后销量和售价数据为:\n',data3.head())
#自定义标准差标准化函数
def StandardScaler(data):
    data=(data-data.mean())/data.std()
```

```
    return data
#对菜品订单详情表销量和售价做标准差标准化
data4=StandardScaler(saleDetail['counts'])
data5=StandardScaler(saleDetail['amounts'])
data6=pd.concat([data4,data5],axis=1)
print('标准差标准化之前销量和售价数据为:\n',
    detail[['counts','amounts']].head())
print('标准差标准化之后销量和售价数据为:\n',data6.head())
```

4.2.7 思考与练习

学习完本小节,请同学们思考以下几个问题:

1.数据预处理的目的是什么?

2.数据清洗和数据标准化有什么区别?

3.在进行数据预处理时,有哪些需要注意的问题?

完成以下练习:

使用Pandas库读取一份餐饮订单信息数据的CSV文件(sale_info.csv),并进行数据清洗和标准化处理。

4.3 餐饮数据可视化

当开发者对数据进行分析和预处理后,接下来的一个重要步骤是数据可视化。数据可视化是将数据以图形的方式呈现出来,让人们更加直观地理解数据所蕴含的信息。在本小节中,将介绍使用Python中的Matplotlib绘图库进行数据可视化的方法,其中涉及的主要内容包括散点图和折线图。

4.3.1 提出问题

在数据分析中,通常需要了解数据之间的相关性以及数据随时间的变化趋势。这就需要对数据进行可视化处理,以便更加直观地了解数据的特征和规律。因此,本节的主要任务是使用Python进行数据可视化。

4.3.2 预备知识

视频材料_Matplotlib绘图流程

视频材料_Matplotlib基本绘图任务

在进行数据可视化之前,需要掌握常用的Python绘图库Matplotlib,用于创建各种静态、动态、交互式的图表和图形界面,它提供了大量绘图工具和图表,可以支持各种不同的可视化类型，包括线图、散点图、条形图、饼图等。Matplotlib设计简单，易于学习和使用，因此它成为Python数据科学社区的常用工具之一。该库可在Jupyter Notebook、Python脚本和其他第三方应用程序中使用。同时，Matplotlib也支持多种操作系统和输出格式，包括PNG、PDF、SVG、EPS等。

1.pyplot基础语法

Matplotlib绘图的流程一般分为以下几个步骤：

(1)导入Matplotlib库，通常使用别名plt。

(2)创建一个Figure画布对象，并可指定图形的大小、分辨率等参数。

(3)创建一个或多个Axes对象，即一个或多个子图。可以通过Figure.add_subplot()方法创建一个子图并选中。

(4)在Axes对象上添加所需的数据图形，如折线图、散点图、柱状图等，通常使用plot()、scatter()、bar()等方法实现。

(5)可以对图形进行美化，如添加标题、轴标签、图例、调整颜色、线型等属性。

(6)保存与显示图形，通常使用plt.savefig()来保存图形和plt.show()方法显示图形。

下面是一个简单的Matplotlib绘图的流程示例：

```
#导入绘图库
import matplotlib.pyplot as plt
#创建一个Figure对象
fig = plt.figure(figsize=(8, 6), dpi=100)
#画布Figure对象分割成2行1列的2个Axes对象,并指定当前的子图编号为1
ax = fig.add_subplot(2,1,1)
#添加数据图形
ax.plot([1, 2, 3, 4], [1, 4, 2, 3])
#设置图形属性
ax.set_title('My Plot')
ax.set_xlabel('X-axis')
ax.set_ylabel('Y-axis')
#显示图形
plt.savefig('My Plot.png')
#显示图形
plt.show()
```

在这个示例中，首先导入了Matplotlib库并使用别名plt，然后创建一个Figure对象fig，设置了图形的大小和分辨率。接着，使用fig.subplots()方法创建两个Axes对象并指定1号Axex为ax。在ax对象上添加了一条折线，其横坐标为[1, 2, 3, 4]，纵坐标为[1, 4, 2, 3]。然后，通过ax.set_XXX()方法设置了图形的标题、轴标签等属性。最后，使用plt.savefig()和plt.show()方法显示了图形。

2. 设置pyplot的动态rc参数

Matplotlib
绘图rc参数

在使用Matplotlib中的pyplot模块绘图时,可以通过动态rc参数来调整绘图的风格、字体、线条样式等属性。动态rc参数是在程序运行时设置的,它们会覆盖静态rc参数,因此可以在不修改配置文件的情况下对绘图进行个性化的调整。

```
#设置动态 rc 参数
plt.rcParams.update({
    'font.family': 'serif', #使用字体族为serif的字体
    'font.serif': ['Times New Roman'], #使用字体为Times New Roman
    'font.size': 14,              #设置字体大小为14
    'axes.labelsize': 16, #设置坐标轴标签的字体大小为16
    'axes.titlesize': 18,         #设置图像标题的字体大小为18
    'xtick.labelsize': 12,#设置x轴刻度标签的字体大小为12
    'ytick.labelsize': 12,#设置y轴刻度标签的字体大小为12
    'lines.linewidth': 2,         #设置线条的宽度为2
    'axes.grid': True,            #在图像中添加网格线
    'grid.linestyle': ':',        #网格线的线条样式为点线
    'grid.color': 'gray',         #网格线的颜色为灰色
})
```

由于默认的pyplot字体并不支持中文字符的显示,因此需要设置font.sans-serif参数来改变绘图时的字体,使图形可以正常显示中文。同时,由于更改字体后,会导致坐标轴中的部分字符无法显示,因此需要同时更改Axes.unicode_minus参数,如下面的代码显示:

```
plt.rcParams['font.sans-serif'] = 'SimHei'
plt.rcParams['axes.unicode_minus'] = False
```

3. 散点图

Matplotlib
绘制散点图1

Matplotlib
绘制散点图2

Matplotlib
绘制散点图3

散点图通常用于显示两个变量之间的关系,是指数据以点的形式绘制在二维坐标系上,其中每个点的位置由其在二维坐标系上的两个数值决定。在Matplotlib中,可以使用scatter函数创建散点图。下面是绘制散点图的完整语法:

```
matplotlib. pyplot. scatter(x, y, s=None, c=None, marker=None, cmap=None, norm=
None, vmin=None, vmax=None, alpha=None, linewidths=None, edgecolors=None, *,
```

```
plotnonfinite=False, data=None, **kwargs)
```

scatter常用属性参数说明如表4-11所示。

表 4-11　scatter常用属性参数说明

参数	说明
x, y	数组类型的数据,表示散点图的横纵坐标
s	散点的大小,默认为None
c	散点的颜色,默认为蓝色
marker	散点的形状,默认为圆形
alpha	散点的透明度,默认为1.0,表示不透明

4. 折线图

Matplotlib绘制折线图

折线图通常用于显示时间序列数据的变化趋势。在Matplotlib中,可以使用plot()函数创建折线图,下面是绘制折线图的完整语法:

```
matplotlib.pyplot.plot(*args, scalex=True, scaley=True, data=None, **kwargs)
```

plot函数常用属性参数说明如表4-12所示。

表 4-12　plot函数常用属性参数说明

参数	说明
x, y	数组类型的数据,表示折线图的横纵坐标
linestyle	折线的风格,可以为实线、虚线等,默认为实线
marker	折线上的点的标记类型,可以为圆点、三角形等,默认为无标记
color	折线的颜色,可以是字符串如'red'或十六进制表示的颜色代码如'#FF0000',默认为蓝色
alpha	折线的透明度,取值范围为0到1之间
linewidth	折线的宽度
markersize	折线上点的大小

4.3.3　分析问题

以餐厅数据为例来说明如何进行散点图和折线图的绘制。在这个例子中,有两个数据集:一个包含餐厅的订单详细信息,另一个包含餐厅的销售额信息。通过绘制散点图和折线图,探究时间和销售额之间的相关性以及餐厅销售额、销售数量随时间的变化趋势。

4.3.4　任务1:绘制散点图

绘制销售数据散点图代码如下:

```
#绘制销售表sales中时间和销售额的散点图
import numpy as np
import matplotlib.pyplot as plt
import pandas as pd
plt.rcParams['font.sans-serif'] = 'SimHei' #设置中文显示
plt.rcParams['axes.unicode_minus'] = False
data = pd.read_csv('sales.csv',sep=",",encoding="utf-8") #获取销售表DataFrame数据
plt.figure(figsize=(8,7)) #设置画布
plt.scatter(data['日期'],data['销售额'], marker='o') #绘制散点图
plt.xlabel('日期') #添加横轴标签
plt.ylabel('销售额(元)') #添加y轴名称
plt.xticks(np.arange(15),data['日期'].values,rotation=45) #设置x轴坐标刻度
plt.title('2023年1月份销售数据') #添加图表标题
plt.savefig('销售额时间散点图.png')
plt.show()
```

上述代码绘制了一张2023年1月1~15日销售数据时间散点图。如图4-1所示，横轴表示日期，纵轴表示销售额，每个数据点表示该日期对应的销售额。通过散点图可以观察到销售额的波动情况和趋势变化，在2023年1月7日这天销售额达到波峰，每月的月初和月中销售额相对偏低。

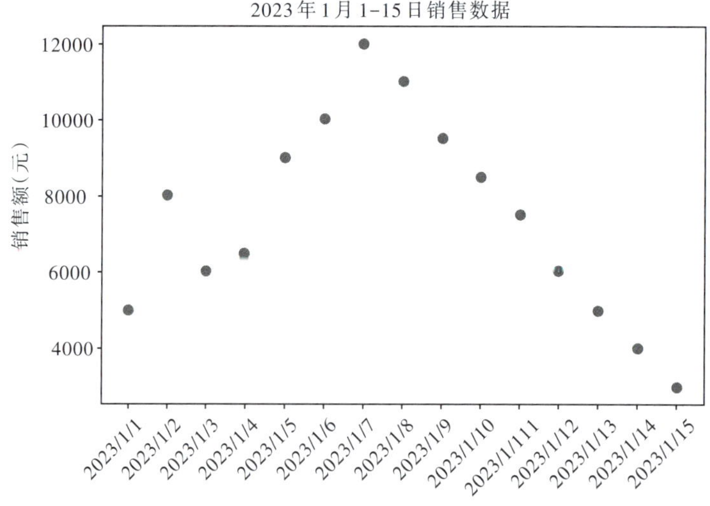

图4-1　2023年1月1~15日销售数据时间散点图

4.3.5 任务2:绘制折线图

绘制销售数据折线图代码如下:

```
#绘制销售表sales中销售额和销售数量的时间趋势折线图
import numpy as np
import matplotlib.pyplot as plt
import pandas as pd
plt.rcParams['font.sans-serif'] = 'SimHei' #设置中文显示
plt.rcParams['axes.unicode_minus'] = False
data = pd.read_csv('sales.csv',sep=",",encoding="utf-8")
plt.figure(figsize=(8,7)) #设置画布
plt.plot(data['日期'],data['销售额'],'g-.o',data['日期'],data['销售量'],'r:*')
#绘制多条折线图
#plt.plot(data['日期'],data['销售额'], marker="o",color="green",linestyle="-.")
#绘制销售额的时间趋势折线图
#plt.plot(data['日期'],data['销售量'], marker="*",color="red",linestyle=":")
#绘制销售量的时间趋势折线图
plt.xlabel('日期') #添加横轴标
plt.ylabel('销售数据') #添加y轴名称
plt.xticks(np.arange(15),data['日期'].values,rotation=45)
plt.title('2023年1月份销售数据') #添加图表标题
plt.legend(["销售额","销售量"]) #添加图例
plt.savefig('销售数据的时间趋势折线图.png')
plt.show()
```

上述代码绘制了2023年1月1-15日销售数据趋势折线图。如图4-2所示包含了销售额和销售量两个数据的趋势线。其中销售额的趋势线为虚线和点划线标记,销售量的趋势线为圆点划线和星号标记。横坐标轴为日期,纵坐标轴为销售量和销售额,图表标题为“2023年1月1-15日销售数据”。可以看出,销售额在1-7日呈现出上升趋势,7-15日呈下降趋势,波动较大,而销售量的趋势相对平稳。

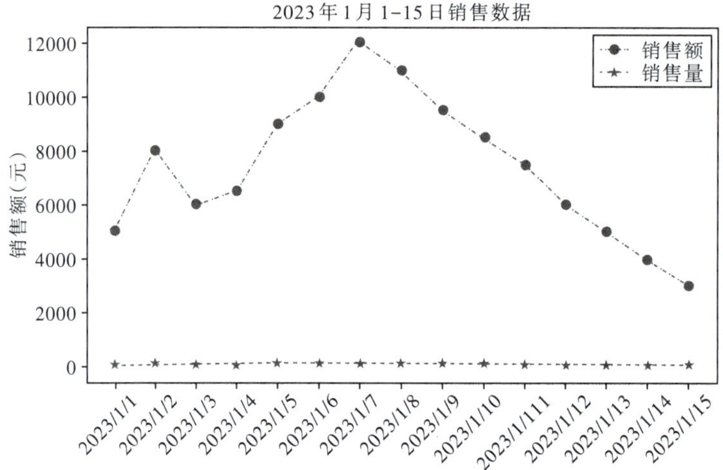

图4-2　2023年1月1-15日销售数据折线图

4.3.6　思考与练习

学习完本小节,请同学们思考以下几个问题:

1.为什么绘制散点图可以帮助开发者理解变量之间的关系?

2.在选择要呈现的变量时,需要考虑哪些因素?

3.如何根据散点图来解读变量之间的关系?

完成以下练习:

1.读取订单详情表数据,绘制每日菜品销售量散点图,并解读变量之间的关系。

2.读取订单详情表数据,绘制每日菜品销售额折线图,并解读变量之间的关系。

本章小结

本章介绍了Python数据处理的基础知识和常用库,包括numpy、Pandas和Matplotlib。通过学习Pandas,掌握Series和DataFrame两个数据结构的操作,包括数据的导入、清洗、筛选、重构和合并等操作。通过Matplotlib的介绍,可以了解如何使用该库进行数据可视化,包括散点图、折线图的绘制。

课后习题

一、选择题

1.下列关于Pandas数据读/写的说法,错误的是?　(　　)

A.read_csv能够读取所有文本文档的数据

B.read_sql能够读取数据库的数据

C.to_csv函数能够将结构化数据写入.csv文件

D.to_excel函数能够将结构化数据写入Excel文件

2.下列关于loc、iloc、ix属性的用法,正确的是哪一个? ( )

A.df.loc['列名','索引名'];df.iloc['索引位置','列位置'];df.ix['索引位置','列名']

B.df.loc['索引名','列名'];df.iloc['索引位置','列名'];df.ix['索引位置','列名']

C.df.loc['索引名','列名'];df.iloc['索引位置','列名'];df.ix['索引名','列位置']

D.df.loc['索引名','列名'];df.iloc['索引位置','列位置'];df.ix['索引位置','列位置']

3.下列关于时间相关类错误的是? ( )

A.Timestamp是存放某个时间点的类

B.Period是存放某个时间段的类

C.Timestamp数据可以使用标准的时间字符串转换得来

D.两个数值上相同的Period和Timestamp所代表的意义相同

4.下列关于groupby方法说法正确的是? ( )

A.groupby能够实现分组聚合

B.groupby方法的结果能够直接查看

C.groupby是Pandas提供的一个用来分组的方法

D.groupby方法是Pandas提供的一个用来聚合的方法

5.下列关于分组聚合的说法错误的是? ( )

A.Pandas提供的分组和聚合函数分别只有一个

B.Pandas分组聚合能够实现组内标准化

C.Pandas聚合时能够使用agg、apply、transform方法

D.Pandas分组函数只有一个groupby

6.使用pivot_table函数制作透视表用下列哪一个参数设置行分组键? ( )

A.index　　B.raw　　C.values　　D.data

7.使用其本身可以达到数据透视功能的函数是? ( )

A.groupby　　B.transform　　C.crosstab　　D.pivot_table

8.有一份数据,需要查看数据的类型,并将部分数据做强制类型转换,以及对数值型数据做基本的描述性分析。下列的步骤和方法正确的是? ( )

A.dtypes查看类型,astype转换类别,describe描述性统计

B.astype查看类型,dtypes转换类别,describe描述性统计

C.describe查看类型,astype转换类别,dtypes描述性统计

D.dtypes查看类型,describe转换类别,astype描述性统计

9.以下关于drop_duplicates函数的说法中错误的是? ( )

A.仅对DataFrame和Series类型的数据有效

B.仅支持单一特征的数据去重

C.数据重复时默认保留第一个数据

D.该函数不会改变原始数据排列

二、操作题

读取鸢尾花数据集,使用循环和子图绘制各个特征之间的散点图。

实训工单1:统计分析餐饮订单信息表数据

工单名称	统计分析餐饮订单信息表数据		
实施地点		计划工期	
项目负责人		组员	
任务说明	在这个任务中,将围绕餐饮信息表,使用Pandas库中的方法对表格信息进行统计分析,洞察数据的整体分布、数据的类属关系,从而发现数据间的关联		
任务目标	(1)掌握CSV数据的读取方法; (2)掌握DataFrame的常用属性和方法; (3)掌握Pandas描述性统计方法; (4)掌握分组聚合的原理和步骤		
任务1	读取订单信息表的CSV数据(sale_info.csv)		
任务解决方案或结果			
任务2	查看订单信息表的维度、大小信息,同时搜索查看信息表的订单ID信息		
任务解决方案或结果			
任务3	按照订单日期对订单信息表进行分组,使用agg方法求取分组后的每天的销售总额		
任务解决方案或结果			
任务总结与心得			

实训工单2:预处理用户用电量数据

<table>
<tr><td>工单名称</td><td colspan="3">预处理用户用电量数据</td></tr>
<tr><td>实施地点</td><td></td><td>计划工期</td><td></td></tr>
<tr><td>项目负责人</td><td></td><td>组员</td><td></td></tr>
<tr><td>任务说明</td><td colspan="3">在这个任务中,将围绕用户用电量数据表,使用Pandas库中的方法对表格数据进行处理,对表格中的缺失值进行识别和处理</td></tr>
<tr><td>任务目标</td><td colspan="3">(1)掌握缺失值识别方法;
(2)掌握对缺失值数据处理的方法</td></tr>
<tr><td>任务1</td><td colspan="3">读取用户用电量的CSV数据(electricity_data.csv)</td></tr>
<tr><td>任务解决方案或结果</td><td colspan="3"></td></tr>
<tr><td>任务2</td><td colspan="3">查询缺失值所在的位置</td></tr>
<tr><td>任务解决方案或结果</td><td colspan="3"></td></tr>
<tr><td>任务3</td><td colspan="3">使用替换方法,把缺失值替换成相应用户用电的平均值</td></tr>
<tr><td>任务解决方案或结果</td><td colspan="3"></td></tr>
<tr><td>任务总结与心得</td><td colspan="3"></td></tr>
</table>

实训工单3:分析订单详情表数据之间的关系

<table>
<tr><td>工单名称</td><td colspan="3">利用Matplotlib绘制折线图和散点图分析订单详情表数据</td></tr>
<tr><td>实施地点</td><td></td><td>计划工期</td><td></td></tr>
<tr><td>项目负责人</td><td></td><td>组员</td><td></td></tr>
<tr><td>任务说明</td><td colspan="3">在这个任务中,将围绕订单详情表数据集,使用Matplotlib库分别绘制一个包含销售量特征随着时间推移发生的变化情况折线图和散点图的数据可视化图表,在两个子图上表示,并在图表中添加必要的标签和注释,以便更好地理解和展示数据</td></tr>
<tr><td>任务目标</td><td colspan="3">(1)熟悉Matplotlib库的基本使用方法,包括导入、创建图表对象、绘制图表等;
(2)掌握绘制折线图和散点图的方法和技巧;
(3)学会添加图表标题、坐标轴标签、图例等元素,以提高图表可读性</td></tr>
<tr><td>任务1</td><td colspan="3">读取订单详情表的CSV数据(sale_detail.csv)</td></tr>
<tr><td>任务解决方案或结果</td><td colspan="3"></td></tr>
<tr><td>任务2</td><td colspan="3">根据时间分组,绘制每天销售量总数的数据散点图表</td></tr>
<tr><td>任务解决方案或结果</td><td colspan="3"></td></tr>
<tr><td>任务3</td><td colspan="3">根据时间分组,绘制每天销售额总量的数据折线图表</td></tr>
<tr><td>任务解决方案或结果</td><td colspan="3"></td></tr>
<tr><td>任务总结与心得</td><td colspan="3"></td></tr>
</table>

第5章

深度学习平台
TensorFlow 2.0基础(Keras API)

神经网络专家雷切尔·汤姆斯(Rachel Thomas)曾经说过:“接触TensorFlow后,我感觉我还是不够聪明,但有了Keras之后,事情会变得简单一些。”她所提到的Keras是一个高级别的Python神经网络框架,它是一种能在TensorFlow上运行的高级API框架。Keras拥有丰富的数据封装和一些先进模型的实现,避免了“重复造轮子”。换言之,Keras对于提升开发者的开发效率来讲意义重大。“不要重复造轮子。”这是TensorFlow引入Keras API的最终目的。本章节以TensorFlow为主编写代码,Keras作为辅助来使用,目的是简化程序编写,减少数据和模型等代码重复工作。

小贴士

党的二十大报告明确提出,“加快发展数字经济,促进数字经济和实体经济深度融合,打造具有国际竞争力的数字产业集群”。本章基于Fashion-MNIST和MNIST数据集开展的服饰分类与手写体识别项目,正是这一战略的实践。例如,服饰分类模型不仅加速了传统服装产业的智能化转型,更呼应了报告中“推动制造业高端化、智能化、绿色化发展”的指导方向;手写数字识别技术则直接服务于政务票据自动化、金融单据智能审核等场景,助力实现“提高公共服务数字化水平”的社会治理目标。

5.1 全连接神经网络:服饰分类问题

5.1.1 提出问题

面对海量的服装图像数据,如果使用人工进行服装图像的语义属性标注,用以分类和检索,则需要花费大量的人力和时间,而且语义属性并不能完全表达服装图像中的丰富信息,以致检索效果不佳。

针对服装图像同时需要对多个属性进行分类和识别的要求,构建了基于深度学习的全连接神经网络结构。为了克服背景、光照、变形等因素的影响,采用了结合特征识别的全神经网络结构,来替代传统的人工进行服装图像的语义属性标注,并将其作为本书的学习案例。实验结果表明,深度学习的引入,特别是采用全连接神经网络结构,可以显著提高分类的准确性。

5.1.2 预备知识

1.深度学习的基本概念

首先需要知道的是,对于深度学习来说,一个深度学习的过程是一个完整的项目周期,其中包括数据的采集、数据的特征提取与分类,之后采用何种算法去创建深度学习模型从而获得预测数据。整个深度学习的算法流程如图5-1所示。

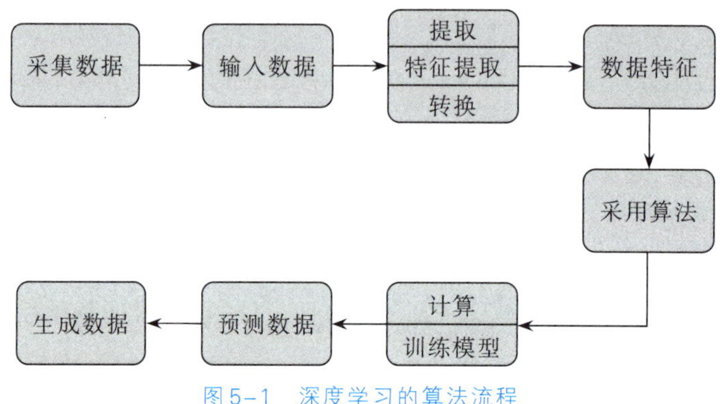

图5-1 深度学习的算法流程

在一个深度学习的完整流程中,整个深度学习程序会使用数据去创建一个能够对数据进行有效处理的学习“模型”。而这个模型可以动态地对本身进行调整和反馈,从而可以较好地对未知数据进行分类和处理。

从图5-1可以看到,一个完整的深度学习项目包含以下这些内容:

(1)输入数据:输入自然采集的数据集,包含被标识的和未被标识的部分,作为深度学习的最基础部分。

(2)特征提取:通过多种方式对数据的特征值进行提取。一般而言,包含特征越多的数据,深度学习设计出的模型就越精确,处理难度也越大。因此合适地寻找一个特征大小的平衡点是非常重要的。

(3)模型设计:是深度学习中最重要的部分,根据现有的条件,选择不同的分类,采用不同的指标和技术。模型的训练更多的是依靠数据的收集和特征的提取,这一点需要以上各部分的支持。

(4)预测数据:通过对已训练模式的认识和使用,使得机器学习能够用于研究开发、模拟和扩展人的多重智能的理论、方法和技术。

可以看到,整个深度学习的流程是一个完整的项目生命周期,每一步都是以上一步为基础进行的。

2.TensorFlow的简介和安装

(1)TensorFlow的简介。

首先从名称上来看,TensorFlow是由2个单词构成的:Tensor与Flow。其中Tensor的意思是“张量”,而Flow的意思是“流动”,指的是数据流图的流动,合在一起的意思就是“让张量流动”。TensorFlow就是张量从流图的一端流动到另一端的计算过程,TensorFlow可以视为将复杂的数据结构传输至人工智能神经网络中进行分析和处理的系统。

上面提到了2个概念,一是张量(Tensor),二是数据流(Flow)。张量概念是矢量概念的推广,矢量是一阶张量。张量是一个可用来表示一些矢量、标量和其他张量之间的线性关系的多线性函数。

TensorFlow用张量这种数据结构来表示所有的数据。用一阶张量来表示向量,如:**V**=[1,2,3,4,5];用二阶张量表示矩阵,如:**m**=[[1,2,3],[4,5,6],[7,8,9]]。简单地理解,TensorFlow中的张量,即任意维度的数据,一维、二维、三维、四维等数据统称为张量。

在介绍Flow之前,需要知道的是在TensorFlow中,数据流图使用"节点"和"边"的有向图来描述数学计算。"节点"一般用来表示施加的数学操作,但也可以表示数据输入的起点和输出的终点,或者是读取/写入持久变量的终点。"边"表示"节点"之间的输入/输出关系。

当张量从图中流过时,就产生了"Flow",一旦输入端的所有张量准备好,节点将被分配到各种计算设备异步并行地完成执行运算,即数据开始"流动"起来。这就是这个框架取名为TensorFlow的原因。

在介绍完TensorFlow名称的来历之后,需要对TensorFlow基本概念进行解释。TensorFlow是一个端到端的开源机器学习平台。在TensorFlow中,集成了很多现成的、已经实现的经典机器学习算法,如图5-2所示。图中左边的是算法的归类,而右边是算法的具体实现。可以看到,每个算法在定义与实现时就被定下了规则、方法、数据类型以及相应的输出结果。

Category	Examples
Element-wise mathematical operations	Add, Sub, Mul, Div, Exp, Log, Greater, LessEqual, ...
Array operations	Concat, Slice, Split, Constant, Rank, Shape, Shuffle, ...
Matrix operations	MatMul, MatrixInverse, MatrixDeterminant, ...
Stateful operations	Variable, Assign, AssignAdd, ...
Neural-net building blocks	SoftMax, Sigmoid, ReLU, Convolution2D, MaxPool, ...
Checkpointing operations	Save, Restore
Queue and synchronization operations	Enqueue, Dequeue, MutexAcquire, MutexRelease, ...
Control flow operations	Merge, Switch, Enter, Leave, NextIteration

图5-2 经典机器学习算法

借助TensorFlow,初学者可以轻松地创建机器学习模型。

(2)TensorFlow的安装。

使用TensorFlow必须先要安装Python。在此基础上,本章节将帮助读者以最简洁的方式安装TensorFlow。目前常用的版本是2.3.1。此时如果读者想安装CPU版本的TensorFlow,可以在终端(Terminal)中输入命令,代码如下:

```
pip install tensorflow==2.3.1
```

即可安装最新CPU版本的TensorFlow。

3.推荐使用Mo平台

本教程中的项目推荐在Mo平台上调试和运行,平台的网址为momodel.cn,浙大版本的网址为mo.zju.edu.cn,平台上包含课程和GPU资源,操作界面如图5-3所示。

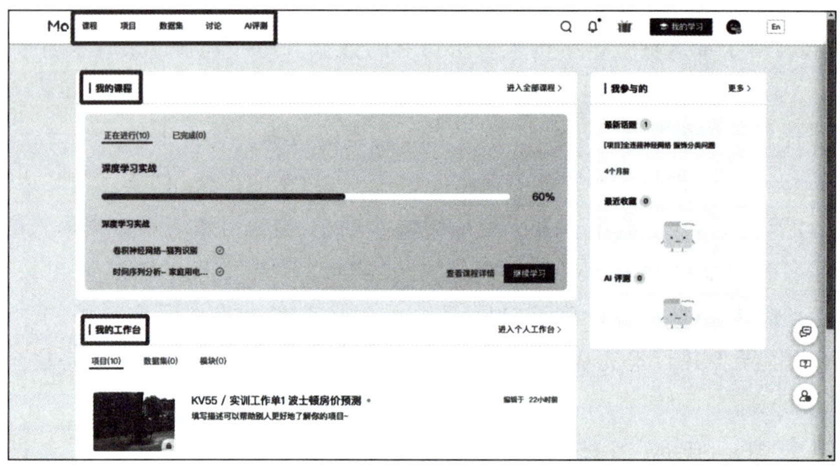

图5-3　Mo平台操作界面

5.1.3　分析问题

深度学习所解决的问题分成两类,第一类是回归问题,第二类是分类问题。

回归问题用来预测一个具体的数值,如预测房价、未来的天气情况等。例如,根据一个地区若干年的PM2.5数值变化来估计某一天该地区的PM2.5值大小,预测值与当天实际数值大小越接近,回归分析算法的可信度越高。分类问题是日常生活中最常遇到的一类问题,比如垃圾邮件的分类,识别所看到的是汽车还是火车或是别的物体,再或者医生诊断病人身体里的肿瘤是否是恶性的,这些问题全部都属于分类问题。

全连接神经网络(或称多层感知机,Multilayer Perceptron,MLP)是一种连接方式较为简单的人工神经网络结构,属于前馈神经网络的一种,其主要由输入层、隐藏层和输出层构成,并且在每个隐藏层中包含多个神经元,如图5-4所示。

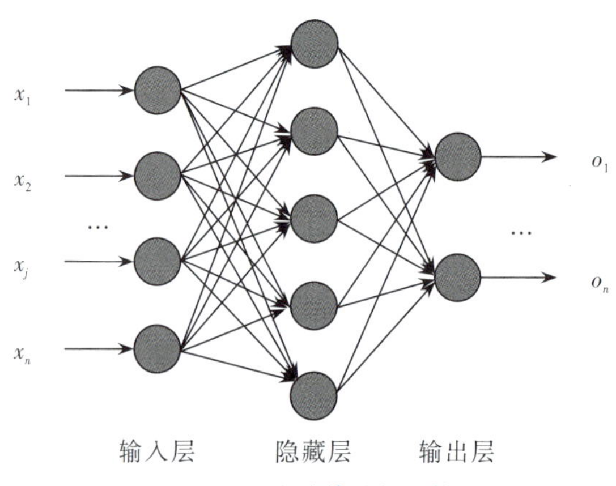

图5-4　全连接神经网络

全连接神经网络可以较好地解决输入的数据量不大的分类问题，而服饰分类问题的输入是一张28×28的灰度图像，输出是衣服的十种类别，所以服饰分类问题可以用全连接神经网络来解决。

5.1.4　任务1：导入Fashion-MNIST数据集

服饰分类问题

服饰分类素材

本节将训练一个神经网络模型，对运动鞋和衬衫等服装图像进行分类。本节使用了Keras，它是TensorFlow中用来构建和训练模型的高级API，代码如下：

```
#TensorFlow and tf.keras
import tensorflow as tf
#Helper libraries
import numpy as np
import matplotlib.pyplot as plt
print(tf.__version__)
```

运行结果如下：

```
2.3.1
```

1. 下载数据集

本项目使用Fashion-MNIST数据集，该数据集包含10个类别的70 000张灰度图像。这些图像以28×28px（pixel的缩写，即像素，是图像显示的基本单位）的低分辨率展示了单件衣物，如图5-5所示。

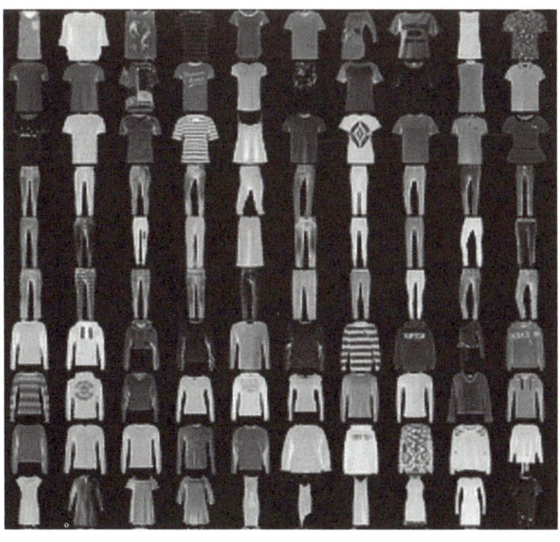

图5-5　Fashion-MNIST数据集

使用60 000张图像来训练模型,使用10 000张图像来评估模型对图像进行分类的准确率。可以直接从TensorFlow中访问Fashion-MNIST。直接从TensorFlow中导入和加载Fashion-MNIST数据:

```
fashion_mnist = tf.keras.datasets.fashion_mnist
(train_images, train_labels), (test_images, test_labels) = fashion_mnist.load_data()
```

运行结果如图5-6所示。

```
Downloading data from https://storage.googleapis.com/tensorflow/tf-keras-datasets/train-labe
ls-idx1-ubyte.gz
32768/29515 [==============================] - 0s 3us/step
Downloading data from https://storage.googleapis.com/tensorflow/tf-keras-datasets/train-imag
es-idx3-ubyte.gz
26427392/26421880 [==============================] - 1s 0us/step
Downloading data from https://storage.googleapis.com/tensorflow/tf-keras-datasets/t10k-label
s-idx1-ubyte.gz
8192/5148 [===============================================] - 0s 0us/step
Downloading data from https://storage.googleapis.com/tensorflow/tf-keras-datasets/t10k-image
s-idx3-ubyte.gz
4423680/4422102 [==============================] - 1s 0us/step
```

图5-6　加载Fashion-MNIST数据结果

加载数据集会返回四个NumPy数组:

(1)train_images和train_labels数组是训练集,即模型用于学习的数据。

(2)测试集test_images和test_labels数组会被用来对模型进行测试。

图像是28×28的NumPy数组,像素值介于0到255之间。标签是整数数组,介于0到9之间。这些标签对应于图像所代表的服装类,表5-1所示。

表5-1　Fashion-MNIST数据集标签对应的类

标签	类
0	T恤/上衣
1	裤子
2	套头衫
3	连衣裙
4	外套
5	凉鞋
6	衬衫
7	运动鞋
8	包
9	短靴

每个图像都会被映射到一个标签。由于数据集不包括类名称，请将它们存储在下方，供稍后绘制图像时使用：

```
class_names = ['T-shirt/top', 'Trouser', 'Pullover', 'Dress', 'Coat','Sandal', 'Shirt',
'Sneaker', 'Bag', 'Ankle boot']
```

2. 浏览数据集

在训练模型之前，需要先浏览一下数据集的格式。以下代码显示训练集中有 60 000 个图像，每个图像是由 28×28 的灰度像素矩阵表示：

```
train_images.shape
```

运行结果如下：

```
(60000, 28, 28)
```

同样，训练集中有 60 000 个标签：

```
len(train_labels)
```

运行结果如下：

```
60000
```

每个标签都是一个 0 到 9 之间的整数：

```
train_labels
```

运行结果如下(uint8 是一种无符号 8 位整数数据类型。)：

```
array([9, 0, 0, …, 3, 0, 5], dtype=uint8)
```

测试集中有 10 000 个图像。同样，每个图像都由 28×28 个像素表示：

```
test_images.shape
```

运行结果如下:

```
(10000, 28, 28)
```

测试集包含10 000个图像标签:

```
len(test_labels)
```

运行结果如下:

```
10000
```

5.1.5　任务2:预处理Fashion-MNIST数据

在训练模型之前,必须对数据进行预处理。在检查训练集中的第一个图像时,将会看到像素值处于0到255之间:

```
plt.figure()
plt.imshow(train_images[1])
plt.colorbar()
plt.grid(False)
plt.show()
```

训练集的第一个图像运行结果如图5-7所示。

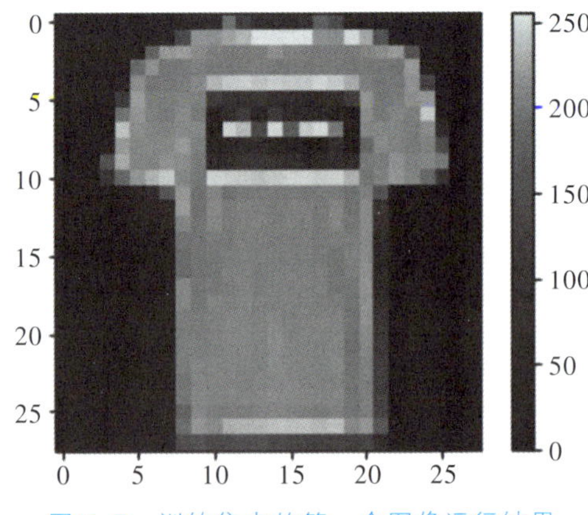

图5-7　训练集中的第一个图像运行结果

将这些值缩小至0到1之间,然后输出到神经网络模型。为此,请将这些值除以255。务必以相同的方式对训练集和测试集进行预处理:

```
train_images = train_images / 255.0
test_images = test_images / 255.0
```

为了验证数据的格式是否正确，以及是否已准备好构建和训练模型，需要显示训练集中的前25个图像，在每个图像下方显示类名称，代码如下：

```
plt.figure(figsize=(10,10))
for i in range(25):
    plt.subplot(5,5,i+1)
    plt.xticks([])
    plt.yticks([])
    plt.grid(False)
    plt.imshow(train_images[i], cmap=plt.cm.binary)
    plt.xlabel(class_names[train_labels[i]])
plt.show()
```

预处理Fashion-MNIST数据运行结果如图5-8所示。

图5-8　预处理Fashion-MNIST数据运行结果

5.1.6 任务3:构建全连接神经网络模型

构建神经网络需要先配置模型的层,然后再编译模型。

1.设置模型的层结构

设置神经网络的层结构,神经网络的基本组成部分是层。大多数深度学习都包括将简单的层叠加在一起。全连接层(tf.keras.layers.Dense)都具有在训练期间才会学习的参数,代码如下:

```
model = tf.keras.Sequential([
    tf.keras.layers.Flatten(input_shape=(28, 28)),
    tf.keras.layers.Dense(128, activation='relu'),
    tf.keras.layers.Dense(10)
])
```

该网络的第一层 tf.keras.layers.Flatten 将图像格式从二维数组(28×28 像素)转换成一维数组(28×28=784 像素)。将该层视为图像中未堆叠的像素行并将其排列起来。该层没有要学习的参数,它只会重新格式化数据。

展平像素后,网络会包括两个 if.keras.layers.Dense 层的序列。它们都是全连接层。第一个 Dense 层有 128 个节点(或神经元)。第二 Dense 层会返回一个长度为 10 的向量,向量的每一个元素对应 10 个类别的原始得分,用来表示当前图像属于 10 个类中的哪一类。

2.模型的编译

然后对模型进行编译,在准备对模型进行训练之前,还需要再对其进行一些设置。以下内容需要在模型的编译步骤中添加。

(1)损失函数:测量模型在训练期间的准确程度。训练过程中通过反向传播最小化该函数值,以便将模型达到最佳。

(2)优化器:决定模型如何根据自身的损失函数进行更新。

(3)评估指标:用于监控训练和测试步骤。

以下示例使用了准确率,即被正确分类的图像的比率。

示例代码如下:

```
model.compile(
    optimizer='adam',
    loss=tf.keras.losses.SparseCategoricalCrossentropy(from_logits=True),
    metrics=['accuracy'])
```

5.1.7 任务4:训练全连接神经网络模型

训练神经网络模型需要执行以下步骤:

(1)将训练数据传送给模型。在本例中,训练数据位于train_images和train_labels数组中。

(2)模型学习将图像和标签关联起来。

(3)要求模型对测试集(在本例中为test_images数组)进行预测。

(4)验证预测是否与test_labels数组中的标签相匹配。

1. 向模型传送数据

要开始训练,请调用model.fit方法,是因为该方法会将模型与训练数据进行“拟合”,通过调整模型参数使预测结果逐渐接近真实标签。

```
model.fit(train_images, train_labels, epochs=10)
```

调用model.fit方法训练结果如图5-9所示。

```
Epoch 1/10
1875/1875 [==============================] - 10s 5ms/step - loss: 0.4968 - accuracy: 0.8256
Epoch 2/10
1875/1875 [==============================] - 10s 5ms/step - loss: 0.3711 - accuracy: 0.8669
Epoch 3/10
1875/1875 [==============================] - 10s 5ms/step - loss: 0.3362 - accuracy: 0.8771
Epoch 4/10
1875/1875 [==============================] - 10s 5ms/step - loss: 0.3140 - accuracy: 0.8844
Epoch 5/10
1875/1875 [==============================] - 10s 5ms/step - loss: 0.2965 - accuracy: 0.8907
Epoch 6/10
1875/1875 [==============================] - 10s 5ms/step - loss: 0.2826 - accuracy: 0.8953
Epoch 7/10
1875/1875 [==============================] - 10s 5ms/step - loss: 0.2699 - accuracy: 0.8994
Epoch 8/10
1875/1875 [==============================] - 10s 5ms/step - loss: 0.2580 - accuracy: 0.9033
Epoch 9/10
1875/1875 [==============================] - 10s 5ms/step - loss: 0.2518 - accuracy: 0.9070
Epoch 10/10
1875/1875 [==============================] - 10s 5ms/step - loss: 0.2400 - accuracy: 0.9104
```

图5-9 调用model.fit方法训练结果

在模型训练期间,会显示损失和准确率指标。此模型在训练数据上的准确率达到了0.91(或91%)左右。

2. 评估准确率

接下来,比较模型在测试数据集上的表现如下:

```
test_loss, test_acc = model.evaluate(test_images,  test_labels, verbose=2)
print('\nTest accuracy:', test_acc)
```

模型在测试数据集上的结果如图5-10所示。

```
313/313 - 0s - loss: 0.3387 - accuracy: 0.8808

Test accuracy: 0.8808000087738037
```

图5-10 模型在测试数据集上的结果

结果表明,模型在测试数据集上的准确率(88.1%)略低于训练数据集的91%。训练准确率和测试准确率之间的差距表明模型存在过拟合现象。过拟合是指机器学习模型在未见过的新数据上表现不如训练数据上的表现。其本质原因是模型会“记住”训练数据集中的噪声和细节,从而对模型在新数据上的表现产生负面影响。

3. 进行预测

模型经过训练后,可以使用它对一些图像进行预测。附加一个 Softmax 层,将模型的线性输出转换成更容易理解的概率,示例代码如下:

```
probability_model = tf.keras.Sequential([model, tf.keras.layers.Softmax()])
predictions = probability_model.predict(test_images)
```

在上例中,模型预测了测试集中每个图像的标签。这是第一个预测结果:

```
predictions[0]
```

模型第一个预测结果如图 5-11 所示。

```
array([2.0321509e-06, 9.0065483e-10, 3.0863937e-08, 8.0021451e-10,
       1.5920375e-07, 9.1499360e-03, 1.1360502e-06, 3.7224959e-03,
       8.9238128e-08, 9.8712409e-01], dtype=float32)
```

图 5-11　模型第一个预测结果

预测结果是一个包含 10 个数字的数组。它们代表模型对 10 种不同服装中每种服装的“置信度”。可以看到哪个标签的置信度值最大:

```
np.argmax(predictions[0])
```

运行结果如下:

```
9
```

因此,该模型非常确信这个图像是短靴,或 class_names[9]。通过检查测试标签发现这个分类是正确的:

```
test_labels[0]
```

运行结果如下:

```
9
```

可以将其绘制成图表,看看模型对于全部 10 个类的预测。

```
def plot_image(i, predictions_array, true_label, img):
    true_label, img = true_label[i], img[i]
    plt.grid(False)
    plt.xticks([])
    plt.yticks([])
    plt.imshow(img, cmap=plt.cm.binary)
    predicted_label = np.argmax(predictions_array)
    if predicted_label == true_label:
        color = 'blue'
    else:
        color = 'red'
    plt.xlabel("{} {:2.0f}% ({})".format(class_names[predicted_label],
                                          100*np.max(predictions_array),
                                          class_names[true_label]),
                                          color=color)
def plot_value_array(i, predictions_array, true_label):
    true_label = true_label[i]
    plt.grid(False)
    plt.xticks(range(10))
    plt.yticks([])
    thisplot = plt.bar(range(10), predictions_array, color="#777777")
    plt.ylim([0, 1])
    predicted_label = np.argmax(predictions_array)
    thisplot[predicted_label].set_color('red')
    thisplot[true_label].set_color('blue')
```

4. 验证预测结果

在模型经过训练后,可以使用它对一些图像进行预测。来看第0个图像、预测结果和预测数组。正确的预测标签为蓝色,错误的预测标签为红色和灰色。数字表示预测标签的百分比(总计为100)。示例代码如下:

```
i = 0
plt.figure(figsize=(6,3))
plt.subplot(1,2,1)
plot_image(i, predictions[i], test_labels, test_images)
plt.subplot(1,2,2)
```

```
plot_value_array(i, predictions[i],  test_labels)
plt.show()
```

图像预测结果一如图5-12所示。

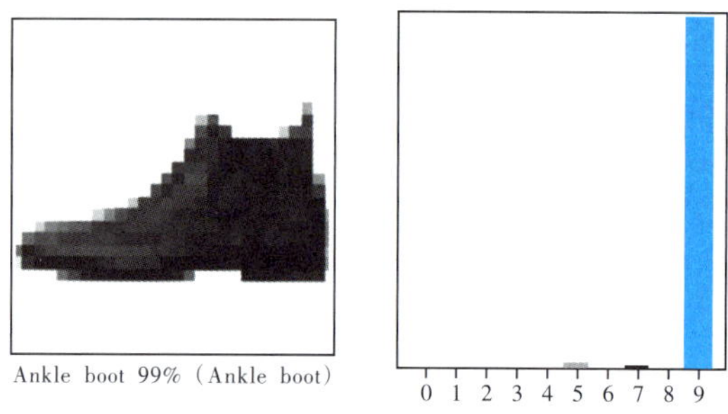

图5-12　图像预测结果一

以上右柱状图是对左图的预测概率分布的显示,最高的为蓝色柱子,表示99%的概率是类别为9的类别,并且这个预测是正确的。第二高的是红色柱子,表示0.8%的概率是类别为5的类别,并且这个预测是错误的。第三高的是灰色柱子,表示0.2%的概率是类别为7的类别,并且这个预测是错误的。

```
i = 12
plt.figure(figsize=(6,3))
plt.subplot(1,2,1)
plot_image(i, predictions[i], test_labels, test_images)
plt.subplot(1,2,2)
plot_value_array(i, predictions[i], test_labels)
plt.show()
```

图像预测结果二如图5-13所示。

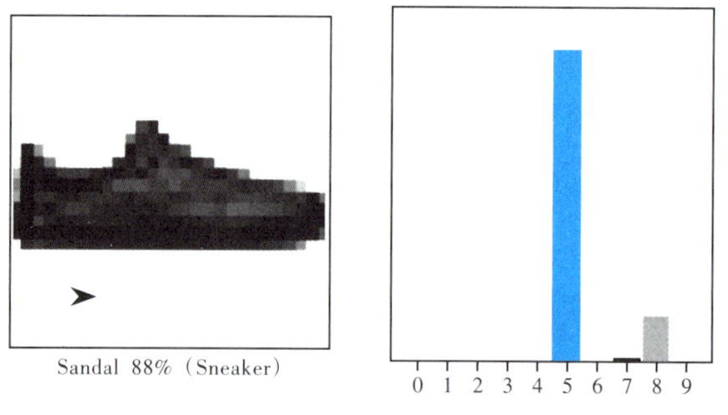

图5-13　图像预测结果二

以上右柱状图是对左图的预测概率分布的显示,最高的柱子表示88%的概率是类别为5

的类别,但是这个预测是错误的。第二高的柱子表示 11% 的概率是类别为 8 的类别,并且这个预测是错误的。最低的柱子表示 1% 的概率是类别为 7 的类别,这个预测是正确的。

用模型的预测绘制几张图像。请注意,即使置信度很高,模型也可能出错。

```
num_rows = 5
num_cols = 3
num_images = num_rows*num_cols
plt.figure(figsize=(2*2*num_cols, 2*num_rows))
for i in range(num_images):
    plt.subplot(num_rows, 2*num_cols, 2*i+1)
    plot_image(i, predictions[i], test_labels, test_images)
    plt.subplot(num_rows, 2*num_cols, 2*i+2)
    plot_value_array(i, predictions[i], test_labels)
plt.tight_layout()
plt.show()
```

模型预测绘制图像结果如图 5-14 所示。

图 5-14　模型预测绘制图像结果

5.1.8 任务5:使用训练好的模型

最后,使用训练好的模型对单个图像进行预测。代码如下:

```
img = test_images[1]
print(img.shape)
```

运行结果如下:

```
(28, 28)
```

tf.keras模型经过了优化,可同时对一批或一组样本进行预测。因此,即便只使用一个图像,也需要将其添加到列表中:

```
img = (np.expand_dims(img,0))
print(img.shape)
```

运行结果如下:

```
(1, 28, 28)
```

现在预测这个图像的正确标签:

```
predictions_single = probability_model.predict(img)
print(predictions_single)
```

预测模型正确标签的结果如图5-15所示。

```
[[4.2627485e-06 2.6096136e-13 9.8195100e-01 3.4106595e-14 1.7976521e-02
  4.9386314e-13 6.8301284e-05 8.8915517e-23 9.2365091e-13 1.5185335e-15]]
```

图5-15 预测模型正确标签的结果

对图片的各个不同类别的概率进行了柱状图的绘制:

```
plot_value_array(1, predictions_single[0], test_labels)
_ = plt.xticks(range(10), class_names, rotation=45)
plt.show()
```

训练好的模型对单个图像预测结果如图5-16所示。

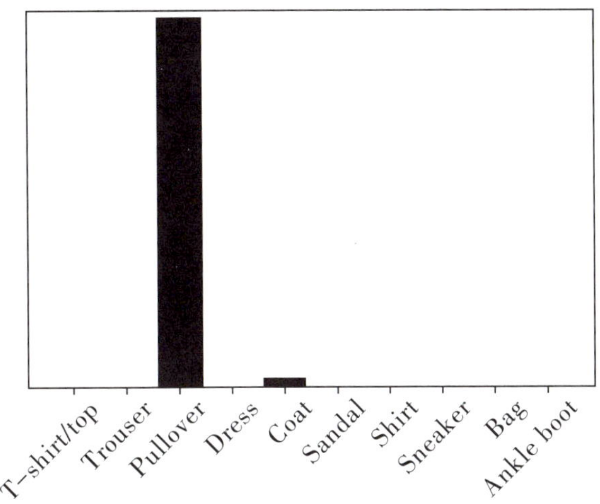

图5-16　训练好的模型对单个图像预测结果

keras.Model.predict会返回一组列表，每个列表对应一批数据中的每个图像。在批次中获取对唯一图像的预测：

```
np.argmax(predictions_single[0])
```

运行结果如下：

```
2
```

该模型在测试集上准确率达88%，能可靠预测标签。

5.1.9　思考与练习

尝试在自己电脑或者Mo平台上面，下载Fashion-Minist数据集，搭建全连接神经网络模型，并训练模型，使用训练好的模型对服饰类型进行识别。

5.2　卷积神经网络:手写字识别(简化)

5.2.1　提出问题

本项目所用的MNIST数据集包含了0~9共10种数字的手写图片，每种数字一共有7 000张图片，采集自不同书写风格的真实手写图片，一共70 000张图片。其中60 000张图片作为训练集，用来训练模型。10 000张图片作为测试集，用来训练或者预测。训练集和测试集共同组成了整个MNIST数据集。MINIST数据集中的每张图片，大小为28×28像素，同时只保留单通道灰度信息。

如图5-17所示,基于MINST手写数字识别是一个非常经典的图像分类任务,经常被用作深度学习入门的指导案例。相当于学编程语言时,编写的第一个程序“Hello orld!”。本项目的手写数字识别是基于MNIST数据集的一个图像分类任务,目的是通过搭建卷积神经网络,实现对手写数字的识别与分类。

图5-17　MNIST手写数字

5.2.2　预备知识

卷积神经网络

1.卷积运算

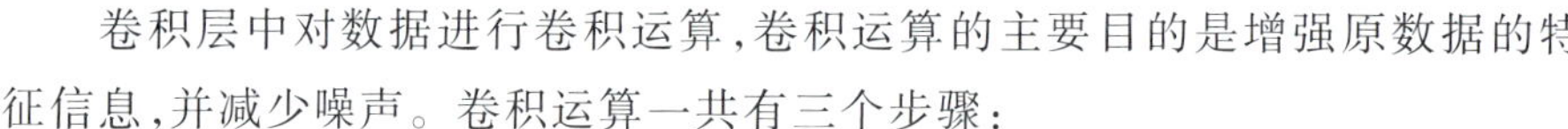

卷积层中对数据进行卷积运算,卷积运算的主要目的是增强原数据的特征信息,并减少噪声。卷积运算一共有三个步骤:

(1)点积计算:如图5-18所示,将5×5输入矩阵中3×3区域中每个元素分别与卷积核(权值矩阵)对应位置的权值相乘,然后再相加,所得到的值作为3×3输出矩阵的第一个元素。

(2)滑动窗口:如图5-18右图所示,将3×3权值矩阵向右移动一个格(即步长为1)。

(3)重复运算:同样地,将此时深色区域内每个元素分别与卷积核对应的权值相乘然后再相加,所得到的值作为输出矩阵的第二个元素;重复上述“求点积-滑动窗口”操作,直至得到输出矩阵所有值。卷积核在二维输入数据上“滑动”,对当前输入部分的元素进行矩阵乘法,然后将结果汇为单个输出像素值,重复这个过程直到遍历整张图像,这个过程就叫作卷积运算,这个权值矩阵即卷积核,卷积运算后的图像称为特征图。

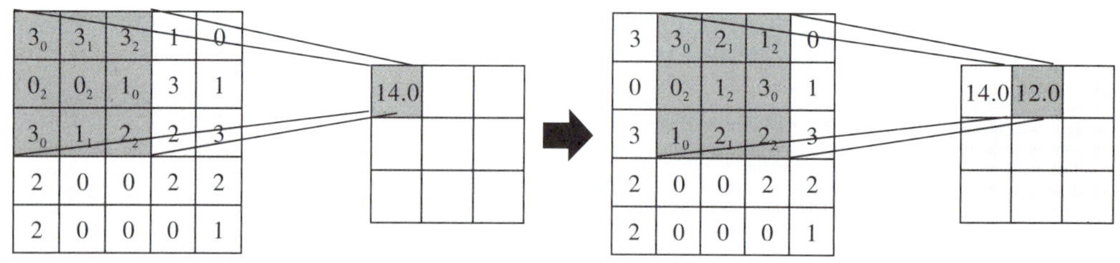

3×0+3×1+3×2+0×2+0×2+1×0+3×0+1×1+2×2=14

图5-18　卷积运算

2. 池化运算

在卷积层后方通常连接降采样层(池化层)。池化层中包含池化运算,池化运算主要目的是减小矩阵的长和宽以及减少输入矩阵的参数。池化运算通过计算图像一个区域内某个特定特征的平均值或最大值,实现对特征的聚合,是一种典型的聚合操作。常用的池化运算有两种:

(1)均值池化:对池化区域内的像素取均值,这种方法常用于获取背景信息,因为得到的特征数据对背景信息更敏感。

(2)最大池化:如图 5-19 所示,对池化区域内所有像素取最大值,这种方法常用于获取纹理特征信息,因为得到的特征数据对纹理特征信息更加敏感。卷积运算的作用是获取上一层的局部特征,而池化运算的作用是合并相似的特征,目的是降维。

1	1	2	4
5	6	7	8
3	2	1	0
1	2	3	4

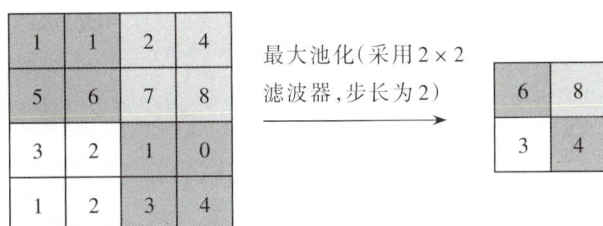

最大池化(采用 2×2 滤波器,步长为 2) →

6	8
3	4

图 5-19　池化运算

3. 卷积神经网络原理

(1)卷积神经网络的基本概念:卷积神经网络基于传统的人工神经网络,它类似于传统的全连接神经网络,但也有自己的不同之处,卷积神经网络把图片转换成二维矩阵格式的数据,输入数据,网络的各层都以二维矩阵的方式处理数据,这样的数据处理方式适用于二维矩阵格式的数字图像,相较于传统的人工神经网络,它能更快更好地把特征值从图像数据中提取出来。

(2)卷积神经网络的基本结构:卷积神经网络的基本结构由以下几个部分组成:输入层(Input)、卷积层(Convolution)、池化层(Pooling)、全连接层(Full-connection)和输出层(Output),如图 5-20 所示。

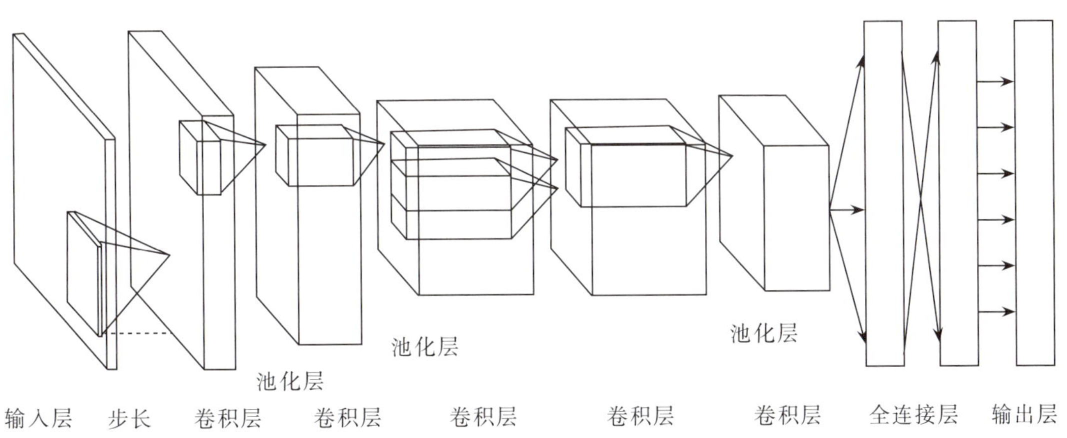

图 5-20　卷积神经网络的基本结构

5.2.3 分析问题

手写体数字识别的应用非常广泛，而且要求识别有较低的误识率。手写数字识别的方法通过模型训练得到手写数字的分类器，传统的算法有KNN算法、决策树算法和全连接神经网络等，但这些方法往往不能达到识别的高精度要求。本文设计的神经网络以手写数字图像的所有像素灰度作为输入，保证了数字字符的特征信息的完整性。在神经网络的设计上，针对数字图像的特点，采用了卷积网络的解决方法，卷积网络是专门针对图像识别而设计的，其权值共享的特点可以减少网络的训练参数，使神经网络结构更简单，适应性更强。

5.2.4 任务1：获取MNIST手写数字数据集

手写数字识别

手写数字识别素材

MNIST数据集的获取实际上有很多渠道，可以下载TensorFlow 2.0自带的MNIST数据集对其进行获取，代码如下：

```
import numpy as np
import tensorflow as tf
mnist = tf.keras.datasets.mnist
(x_train, y_train), (x_test, y_test) = mnist.load_data()
```

可以看到TensorFlow 2.0提供了常用的API和一些现成的数据集，极大便利了开发者编写和验证自己的模型。这里会有一个疑问：对于TensorFlow自带的API和开发者自己实现的API，选择哪个？一般选择TensorFlow自带的API。除非能肯定自带的API不适合代码才选择自己实现API。因为TensorFlow自带的API，在底层都会做一定的优化，调用不同的库包去最优化地实现API的功能，即使两者功能看似相同，但是在实现方法上还会存在不同。请牢记不要重复编写API。

5.2.5 任务2：预处理MNIST手写数字数据

数据的处理中首先使用tf.expand_dims改变数据的维度，x_train与x_test分别是训练集与测试集的数据特征部分，它们是两个维度为[x,28,28]大小的矩阵，但是在介绍卷积计算时知道，卷积的输入是一个四维的数据，还需要一个“通道”的标注，因此对其使用了tf的扩展函数，修改了维度的表示方式，将x_train的维度从[60000,28,28]改成[60000,28,28,1]，将x_test的维度从[10000,28,28]改成[10000,28,28,1]。

然后将y_train和y_test进行One-Hot处理。其作用是将一个序列转化成以One-Hot形式表示的数据集，虚线以上是原数据集，虚线以下是One-Hot形式表示的数据集，如图5-21所示。

0	1	2		9
1	0	0		0
0	1	0		0
0	0	1		0
0	0	0		0
0	0	0	……	0
0	0	0		0
0	0	0		0
0	0	0		0
0	0	0		0
0	0	0		1

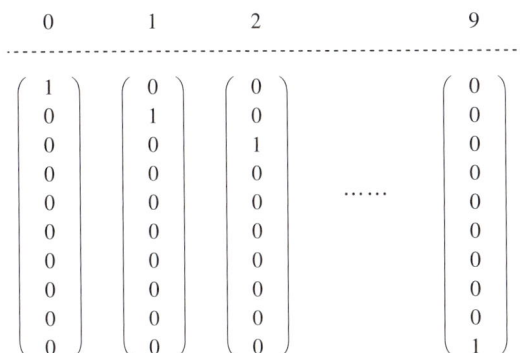

图5-21　One-Hot数据集

独热编码,即One-Hot编码,又称一位有效编码,其方法是使用N位状态寄存器来对N个状态进行编码,每个状态都有它独立的寄存器位,并且在任意时候,其中只有一位有效。这样表述稍显复杂,下面将举例帮助理解。

比如颜色特征有3种:红色、绿色和黄色,转换成独热编码分别表示为(此时上述描述中的N=3):[0,0,1], [0,1,0], [1,0,0]。(当然转换成[100], [010], [001]也可以,只要有确定的一一对应关系即可)

代码如下:

```
x_train, x_test = x_train / 255.0, x_test / 255.0
x_train = tf.expand_dims(x_train,-1)
y_train = np.float32(tf.keras.utils.to_categorical(y_train,num_classes=10))
x_test = tf.expand_dims(x_test,-1)
y_test = np.float32(tf.keras.utils.to_categorical(y_test,num_classes=10))
```

然后使用TensorFlow 2.0自带的data API进行打包,组合成train与label的配对数据集。代码如下:

```
batch_size = 512
train_dataset = tf.data.Dataset.from_tensor_slices((x_train,y_train)).batch(batch_size).shuffle
(batch_size * 10)
test_dataset = tf.data.Dataset.from_tensor_slices((x_test,y_test)).batch(batch_size)
```

5.2.6　任务3:模型的确定与各模块的编写

对于使用深度学习构建一个MNIST图片分类模型,最简单、最常用的方法是建立一个基于卷积神经网络+分类层的模型。一个简单的卷积神经网络模型是由卷积层、池化层、Dropout层以及作为分类的全连接层构成的,同时每一层之间都使用ReLU激活函数做分割,

batch normalization作为正则化的工具也用来充当各个层之间的连接。

模型代码如下:

```
input_xs = tf.keras.Input([28,28,1])
conv = tf.keras.layers.Conv2D(32,3,padding="SAME",activation=tf.nn.relu)(input_xs)
conv = tf.keras.layers.BatchNormalization()(conv)
conv = tf.keras.layers.Conv2D(64,3,padding="SAME",activation=tf.nn.relu)(conv)
conv = tf.keras.layers.MaxPool2D(strides=[1,1])(conv)
conv = tf.keras.layers.Conv2D(128,3,padding="SAME",activation=tf.nn.relu)(conv)
flat = tf.keras.layers.Flatten()(conv)
dense = tf.keras.layers.Dense(512, activation=tf.nn.relu)(flat)
logits = tf.keras.layers.Dense(10,activation=tf.nn.softmax)(dense)
model = tf.keras.Model(inputs=input_xs, outputs=logits)
```

下面分步进行说明。

1.输入的初始化

输入的初始化使用的是Input类,这里根据输入的数据大小,将输入的数据维度设为[28,28,1],其中的batch_size不需要设置,TensorFlow 2.0会在后台自行判断。代码如下:

```
input_xs = tf.keras.Input([28,28,1])
```

2.卷积层

TensorFlow 2.0中自带了卷积层实现对卷积类的计算,这里首先创建了一个类,通过设定卷积核数据、卷积核大小、padding方式和激活函数,初始化了整个卷积类。代码如下:

```
conv = tf.keras.layers.Conv2D(32,3,padding="SAME",activation=tf.nn.relu)(input_xs)
```

TensorFlow 2.0中的卷积层的定义,在绝大多数的情况下直接调用给定的、实现好的卷积类即可。只需要牢记卷积类的初始化和卷积层的使用。

3.BatchNormalization和Maxpool层

BatchNormalization和Maxpool层的目的是正则化输入数据,最大限度地减少模型的过拟合以及增大模型的泛化能力。示例代码如下:

```
conv = tf.keras.layers.BatchNormalization()(conv)
...
conv = tf.keras.layers.MaxPool2D(strides=[1,1])(conv)
```

4.起分类作用的全连接层

全连接层的作用是对卷积层所提取的特征做最终分类，首先使用flat函数，将提取计算后的特征值平整化，之后的2个全连接层起到特征提取和分类的作用，最终做出分类。代码如下：

```
flat = tf.keras.layers.Flatten()(conv)
dense = tf.keras.layers.Dense(512, activation=tf.nn.relu)(flat)
logits = tf.keras.layers.Dense(10, activation=tf.nn.softmax)(dense)
```

模型所涉及的各个层级如图5-22所示。

```
Model: "model"
_________________________________________________________________
Layer (type)                 Output Shape              Param #
=================================================================
input_1 (InputLayer)         [(None, 28, 28, 1)]       0
_________________________________________________________________
conv2d (Conv2D)              (None, 28, 28, 32)        320
_________________________________________________________________
batch_normalization (BatchNo (None, 28, 28, 32)        128
_________________________________________________________________
conv2d_1 (Conv2D)            (None, 28, 28, 64)        18496
_________________________________________________________________
max_pooling2d (MaxPooling2D) (None, 27, 27, 64)        0
_________________________________________________________________
conv2d_2 (Conv2D)            (None, 27, 27, 128)       73856
_________________________________________________________________
flatten (Flatten)            (None, 93312)             0
_________________________________________________________________
dense (Dense)                (None, 512)               47776256
_________________________________________________________________
dense_1 (Dense)              (None, 10)                5130
=================================================================
Total params: 47,874,186
Trainable params: 47,874,122
Non-trainable params: 64
```

图5-22 模型各个层级

从图中可以看到各个层级的作用和所涉及的参数，各个层级依次计算，并且所用的参数也被打印出来。

5.2.7 任务4:训练卷积神经网络模型

最终，设置模型的优化器为Adam优化器，训练的轮数为10，每轮训练总输出准确率，最后将测试数据传输给训练好的模型，并输出测试数据集中的准确率。测试代码如下：

```
model.compile(optimizer=tf.optimizers.Adam(1e-3), loss=tf.losses.categorical_crossentropy,
metrics = ['accuracy'])
model.fit(train_dataset, epochs=10)
score = model.evaluate(test_dataset)
print("last score:",score)
```

测试数据集中的准确率结果如图5-23所示。

```
Train for 118 steps
Epoch 1/10
118/118[==============================]-324s 3s/step - loss: 0.6506 - accuracy: 0.9109
Epoch 2/10
118/118[==============================]-269s 2s/step - loss: 0.0381 - accuracy: 0.9883
Epoch 3/10
118/118[==============================]-269s 2s/step - loss: 0.0229 - accuracy: 0.9923
Epoch 4/10
118/118[==============================]-281s 2s/step - loss: 0.0138 - accuracy: 0.9953
Epoch 5/10
118/118[==============================]-280s 2s/step - loss: 0.0072 - accuracy: 0.9977
Epoch 6/10
118/118[==============================]-279s 2s/step - loss: 0.0064 - accuracy: 0.9978
Epoch 7/10
118/118[==============================]-275s 2s/step - loss: 0.0063 - accuracy: 0.9979
Epoch 8/10
118/118[==============================]-271s 2s/step - loss: 0.0077 - accuracy: 0.9976
Epoch 9/10
118/118[==============================]-279s 2s/step - loss: 0.0051 - accuracy: 0.9983
Epoch 10/10
118/118[==============================]-287s 2s/step - loss: 0.0021 - accuracy: 0.9994
20/20[==============================]-13s 654ms/step - loss: 0.0350 - accuracy: 0.9915
last score: [0.03503311077947728, 0.9915]
```

图5-23 测试数据集中的准确率结果

可以看到,经过模型的训练,在测试集上最终的准确率达到0.99,即99%以上,而损失率在0.035以下。

5.2.8 思考与练习

尝试在自己电脑或者Mo平台上面下载MNIST手写数字数据集,搭建卷积神经网络模型,并训练模型,使用训练好的模型对手写数字图片进行识别。

本章小结

本章通过全连接神经网络(服饰分类问题)、卷积神经网络(手写字识别)两个案例,体验了TensorFlow 2.0以及Keras API在图像识别方面的应用。其中重点讲解了神经网络使用的四个基本步骤:获取数据、处理数据、训练模型、使用模型。

课后习题

一、选择题

1.有关深度学习,以下说法错误的是哪一个? ( )

A.深度学习是机器学习的一个分支

B.深度学习指的是基于深层神经网络实现的模型或算法

C.物体检测要求机器快速、准确地找到被测物品并确认其位置

D.在生成图像标题时常用NIC模型来处理

2.下面说法错误的是哪一个? ( )

A.Google的Google Now、Microsoft的Xbox、Apple的Siri均基于深度学习算法

B.2012 年 Google 的同声传译系统实现了从汉语到英语的同声传译

C.人工智能主要有弱人工智能、强人工智能和超人工智能 3 种

D.机器学习是人工智能的一个子领域

3.以下哪个不属于深度学习框架？　(　　)

A.TensorFlow　　B.Keras　　C.Torch　　D.Android

4.下面有关 TensorFlow 的特性说法错误的是哪一个？　(　　)

A.TensorFlow 具有高度活性

B.TensorFlow 仅能在 CPU 和 GPU 上运行

C.TensorFlow 可以支持 Python、C+、Java 等多种语言

D.TensorFlow 可以高度化硬资源

5.有关 TensorFlow 2.0 环境搭建，以下说法错误的是哪一个？　(　　)

B.安装和下载 TensorFlow 可以不使用国内源

A.TensorFlow　CPU 可直接使用 pip 命令进行安装

C.CUDA 驱动版本和 cuDNN 驱动版本可以不匹配

D.CuDNN 文件可以直接下载使用，不需要安装

6.下面说法正确的是？　(　　)

A.手写数字图片数据集可用于回归任务

B.运用 TFRecordDataset 函数加载文本文件

C.运用 timeseries_dataset　from　array 函数处理时间序列数据

D.神经网络中的隐藏层只能为一层

7.以下哪个不属于优化器？　(　　)

A.SGD 优化器　　B.Adam 优化器

C.RMSprop 优化器　　D.K-Means 优化器

8.下面说法错误的是？　(　　)

A.TensorBoard 工具可以用于查看训练中的损失值

B.在 TensorFlow 2.0 中评估指标只有准确率、精度和均方误差

C.load_model 方法常用于网络结构

D.损失值也是评估模型效果的一个重要指标

二、填空题

1.全连接神经网络由三类层构建而成，分别为________、________和________。

2.服饰识别案例中，预处理数据时，将像素值缩放到 0 和 1 之间的操作称为________。

3.卷积神经网络常使用________运算和________运算，对特征进行提取和降低信息冗余。

三、编程题

1.在手写数字识别的案例中尝试使用全连接神经网络，实现手写数字识别任务，并与卷积神经网络对比准确率。

2.在服饰识别的案例中，通过以下方式优化全神经网络结构，增加隐藏层，改变隐藏层神经元的个数，提高模型识别的准确率。

实训工单1:波士顿房价预测

工单名称	波士顿房价预测		
实施地点		计划工期	两个工作日
项目负责人		组员	
任务说明	在这个项目中,需要利用马萨诸塞州波士顿郊区的房屋信息数据训练和测试一个回归模型,评估模型的性能和预测能力;部署训练好的模型,实现对房屋的价值预测		
任务目标	(1)掌握CSV格式数据集的导入; (2)学会对数据集的划分和归一化处理; (3)掌握模型的配置、编译和训练; (4)学会使用训练好的模型进行预测		
任务1	导入房屋信息数据集		
任务解决方案或结果			
任务2	房屋信息数据预处理		
任务解决方案或结果			
任务3	模型配置、编译和训练		
任务解决方案或结果			
任务4	查看模型预测效果		
任务解决方案或结果			
任务总结与心得			

实训工单1 波士顿房价预测

波士顿房价预测素材

实训工单2:猫狗识别

工单名称	猫狗识别		
实施地点		计划工期	两个工作日
项目负责人		组员	
任务说明	图像识别技术是人工智能计算机视觉的重要基础,使用机器学习/深度学习算法可以高效准确地识别出图片的主要特征,从而对不同内容的图片进行分类识别。在图像识别研究领域有一个经典的数据集:猫狗识别数据集,本案例使用TensorFlow 2.0以及Keras API来初步实现猫狗识别任务		
任务目标	(1)下载公用猫狗识别数据集; (2)学会导入数据集中的训练集和测试集; (3)掌握模型的配置、编译和训练; (4)学会使用训练好的模型对猫狗进行分类		
任务1	猫狗识别数据集的准备		
任务解决方案或结果			
任务2	猫狗识别数据集的导入		
任务解决方案或结果			
任务3	模型训练		
任务解决方案或结果			
任务4	预测和分类		
任务解决方案或结果			
任务总结与心得			

实训工单2 猫狗识别

猫狗识别素材

第6章

图像处理

人工智能虽然非常令人向往，但许多技术个人无法实现，若从最底层的算法学习，道路困难而漫长，所以即使会有很多应用场景浮现眼前，也会迫于技术的问题而难以实现。

因此，开放AI技术满足开发者和合作伙伴不同层次的需求，让人工智能技术变得更好，是人工智能的发展趋势。互联网为人工智能研究提供海量的数据支持，因此擅长数据处理的互联网公司能更快切入到人工智能领域。纵观海内外，掌控流量人口的百度、Google，掌控社交人口的腾讯、Facebook以及掌控电商入口的阿里、亚马逊，对于人工智能都具有不小的话语权。

然而，对所谓"AI开放平台"理解的不同，不同公司在所谓"开放"上所做的事情也有诸多不同，如Google、Facebook的开放策略更多集中在底层算法或单点突破。百度AI经过不断发展扩大，让开放平台更具完整性，从底层算法到主打听懂、看懂的感知再到知识图谱、用户画像的认知，这个完整的AI开放平台能够满足开发者们多层次、多样化的需求。

百度AI携手很多互联网合作伙伴，共同创建AI生态系统，为众多客户提供业务发展的新动力。例如，携程翻译助手帮助旅客在出境游的旅途中，对外文的路牌、菜单等直接拍摄进行识别及翻译，打造私人翻译助理；语音识别助力爱奇艺优化搜索体验；人脸识别助力中通严把企业信息安全大门；嘀嗒出行平台大规模应用语音合成技术；家图网定制化图像识别技术解决海量图片分类难题。

本章将利用免费的百度AI库来初步体验人工智能的应用。

小贴士

习近平总书记指出，"人工智能是引领新一轮科技革命和产业变革的战略性技术，要加强基础研究、推动应用落地，培育具有国际竞争力的人工智能产业生态"[①]。在本章节学习中，以百度AI开放平台为实践载体，深刻体会这一重要论述的现实价值。在调用API完成图像识别任务时，不仅需要理解卷积神经网络的工程逻辑，更要感悟"突破关键核心技术"的紧迫性——百度AI自主研发的识别算法体系打破国外技术垄断，正是我国在全球科技竞争中"下好先手棋"的鲜活例证。

①高文.抢抓人工智能发展的历史性机遇[N].人民日报，2025-02-24(09).

6.1 智能财务票据识别

6.1.1 提出问题

近几年来,各种财务票据种类繁多,财务票据上的信息也各种各样,导致财务人员的工作量和工作时间相当大,企业的用人成本也大。

为了减轻企业用人成本和财务人员的工作压力,使用人工智能百度AI库对财务场景中15类常见票据,进行智能分类及结构化识别,无须提前进行手动分类处理,上传图片即可完成自动分类、识别及信息提取,助力企业内部报销、代理记账等业务场景的效率升级。表6-1给出了智能财务票据识别的应用领域。

表6-1 智能财务票据识别的应用领域

类别	应用领域
财税报销	针对企业员工提交的原始票据粘贴单,快速完成各类报销凭证的自动切分及结构化识别,应用于内部报销、核算、记录等场景,减轻员工报销难度,提升财务核算效率,简化报销流程
代理记账	应用智能票据识别能力,帮助代理记账企业实现票面信息采集、结构化信息提取、发票验真、财务核算等全流程自动化,有效提升代理记账企业的服务效率

6.1.2 预备知识

1.百度AI开放平台接入流程

如果要使用百度AI开放平台(网址:https://ai.baidu.com),需要按下面的流程完成接入服务。

(1)成为开发者。三步完成账号的基本注册与认证:

①单击百度AI开放平台导航右侧的“控制台”链接,选择需要使用的AI服务项。若为未登录状态,将跳转至登录界面,使用百度账号登录。如未有百度账户,可以注册百度账户。

②若首次使用,登录后会进入开发者认证页面,填写相关信息完成开发者认证。如果已经是百度云用户或百度开发者中心用户,此步可略过。

③进入百度AI服务项的控制面板选择所需服务(本案例为智能财务票据识别),进行相关业务操作,如图6-1所示。

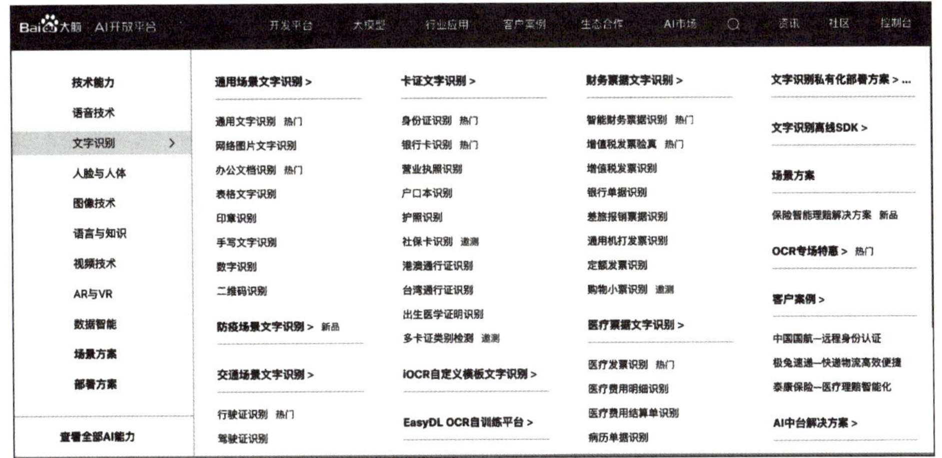

图 6-1　百度 AI 服务项的控制面板

(2)创建应用。账号登录成功后,需要创建应用才可正式调用 AI 能力。应用是调用 API 服务的基本操作单元,可以基于应用创建成功后获取的 API Key 及 Secret Key,进行接口调用操作及相关配置。以智能财务票据识别为例,可在百度智能云管理中心按照图 6-2 所示的操作流程,完成创建操作。单击"创建应用"按钮,即可进入创建应用界面,如图 6-3 所示。

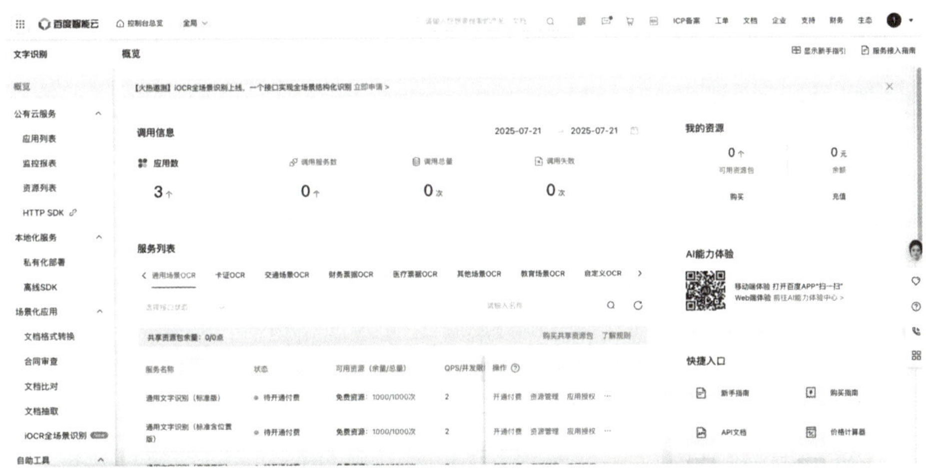

图 6-2　百度智能云管理中心

创建应用需填写的内容如下:

①应用名称。必填项,用于标识所创建应用的名称,支持中英文、数字、下划线及中横线,此名称一经创建完毕,不可修改。

②应用类型。必填项,根据应用的适用领域,在下拉列表中选取一个类型。

③接口选择。必填项,每个应用可以勾选业务所需的所有 AI 服务的接口权限(仅可勾选具备免费试用权限的接口能力),应用权限可跨服务勾选,创建应用完毕,此应用即具备了所勾选服务的调用权限。

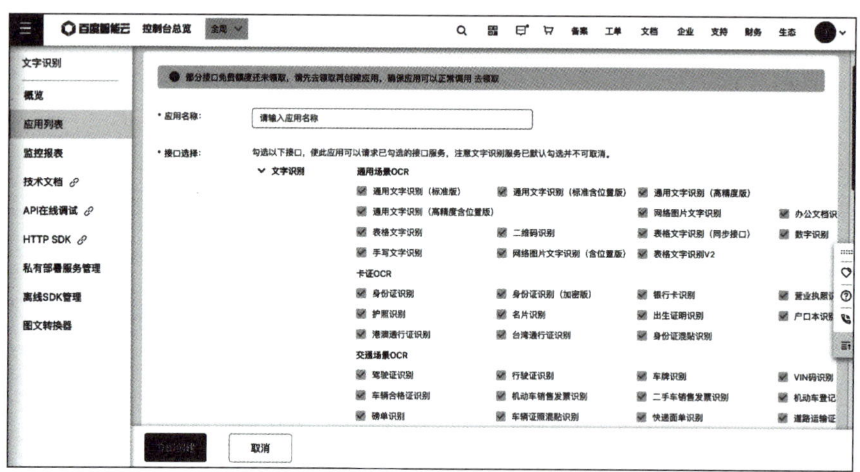

图 6-3　创建应用

④应用平台。选填项,选择此应用适用的平台,可多选(本章案例均为 Windows)。

⑤应用描述。必填项,对此应用的业务场景进行描述。以上内容根据需要填写完毕后,即可单击“立即创建”按钮,完成应用的创建。应用创建完毕后,可以单击左侧导航中的“应用列表”按钮,查看应用列表,如图 6-4 所示。

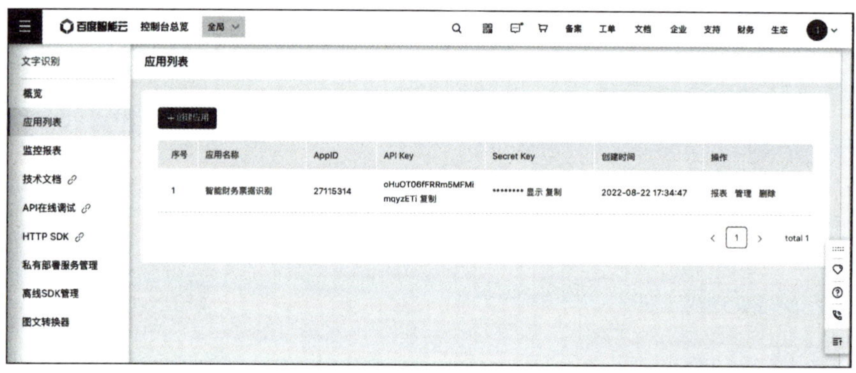

图 6-4　查看应用列表

每项服务最多创建 100 个应用,同一账号下,每项服务都有一定的请求限额,该限额对所有应用共享。每项服务的请求限额可以在该服务控制台的概览页查看,通常包含每天调用量请求限额与 QPS(每秒查询率,并发处理能力)。

(3)获取密钥。创建完毕,平台将会分配给用户此应用的相关凭证,主要为 AppID、API Key、SecretKey。以上三个信息是用户应用实际开发的主要凭证,每个应用之间各不相同,请妥善保管。如表 6-2 所示为示例内容。

表 6-2　应用开发的主要凭证示例

APPID	API Key	Secret Key
27115314	oHuOT06fFRRm5MFMimqyzETi 复制	UPsEtyswmta3evdY6OGINrt4FyatBsM5 隐藏复制

2.API和SDK的概念

目前百度AI产品主要有两种方式：API与SDK。

API(Application Programming Interface，应用程序编程接口)是一些预先定义的函数，目的是提供应用程序与开发人员基于某软件或硬件得以访问一组例程的能力，而又无须访问源码，或理解内部工作机制的细节。

SDK(Software Development Kit，软件开发工具包)一般都是一些软件工程师为特定的软件包、软件框架、硬件平台、操作系统等建立应用软件时的开发工具的集合。广义上指辅助开发某一类软件的相关文档、范例和工具的集合。为了鼓励开发者使用其系统或者语言，许多SDK是免费提供的。

SDK和API都是类似于公共服务的东西，都代表一种封装，只是封装的形式不同。

API是封装在服务端层面的library，从网络服务的层面暴露出一些API接口，提供给使用这些服务的人去调用。因为封装在服务的层面，传输数据用的是网络协议(常用HTTP/TCP)，而用什么语言实现的则不重要。

SDK封装的是在客户端层面的一个library(也称“包”或者“库”)，这个library提供一些客户端API接口，类似于已经写好的函数，只需要调用即可。SDK暴露出来的接口都是和语言相关的，如果SDK是用Java写的，就需要用Java去调用那个函数；如果SDK是用Python写的，就需要用Python去调用那个函数。可以把SDK看成是API的集合，是对API的再次封装。

3.开发资源——文档中心

应用百度AI开放平台，一定要学会利用其提供的“开发资源”(见图6-5)，特别是其中的“技术文档”。根据需要选择相应产品的文档，然后查看具体使用方法及参数说明。上述的接入流程在开放能力的“文字识别”中即可找到。

例如，查看本案例的相关文档，可单击百度AI官网(网址 http://ai.baidu.com/)，导航条的“开发资源”中的“技术文档”，选择“技术文档”列表中的“财务票据文字识别”类别中的“智能财务票据识别”，见图6-6，可以查看智能财务票据的相关文档。

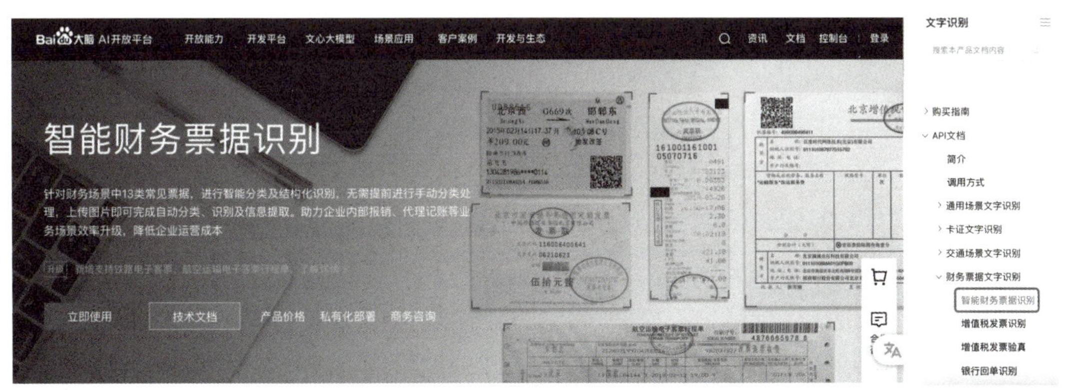

图6-5 智能财务票据识别开发资源

图6-6 智能财务票据识别

4.安装百度AI的Python SDK

根据文档说明，首先要安装百度AI的Python SDK，才能利用Python语言采用SDK方法使用百度AI提供的产品服务。安装百度AI的Python SDK如图6-7所示。

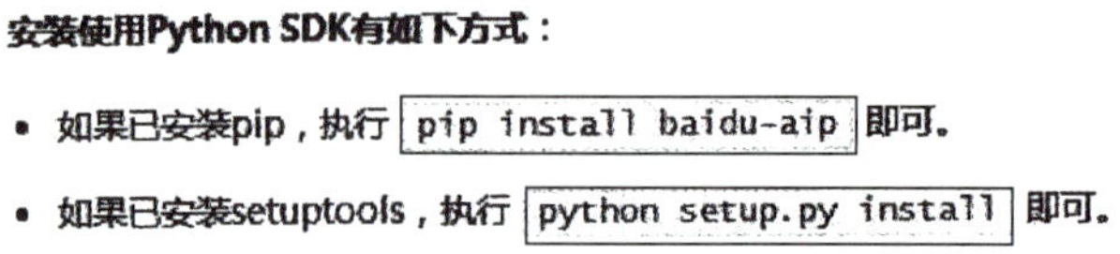

安装使用Python SDK有如下方式：

- **如果已安装pip，执行** `pip install baidu-aip` **即可。**
- **如果已安装setuptools，执行** `python setup.py install` **即可。**

图6-7　安装百度AI的Python SDK

可见，如果已安装pip，在DOS命令行执行以下命令即可安装百度AI的Python SDK包。注意：若提示要升级pip，请按提示先升级pip，再重新安装baidu-aip。命令如下：

```
pip install baidu-aip
```

安装成功后，可以在当前用户目录下查看到安装的aip目录，其中face.py是人脸识别的相关模块，还包括图像识别（imageclassify.py）、文字识别（ocr.py）、语音识别（speech.py）和自然语言处理（nlp.py）等其他模块。

5.查看监控报表

程序开发运行后，可以通过百度AI的控制台查看监控报表，如图6-8所示。选择应用、API、时间段后，可以看到调用成功的次数和调用失败的原因。

图6-8　查看监控报表

6.1.3　分析问题

在百度AI官网的产品“AI开放能力”的“文字识别”中，有一项“智能财务票据识别”服务，其功能介绍为支持财务场景中15种常见票据的分类及结构化识别，包括增值税发票、卷票、机打发票、定额发票、火车票、出租车票、网约车行程单、飞机行程单、汽车票、过路过桥费、船票、机动车/二手车销售发票。支持多张不同种类票据在同一张图片上的混贴场景，可返回每张票据的位置、种类及票面信息的结构化识别结果。

6.1.4　任务1:获取Access Token

智能财务票据识别

Access Token素材

通过API Key和Secret Key获取Access Token。百度AI开放平台使用OAuth2.0授权调用开放API,调用API时必须在URL中带上access_token参数,获取Access Token的流程如下:

请求URL数据格式,向授权服务地址https://aip.baidubce.com/oauth/2.0/token发送请求(推荐使用POST),并在URL中带上以下参数:

(1)grant_type:必须参数,固定为client_credentials;

(2)client_id:必须参数,应用的API Key;

(3)client_secret:必须参数,应用的Secret Key。

获取access_token示例代码如下:

```
# encoding:utf-8
import requests
# client_id 为官网获取的AK, client_secret 为官网获取的SK
host = 'https://aip.baidubce.com/oauth/2.0/token?grant_type=client_credentials&client_id=
【官网获取的AK】&client_secret=【官网获取的SK】'
response = requests.get(host)
if response:
    print(response.json())
```

服务器返回的JSON文本参数如下:

(1)access_token:要获取的Access Token;

(2)expires_in:Access Token的有效期(秒为单位,有效期30天);

(3)忽略其他参数,暂时不用。

例如:


```
{
    "refresh_token": "25.b55fe1d287227ca97aab219bb249b8ab.315360000.1798284651.
282335-8574074","expires_in": 2592000,"scope": "public wise_adapt","session_key": "
9mzdDZXu3dENdFZQurfg0Vz8slgSgvvOAUebNFzyzcpQ5EnbxbF+hfG9DQkpUVQdh4p6H
bQcAiz5RmuBAja1JJGgIdJI","access_token": "4.6c5e1ff107f0e8bcef8c46d32424a0e78.25
92000.1485516651.282335-8574074","session_secret": "dfac94a3489fe9fca7c3221cbf75
25ff"
}
```

若请求错误,服务器将返回的JSON文本包含以下参数:

(1)error:错误码,关于错误码的详细信息请参考下方鉴权认证错误码;

(2)error_description:错误描述信息,帮助理解和解决发生的错误。

例如认证失败返回:

```
{
    "error": "invalid_client",
    "error_description": "unknown client id"
}
```

鉴权认证错误码如表6-3所示。

表6-3　鉴权认证错误码

error	error_description	解释
invalid_client	unknown client id	API Key不正确
invalid_client	Client authentication failed	Secret Key不正确

6.1.5　任务2:调用智能财务票据识别功能

使用百度AI的每项服务,一定要查看文档中最重要的接口说明,一方面分析调用时所需要的请求参数,一方面要分析调用后的返回参数。

按文档接口说明,请求数据示例如下:请求HTTP方法POST,请求URL为https://aip.baidubce.com/rest/2.0/ocr/v1/multiple_invoice,URL参数如表6-4所示。

表6-4　URL参数

参数	值
access_token	通过API Key和Secret Key获取的access_token,参考Access Token的获取

Header信息如表6-5所示。

表6-5　Header信息

参数	值
Content-Type	application/x-www-form-urlencoded

Body中放置请求参数,具体参数如表6-6所示。

表 6-6　Body 中放置的请求参数

参数	是否必选	类型	可选值范围	说明
image	和 urllpdf_file 三选一			图像数据，Base64 编码后进行 urlencode，要求 Base64 编码和 urlencode 后大小不超过 4M，最短边至少 15px，最长边最大 4096px，支持 jpg/peg/png/bmp 格式，优先级：image > url > pdf_file，当 image 字段存在时，url、pdf_file 字段失效
url	和 image/pdf_file 三选一	string		图片完整 url，url 长度不超过 1024 字节，url 对应的图片 Base64 编码后大小不超过 4M，最短边至少 15px，最长边最大 4096px，支持 jpg/jpeg/png/bmp 格式；优先级：image > url > pdf_file，当 image 字段存在时，url 字段失效 请注意关闭 URL 防盗链
pdf_file	和 image/url 三选一			PDF 文件，Base64 编码后进行 urlencode，要求 Base64 编码和 urlencode 后大小不超过 4M，最短边至少 15px，最长边最大 4096px，优先级：image > url > pdf_file，当 image 或 url 字段存在时，pdf_file 字段失效

请求代码示例如下，使用示例代码前，请记得替换其中的示例 Token、图片地址或 Base64 信息。部分语言依赖的类或库，请在代码注释中查看下载地址。

智能财务票据识别素材

智能财务票据图片

```
#encoding:utf-8
import requests
import base64
'''
智能财务票据识别
'''
request_url = "https://aip.baidubce.com/rest/2.0/ocr/v1/multiple_invoice"
# 二进制方式打开图片文件
f = open('[本地文件]', 'rb')
img = base64.b64encode(f.read())
params = {"image":img}
access_token = '[调用鉴权接口获取的 Token]'
request_url = request_url + "?access_token=" + access_token
headers = {'content-type': 'application/x-www-form-urlencoded'}
response = requests.post(request_url, data=params, headers=headers)
```

```
if response:
    print (response.json())
```

返回参数如表6-7所示。

表6-7 返回参数

字段	是否必选	类型	说明
log_id	是	uint64	唯一的log id,用于问题定位
pdf_file_size	否	string	传入PDF文件的总页数,当pdf_file参数有效时返回该字段
words_result_num	是	uint32	识别结果数,表示words_result的元素个数
words_result	是	object{	识别结果
+probability	是	string	表示单张票据分类的置信度
+left	是	string	表示单张票据定位位置的长方形左上顶点的水平坐标
+top	是	string	表示单张票据定位位置的长方形左上顶点的垂直坐标
+width	是	string	表示单张票据定位位置的长方形的宽度
+height	是	string	表示单张票据定位位置的长方形的高度
+type	是	string	每一张票据的种类
+result	是	array	单张票据的识别结果数组

其中type字段会返回以下17种结果,每种结果对应的票据类型详见表6-8所示。

表6-8 type字段票据类型

type返回结果	说明
vat_invoice	增值税发票
taxi_receipt	出租车票
train_ticket	火车票
quota_invoice	定额发票
air_ticket	飞机行程单
roll_normal_invoice	卷票
printed_invoice	机打发票
bus_ticket	汽车票
toll_invoice	过路过桥费发票
ferry_ticket	船票
motor_vehicle_invoice	机动车销售发票
used_vehicle_invoice	二手车发票
taxi_online_ticket	网约车行程单
limit_invoice	限额发票
shopping_receipt	购物小票
pos_invoice	POS小票
others	其他

type的返回结果为vat_invoice,即“增值税发票”。识别结果的返回主要字段如表6-9所示。

表6-9 返回主要字段

字段	是否必选	类型	说明
++InvoiceTypeOrg	是	array[]	发票名称
++InvoiceType	是	array[]	增值税发票的细分类型。不同细分类型的增值税发票输出:普通发票、专用发票、电子普通发票、电子专用发票、通行费电子普票、区块链发票、通用机打电子发票
++InvoiceCode	是	array[]	发票代码
++InvoiceNum	是	array[]	发票号码
++InvoiceCodeConfirm	是	array[]	发票代码的辅助校验码,一般业务情景可忽略
++InvoiceNumConfirm	是	array[]	发票号码的辅助校验码,一般业务情景可忽略
++CheckCode	是	array[]	校验码。增值税专票无此参数
++InvoiceDate	是	array[]	开票日期
++PurchaserName	是	array[]	购方名称
++PurchaserRegisterNum	是	array[]	购方纳税人识别号
++PurchaserAddress	是	array[]	购方地址及电话
++PurchaserBank	是	array[]	购方开户行及账号
++Password	是	array[]	密码区
++Province	是	array[]	省
++City	是	array[]	市

6.1.6 任务3:输出识别结果

根据返回参数说明和示例,可以看出智能票据的结果存储在一个花括号的字典中,数据表示为键值对,数据间由逗号分隔,数据中又嵌套花括号(字典)和中括号(列表),这是复杂的高维数据的一种表达和存储格式——JSON格式(JavaScript Object Notation)。相对于XML格式(以标签为特征),简洁和清晰的层次结构使得JSON成为理想的、广泛使用的数据交换语言,易于人们阅读和编写。要输出访问JSON格式的数据,按字典中嵌套字典或列表处理,字典用键值对访问,列表用中括号访问,注意层次结构。

使用的定额发票如图6-9所示。

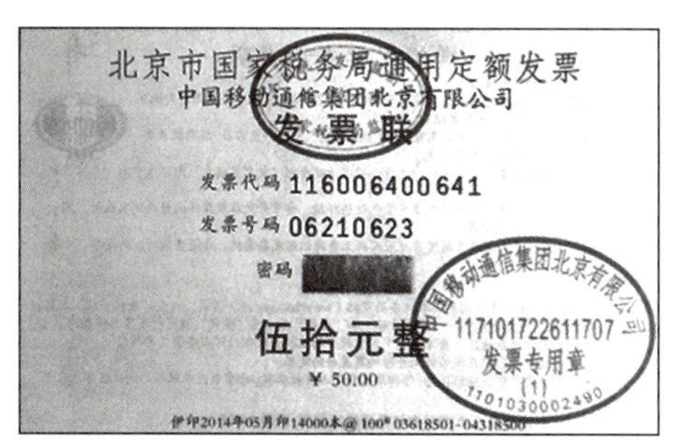

北京市国家税务局通用定额发票
中国移动通信集团北京有限公司
发票联
发票代码 116006400641
发票号码 06210623
密码
伍拾元整
¥ 50.00

图6-9 定额发票

可以看见整个返回结果中的数据:

{'words_result': [{'result': {'invoice_code': [{'word': '116006400641'}], 'invoice_rate': [{'word': '伍拾元整'}], 'invoice_rate_in_figure': [{'word': '50.00'}], 'invoice_type': [{'word': '北京市国家税务局通用定额发票'}], 'City': [{'word': ''}], 'invoice_number': [{'word': '06210623'}], 'invoice_rate_in_word': [{'word': '伍拾元整'}], 'Province': [{'word': ''}], 'Location': [{'word': ''}]}, 'top': 0, 'left': 1, 'probability': 0.999989748, 'width': 444, 'type': 'quota_invoice', 'height': 275}], 'words_result_num': 1, 'log_id': 1561757902835026109}

其中重要的信息如下:票据类型:定额发票;发票代码:116006400641;金额(中文大写):五十元整;发票名称:北京市国家税务局通用定额发票。

6.1.7 思考与练习

尝试调用接口,使用增值税专用发票,请自行修改程序,并对得到的结果进行整理和读取。

6.2 身份证识别

6.2.1 提出问题

近年来,无论在机场、火车站、宾馆都需要对身份证信息进行核对,如何实现高效和准确识别身份证信息一直是人工智能图像处理方向的重要问题。

本节使用百度AI开放平台精准识别二代居民身份证正反两面的全部信息,结构化识别二代居民身份证正反面所有8个字段,识别准确率超过99%;支持身份证混贴识别,自动检测识别同一张图片上的多张身份证正反面;同时可检测身份证正面头像,返回头像切片的base64编码及位置信息,充分满足身份证使用场景中对任意字段的识别需求。如图6-10和图6-11所示为身份证识别案例和识别结果。

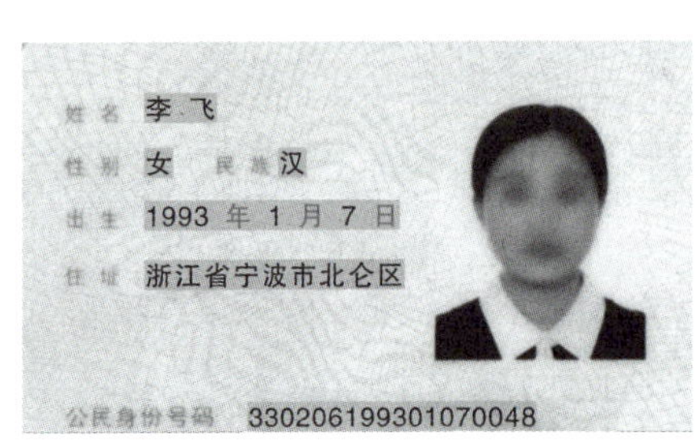

图6-10 身份证识别案例

识别结果	
姓名	李飞
性别	女
民族	汉
出生	19930107
住址	浙江省宁波市北仑区
公民身份号码	330206199301070048

图6-11 身份证识别结果

6.2.2 预备知识

Postman是一个接口测试工具,在做接口测试的时候,Postman相当于一个客户端,它可以模拟用户发起的各类HTTP请求,将请求数据发送至服务端,获取对应的响应结果,从而验证响应中的结果数据是否和预期值相匹配;并确保开发人员能够及时处理接口中的bug,进而保证产品上线之后的稳定性和安全性。它主要是用来模拟各种HTTP请求的(如:get/post/delete/put.等)。

1.Postman下载

Windows和Mac用户都可以直接使用网页版Postman。Mac用户也可以下载Postman APP安装以后使用。Postman使用和下载网址为https://www.postman.com/downloads/,网站如图6-12所示。

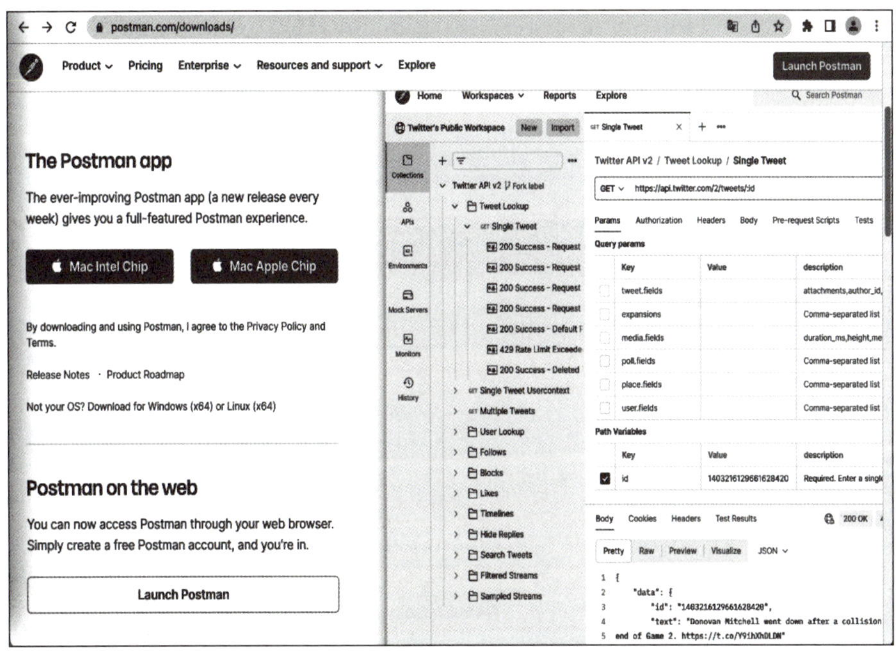

图6-12 Postman官方网站

2.Postman使用

(1)请求调用。将URL复制到请求网站中,选好请求方法,填写好请求参数,然后单击"Send"按钮,就可以调用了。Response处是返回的参数,可以判断是否调用成功,如图6-13所示。

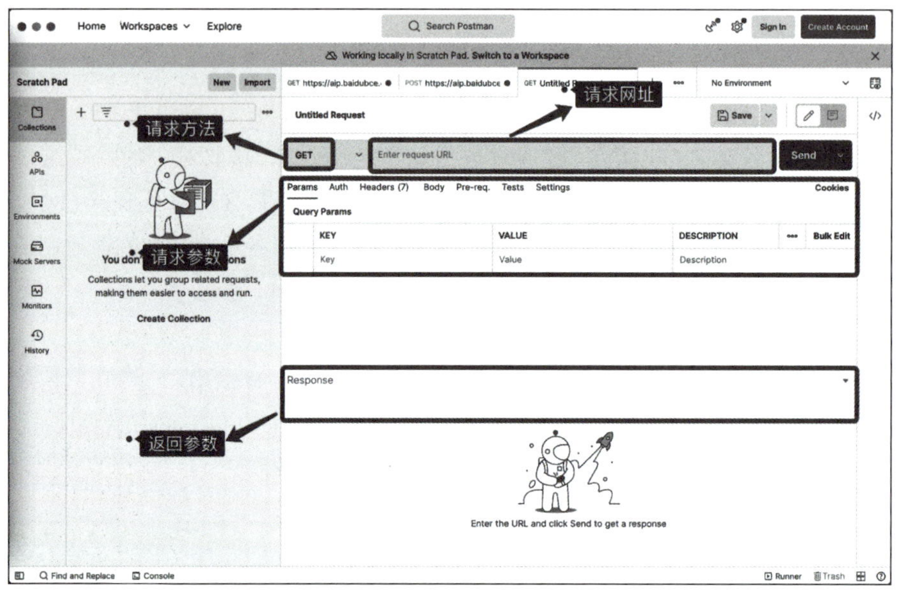

图6-13 Postman使用界面

(2)保存请求。可以将调试好的请求进行保存,方便下次调用,如图6-14所示。

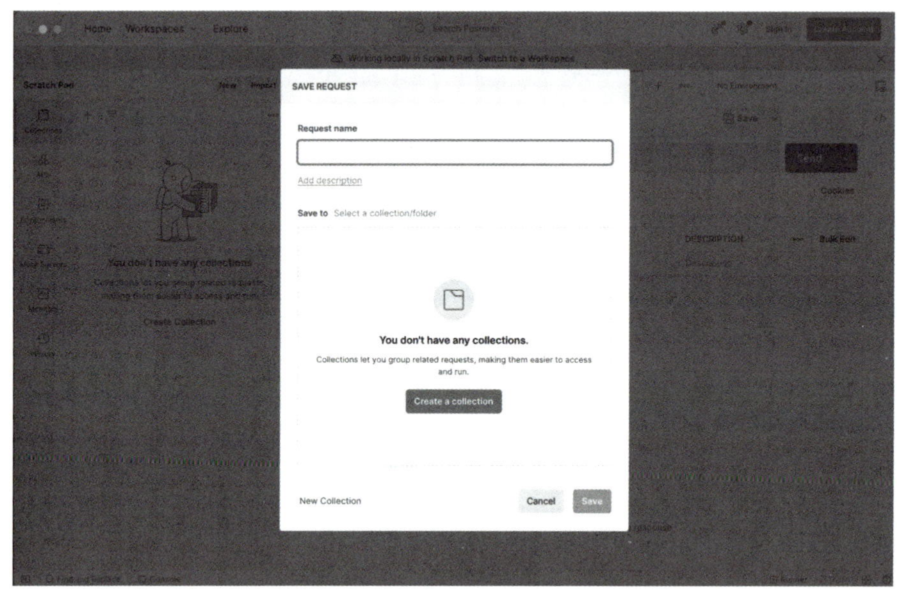

图6-14 Postman保存请求

6.2.3 分析问题

在百度AI官网的产品“AI开放能力”的“文字识别”中,有一项“身份证识别”服务,支持对二代居民身份证正反面所有8个字段进行结构化识别,包括姓名、性别、民族、出生日期、住址、身份证号、签发机关、有效期限;同时支持身份证正面头像检测,并返回头像切片的base64编码及位置信息。

同时，支持对用户上传的身份证图片进行图像质量和风险检测，如是否存在正反颠倒、模糊、欠曝、过曝等质量问题，可识别图片是否为复印件或临时身份证，是否被翻拍或编辑，是否存在四角不完整、头像或关键字段被遮挡的情况。

主要应用场景为远程身份认证，使用身份证识别和人脸识别技术，自动识别录入用户身份信息，可应用于金融、保险、电商、O2O、直播等场景，对用户、商家、主播等进行实名身份认证，有效降低用户输入成本，控制业务风险。

6.2.4 任务1：使用Postman调用接口识别身份证

1. 使用Postman获取access_token

Postman获取access_token

身份证识别素材

首先打开Postman，填写获取地址为https://aip.baidubce.com/oauth/2.0/token。并添加以下参数，如图6-15所示。

(1)grant_type：必需参数，固定为client_credentials；

(2)client_id：必需参数，应用的API Key；

(3)client_secret：必需参数，应用的Secret Key。

通过以上设置和请求，得到返回的access_token，用于身份证识别操作。

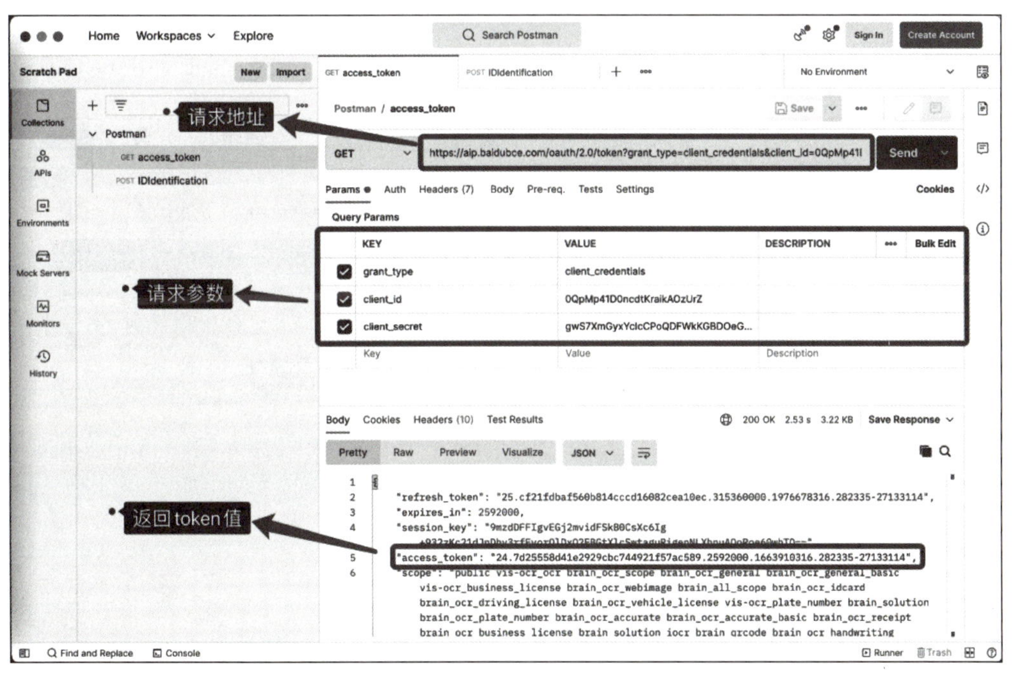

图6-15 Postman请求access_token

2. 使用Postman调用身份证识别功能

使用Postman进行身份证识别

首先要设置HTTP方法：POST，设置请求URL：https://aip.baidubce.com/rest/2.0/ocr/v1/idcard，设置Params中access_token值为上一步所获得的值，如图6-16所示。

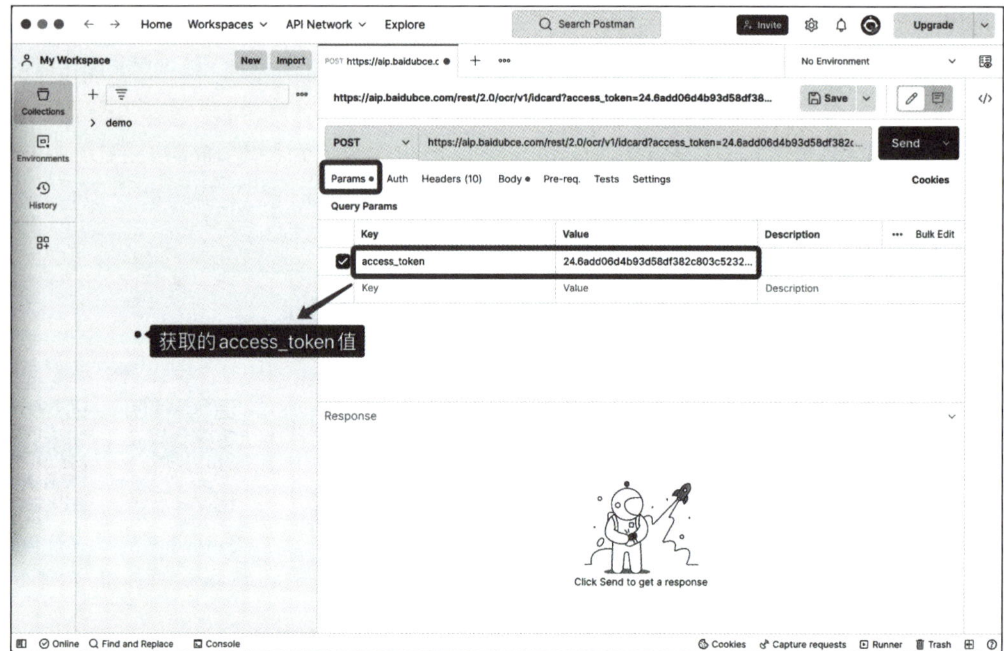

图 6-16　Postman 设置 access_token 值

设置 Headers 中 Content-Type 值为 application/x-www-form-urlencoded，如图 6-17 所示。

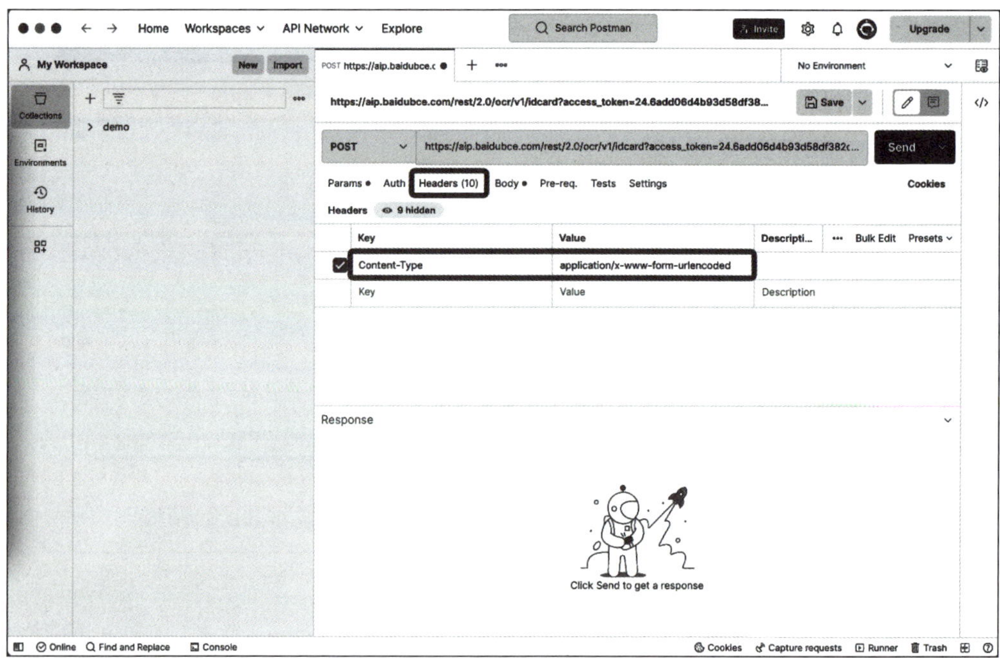

图 6-17　Postman 设置 Content-Type 值

Body 中放置请求参数，所有的参数详情如表 6-10 所示。

表 6-10 Body 中放置请求参数详情

参数	是否必选	类型	可选值范围	说明
image	和 url 二选一	string		图像数据，Base64 编码后进行 urlencode，要求 Base64 编码和 urlencode 后大小不超过 4M，最短边至少 15px，最长边最大 4096px，支持 jpg/jpeg/png/bmp 格式
url	和 image 二选一	string		图片完整 URL，URL 长度不超过 1024 字节，URL 对应的图片 Base64 编码后大小不超过 4M，最短边至少 15px，最长边最大 4096px，支持 jpg/jpeg/png/bmp 格式，当 image 字段存在时，url 字段失效，请注意关闭 URL 防盗链
id_card_side	是	string	front/back	-front:身份证含照片的一面 -back:身份证带国徽的一面 自动检测身份证正反面，如果传参指定方向与图片相反，支持正常识别，返回参数 image_status 字段为 "reversed_side"
detect_risk	否	string	true/false	是否开启身份证风险检测类型(身份证复印件、临时身份证、身份证翻拍、修改过的身份证)检测功能，默认不开启，即: false -true:开启，请查看返回参数 risk_type -false:不开启
detect_quality	否	string	true/false	是否开启身份证质量类型(边框/四角不完整、头像或关键字段被遮挡/马赛克)检测功能，默认不开启，即:false -true:开启，请查看返回参数 card_quality -false:不开启

在 Body 中设置 image 值时，首先登录网站 http://www.jsons.cn/img2base64/，将图片转换成 Base64 编码，Base 编码从 iVBO12 字符开始至结尾，如图 6-18 所示。

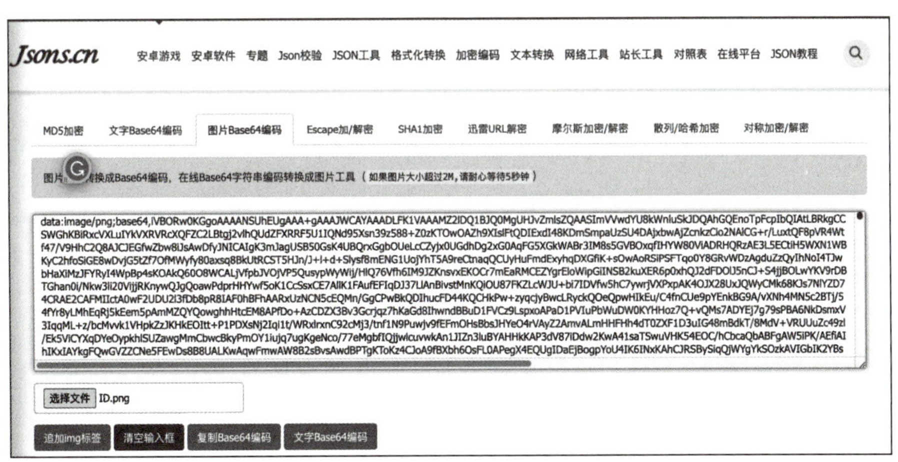

图 6-18 Base64 编码网站

然后获取到的 Base64 编码设置为 image 的值，并在 Body 中设置 id_card_side 为 front，设置 detect_risk 为 true，设置 detect_quality 为 true4 个参数，如图 6-19 所示。

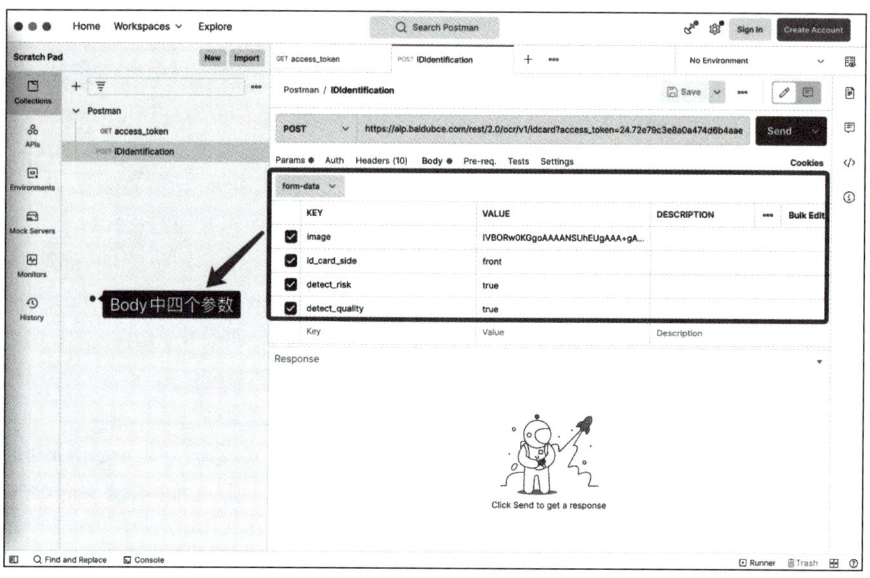

图 6-19　Body 中需要设置的 4 个参数

返回参数如表 6-11 所示。

表 6-11　返回参数

字段	是否必选	类型	说明
log_id	是	uint64	唯一的 log id,用于问题定位
words_result	是	arrayl	定位和识别结果数组
words_result_num	是	uint32	识别结果数,表示 words_result 的元素个数
direction	是	int32	图像方向 --1:未定义 -0:正向 -1:逆时针 90 度 -2:逆时针 180 度 -3:逆时针 270 度
image_status	是	string	normal-识别正常 reversed_side-身份证正反面颠倒 non_idcard-上传的图片中不包含身份证 blurred-身份证模糊 other_type_card-其他类型证照 over_exposure-身份证关键字段反光或过曝 over_dark-身份证欠曝(亮度过低) unknown-未知状态
risk _type	否	string	输入参数 detect_risk = true 时,则返回该字段识别身份证风险类型: normal-正常身份证 copy-复印件 temporary-临时身份证 screen-翻拍 unknown-其他未知情况

续表

字段	是否必选	类型	说明
edit_tool	否	string	如果参数detect_risk = true,则返回此字段。如果检测出身份证被编辑过,该字段指定编辑软件名称,如:Adobe Photoshop cc 2014(Macintosh),如果没有被编辑过则无此参数
card_quality	否	object	输入参数detect_quality = true时,则返回该字段识别身份证质量类型: IsClear-是否清晰 IsComplete-是否边框/四角完整 IsNoCover-是否头像、关键字段无遮挡/马赛克 及对应的概率:IsComplete_propobility、IsNoCover_propobility、IsClear_propobility,值为0~1,值越大表示图像质量越好 默认阈值:当IsComplete_propobility 超过0.5时,IsComplete返回1,低于0.5,则返回0。IsNoCover_propobility、IsClear_propobility同上
idcard_number_type	是	int	用于校验身份证号码、性别、出生信息是否一致,输出结果及其对应关系如下: -身份证正面所有字段全为空 0:身份证号不合法,此情况下不返回身份证号 1:身份证号和性别、出生信息一致 2:身份证号和性别、出生信息都不一致 3:身份证号和出生信息不一致 4:身份证号和性别信息不一致

在这个案例中,单击“Send”按钮后,response返回信息如下:


```
{
    "card_quality": {
        "IsClear_propobility": 0.7790055871,
        "IsNoCover": 1,
        "IsClear": 1,
        "IsNoCover_propobility": 0.6304694414,
        "IsComplete_propobility": 0.2636633515,
        "IsComplete": 0
    },
    "words_result": {
        "姓名": {
            "location": {
                "top": 78,
                "left": 196,
                "width": 104,
                "height": 45
```

```
        },
        "words": "李飞"
    },
    "民族": {
        "location": {
            "top": 164,
            "left": 383,
            "width": 35,
            "height": 39
        },
        "words": "汉"
    },
    "住址": {
        "location": {
            "top": 319,
            "left": 176,
            "width": 371,
            "height": 45
        },
        "words": "浙江省宁波市北仑区"
    },
    "公民身份证号码": {
        "location": {
            "top": 512,
            "left": 337,
            "width": 542,
            "height": 64
        },
        "words": "330206199301070048"
    },
    "出生": {
        "location": {
            "top": 236,
            "left": 181,
            "width": 327,
```

```
                "height": 43
            },
            "words": "19930107"
        },
        "性别": {
            "location": {
                "top": 162,
                "left": 187,
                "width": 36,
                "height": 41
            },
            "words": "女"
        }
    },
    "words_result_num": 6,
    "idcard_number_type": 1,
    "image_status": "normal",
    "risk_type": "normal",
    "log_id": 1562328743228636194
}
```


6.2.5 思考与练习

尝试调用不使用Postman,参考使用百度AI开放平台身份证识别的官网文档,自行调试程序,实现对身份证信息的识别,并将得到的结果进行整理和读取。

6.3 视频内容分析

6.3.1 提出问题

"传统"视频分析是一种在视频监控中广泛使用了十多年的技术,模式识别和物体/运动检测是可以实现的,但它们在预防和解决事故的程度是有限的,而且准确性也是一个问题。例如,车牌识别并非100%准确,及以人脸识别难以可靠地执行。此外,频繁的错误警报会降低准确性并增加安保人员的工作量。

AI视频分析的主要优势在于可以将存储的视频数据转换为可搜索、可操作和可量化的信息情报,从而提高工作效率。AI视频分析利用尖端技术对视频片段进行数字化分析,以提高检测精度和分类能力来识别关键事件和可疑活动。在人工智能和深度学习的驱动下,视频智能软件检测和提取视频中的对象,基于经过训练的深度神经网络识别它们,然后对每个对象进行分类,以启用智能搜索、过滤、警报、数据聚合和可视化等分析功能。

本节使用百度AI平台中媒体内容分析来获取视频中的场景、公众人物、地点、实体和关键词的结构化标签信息。媒体内容分析为用户提供音视频及直播的内容分析能力。通过交叉比对、自然语言处理等技术处理,对视频语音、文字、公众人物、物体、场景等多个维度进行识别,从而提高视频搜索准确度和用户推荐视频的曝光量。媒体内容分析的流程如图6-20所示。

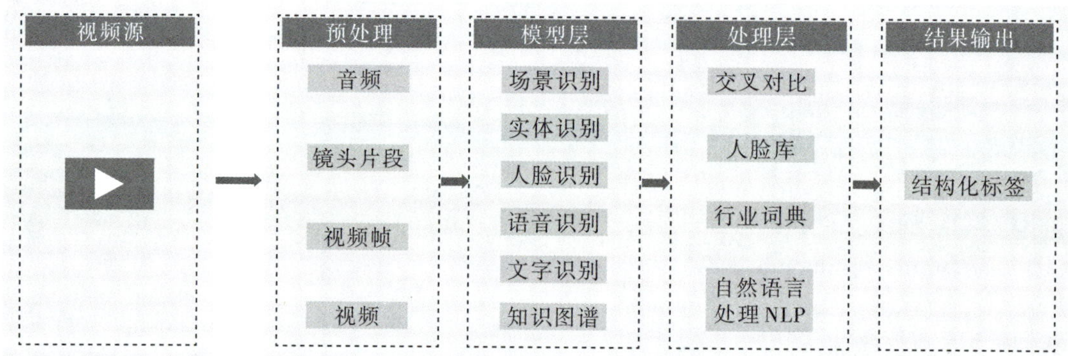

图6-20 媒体内容分析的流程

6.3.2 预备知识

百度AI平台的媒体内容分析中包含以下概念:

1.模板

模板是对每个视频做分析计算时所需定义的集合,即定义所需分析的对象集合。一个模板能够应用于一个和多个视频分析任务,确保视频分析结果的维度相同。

2.全维度分析

媒体内容分析为用户预设了丰富的系统模板,满足用户在语音、文字、人脸、LOGO、物体、实体、场景识别等多个维度进行视频分析,对于希望使用全维度分析能力的用户来说,是最佳的选择。

3.自定义维度分析

媒体内容分析为需要单维度或几个维度的分析视频的用户,提供了可定制化的转码模板,以帮助他们满足复杂业务条件下的个性化需求。

4.自定义人脸库

媒体内容分析拥有丰富的公众人物人脸库,包含如“领导人、艺术家、影视明星、体育明星、社会活动家等”的人脸图片集。如果是公众人物库中不存在的人物,用户还可以创建自定义人脸库,将所需识别的人物的照片加入到自定义人脸库中。其中加入人脸库中的每位人物照片数量不少于5张，且人脸在照片中的尺寸不低于80×80像素。

5. 自定义LOGO库

媒体内容分析拥有丰富的LOGO预置底库，如果在预置底库中不存在的LOGO，用户可以创建自定义LOGO库，将所需识别的LOGO的图片加入到自定义LOGO库中。其中加入LOGO库中的每个LOGO图片数量不少于5张。

6. 对象存储BOS

目前，媒体内容分析可以处理存储在BOS上的视频等文件。对象存储BOS(Baidu Object Storage)提供稳定、安全、高效以及高扩展存储服务，支持单文件最大5TB的文本、多媒体、二进制等任何类型的数据存储。数据多地域跨集群的存储，以实现资源统一利用，降低使用难度，提高工作效率。

6.3.3 分析问题

在百度AI官网的产品“AI开放能力”中的“视频技术”中，有一项“媒体内容分析”服务，媒体内容分析对视频进行场景、物体、地标、语音、文字、人脸等多维度分析，输出视频泛标签，更有基于影视、综艺、诗词等垂类知识图谱进行推理、联想的深度视频语义理解，从而提升搜索和推荐效果，有以下主要功能：

1. 视频分类

基于对视频语音和图像的综合分析，对视频内容进行理解后形成分类标签。

2. 视频公众人物识别

基于百度人脸识别技术和丰富全面的公众人物库，识别视频中出现的明星名人。

3. 视频语音识别

基于长语音识别技术，针对视频场景优化精准识别视频中的语音内容。

4. 视频细粒度识别

针对垂直领域单独建模，精细化识别视频中出现的物体种类、型号和详细特征。

5. 视频OCR

更好地适配负责背景，精准识别视频画面中包括字幕、标题、弹幕等关键词内容。

6.3.4 任务1：创建视频分析模板

视频分析模板定义了对每个视频做分析计算时所需定义的集合，即定义所需分析的对象集合。首先选择“智能标签模板管理”，可以看见所有可用的视频分析模板，然后单击“创建视频分析模板”，如图6-21所示。

视频内容分析

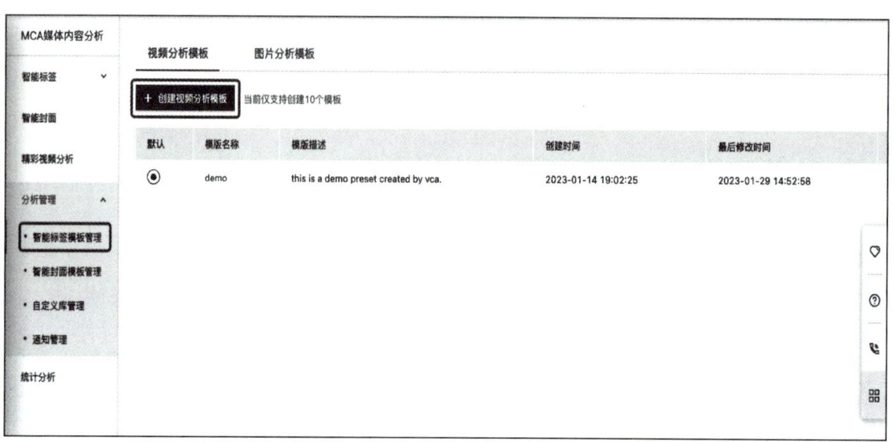

图 6-21　创建视频分析模版

然后填写相应的视频分析模板名称,选择视频的类型,以及勾选相应的分析类型,填写模板描述,最后单击“创建”按钮,创建视频分析模版界面如图 6-22 所示。

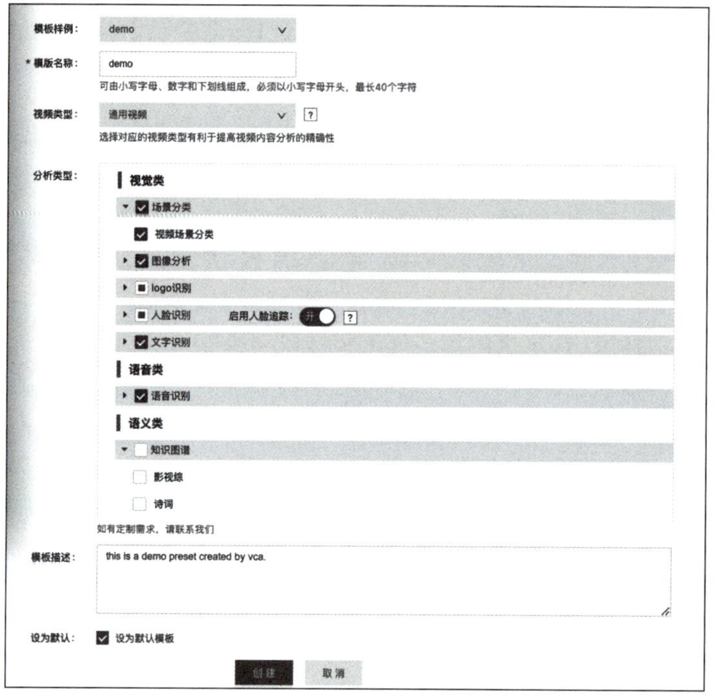

图 6-22　创建视频分析模板

6.3.5　任务 2:创建视频分析

(1)登录百度智能云平台官网。若没有用户名,请先完成注册,操作请参考注册百度账号。若有用户名则登录。

(2)登录成功后,选择“产品服务”→“媒体内容分析 MCA”,进入“视频内容分析”页面,单击“创建视频分析”,进入创建视频分析界面,如图 6-23 所示。

图6-23 视频分析模板列表

媒体内容分析支持三种视频导入方式：本地文件导入、BOS 地址导入、在线地址导入，如图6-24所示。这里主要讲解BOS地址导入方式。首先单击“创建bucket”。

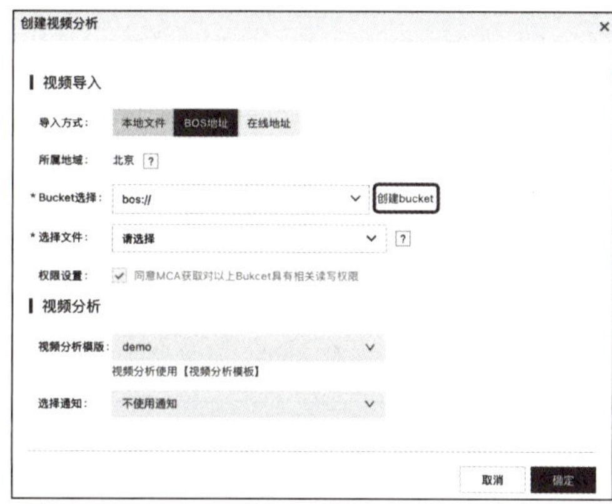

图6-24 视频BOS地址导入

然后输入新建的Bucket名称和相关信息，如图6-25所示。

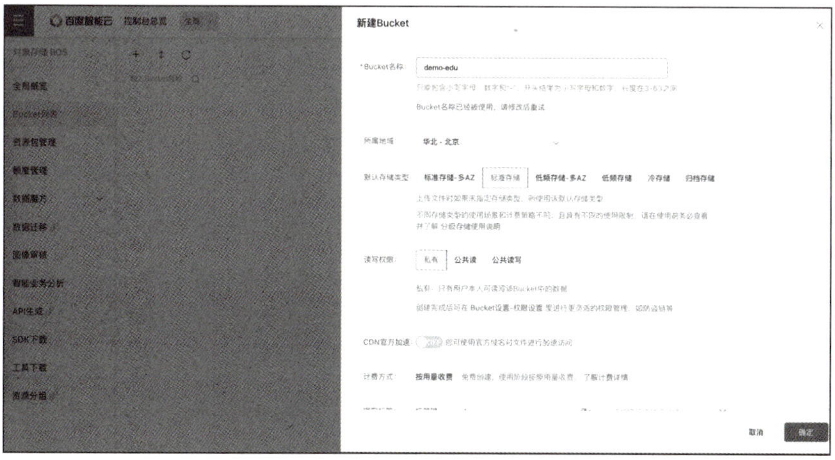

图6-25 输入新建Bucket

通过Bucket上传相应的视频文件,如图6-26所示。

图6-26　在Bucket中上传视频文件

在创建视频分析页面选中刚刚创建的Bucket、视频文件和视频分析模板等,如图6-27所示。

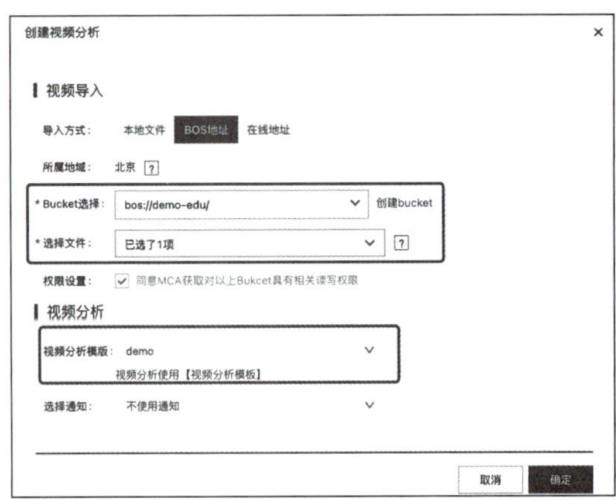

图6-27　选择相应的Bucket和视频文件

最后查看视频分析结果详细情况,其中包含场景分类、图像分析、logo识别、人脸识别、文字识别和语音识别等结果,如图6-28所示。

图6-28　视频文件分析结果详情

6.3.6 思考与练习

尝试参考百度AI开放平台媒体内容分析的官网文档进行操作，自行完成操作步骤，加入自定义的人脸图片和LOGO，实现识别，并对视频中各种语音和文字进行识别。

6.4 验证码识别

6.4.1 提出问题

目前随着深度学习的蓬勃发展，在图像识别和语音识别中也表现出了强大的生产力。但经常去跑那些公开的大型数据库，比如ImageNet或者CoCo，可能会觉得学到的这个“屠龙之技”离自己的生活好遥远。所以本节希望将此技术运用到一些大家在日常生活中就能感知的场景上。

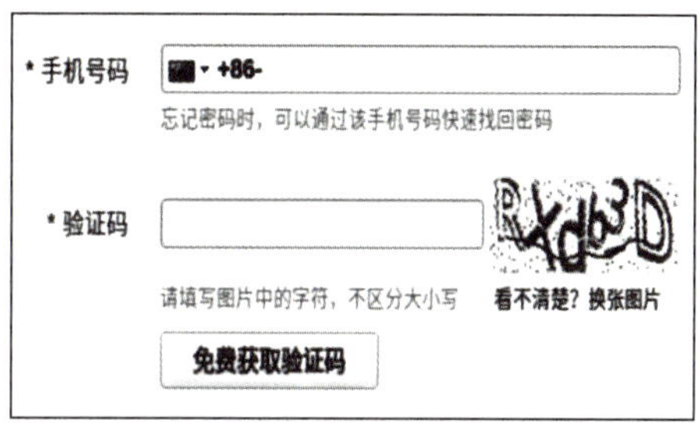

图6-29 验证码界面

大家在很多网站上都会遇到“验证码”，如图6-29所示。验证码每次都要让人去填写，的确很麻烦，那么能不能用深度学习的方法来自动验证这个验证码呢？

6.4.2 预备知识

1.验证码生成库captcha

captcha模块是专门用于生成图形验证码和语音验证码的Python三方库。图形验证码支持数字和英文单词。

（1）安装：可以直接使用pip安装，或者到项目地址下载安装。

（2）模块支持：由于captcha模块内部是采用PIL模块生成图片，所以需要安装PIL模块才能正常使用。

（3）生成验证码：使用其中image模块中的ImageCaptcha类生成图形验证码：

```
from captcha.image import ImageCaptcha
img = ImageCaptcha()
image = img.generate_image('python')
image.show()
image.save('python.jpg')
```

生成验证码如图6-30所示。

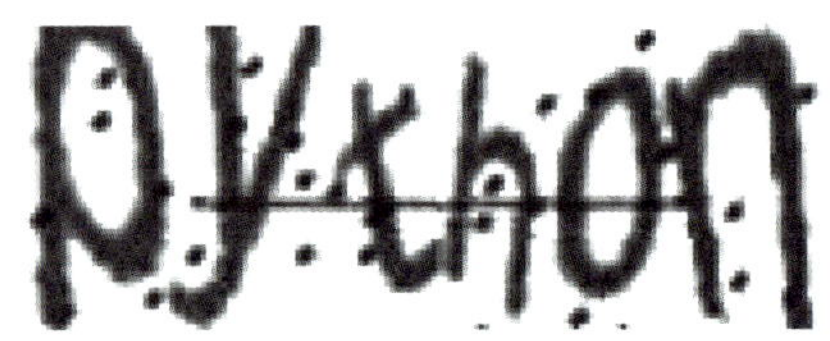

图 6-30　生成的验证码

generate_image()方法接收一个字符串参数，将生成次字符串内容的验证码，返回的是PIL模块中的Image对象。可以使用PIL模块中Image对象的任何支持方法对其进行操作。例子中的image.show()和image.save()均是PIL模块的方法。

2.Keras API

Keras是一个用于构建和训练深度学习模型的高级API。它用于快速原型设计，高级研究和生产，具有三个主要优点：用户友好，Keras具有针对常见用例优化的简单，一致的界面，它为用户提供清晰且可操作的反馈；模块化和可组合，Keras模型是通过将可配置的构建块连接在一起而制定的，几乎没有限制；易于扩展，编写自定义构建块以表达研究的新想法。

（1）导入tf.keras。

tf.keras是Keras API在TensorFlow里的实现。这是一个高级API，用于构建和训练模型，同时兼容TensorFlow的绝大部分功能，比如，eager execution，tf.data模块及Estimators。tf.keras使得TensorFlow更容易使用，且保持TF的灵活性和性能。首先需要在代码开始时导入tf.keras：

```
import tensorflow as tf
from tensorflow import keras
```

（2）构建一个简单的模型。

①Sequential model。在Keras中，可以组装图层来构建模型。模型（通常）是图层图。最常见的模型类型是一堆层：tf.keras.Sequential模型。构建一个简单的全连接网络（即多层感知器）：

```
model = keras.Sequential()
# Adds a densely-connected layer with 64 units to the model:
model.add(keras.layers.Dense(64, activation='relu'))
# Add another:
model.add(keras.layers.Dense(64, activation='relu'))
# Add a softmax layer with 10 output units:
model.add(keras.layers.Dense(10, activation='softmax'))
```

②配置层结构。在tf.keras.layers中有很多层，下面是一些通用的构造函数的参数：

kernel_regularizer和bias_regularizer：设置层的权重、偏差的正则化方法。比如：L1或L2正则，默认为空。以下实例化tf.keras。

activation：设置层的激活函数。此参数由内置函数的名称或可调用对象指定。默认情况下，不应用任何激活。

layers.Dense图层使用构造函数参数：

```
# Create a sigmoid layer:
layers.Dense(64, activation='sigmoid')
# A linear layer with L1 regularization of factor 0.01 applied to the kernel matrix:
layers.Dense(64, kernel_regularizer=keras.regularizers.l1(0.01))
# A linear layer with L2 regularization of factor 0.01 applied to the bias vector:
layers.Dense(64, bias_regularizer=keras.regularizers.l2(0.01))
```

③训练模型。构建模型后，通过调用compile方法配置其训练过程：

```
model.compile(optimizer=tf.train.AdamOptimizer(0.001),
              loss='categorical_crossentropy',
              metrics=['accuracy'])
```

tf.keras.Model.compile有三个重要参数：

(1)optimizer：训练过程的优化方法。此参数通过tf.train模块的优化方法的实例来指定，比如：AdamOptimizer、RMSPropOptimizer、GradientDescentOptimizer。

(2)loss：训练过程中使用的损失函数(通过最小化损失函数来训练模型)。常见的选择包括：均方误差(mse)、categorical_crossentropy和binary_crossentropy。损失函数由名称或通过从tf.keras.losses模块传递可调用对象来指定。

(3)metrics：训练过程中，监测的指标(Used to monitor training)。指定方法：名称或可调用对象From the tf.keras.metrics模块。以下显示了配置模型的示例：

```
#Configure a model for mean-squared error regression.
model.compile(optimizer=tf.train.AdamOptimizer(0.01),
              loss='mse',          #mean squared error
              metrics=['mae'])  #mean absolute error
```

配置完模型后，使用fit函数训练模型，其中train_X，train_Y为训练数据集和训练标签，epoch为训练轮数，batch_size为每次训练数据量，val_X，val_Y为验证数据集和标签。

```
model.fit(train_X, train_Y, epoch = 10, batch_size = 100, validation = (val_X, val_Y))
```

④评估模型。训练完模型后,用evaluate函数评估模型,其中test_X和test_Y分别是测试集和测试标签。代码如下:

```
model.evaluate(test_X, test_Y, batch_size = 32)
```

6.4.3 分析问题

本项目采用的方法是使用以Python编写的能够生成验证码的captcha库,该生成器能够满足以上提到的所有关于字符型验证码的特点,能够生成具有识别难度的验证码图形。在生成图形的过程中会对字符进行不同程度的拉伸、旋转、扭曲、加入噪点及重叠等操作。

本项目所使用的验证码字符集仅包括了数字0~9、英文字母A~Z,共36种不同字符。同时使用captcha库生成训练数据还有两项优点:一是成本大大降低,不但不需要去各种网站收集大量的验证码数据,更不需要投入大量人力对其进行标记;二是训练数据的数目没有任何限制,从理论上能够生成无限的验证码样本。

本文基于Keras框架搭建了字符串验证码识别的卷积神经网络结构。Keras是一个高层的神经网络API,由纯Python编写而成,以TensorFlow、Theano以及CNTK作为后端代码库。Keras为支持快速实验而生,能够把想法迅速转换为结果。在处理图像时,卷积神经网络对于图像的移动、缩放和扭曲都有较强的抵抗力,因此使用卷积神经网络来提取字符型验证码中的特征以及对其进行预测识别时会具有明显的优势。

6.4.4 任务1:验证码生成及预处理

验证码识别　验证码识别素材

这里保留了之前验证码生成的方式,仍然使用captcha来生成验证码。

验证码的内容是10个数字0~9,小写英文字母和大写英文字母,所以总的字符量为62种。代码如下:

```
number = ['0', '1', '2', '3', '4', '5', '6', '7', '8', '9']
alphabet = ['a', 'b', 'c', 'd', 'e', 'f', 'g', 'h', 'i', 'j', 'k', 'l', 'm', 'n', 'o', 'p', 'q',
'r', 's', 't', 'u', 'v', 'w', 'x', 'y', 'z']
ALPHABET = ['A', 'B', 'C', 'D', 'E', 'F', 'G', 'H', 'I', 'J', 'K', 'L', 'M', 'N', 'O',
'P', 'Q', 'R', 'S', 'T', 'U', 'V', 'W', 'X', 'Y', 'Z']
CHAR_SET = number + alphabet + ALPHABET
```

可以看到生成的验证码都是带有干扰线和干扰点，并且包含各种颜色和变形处理，如图 6-31 所示。

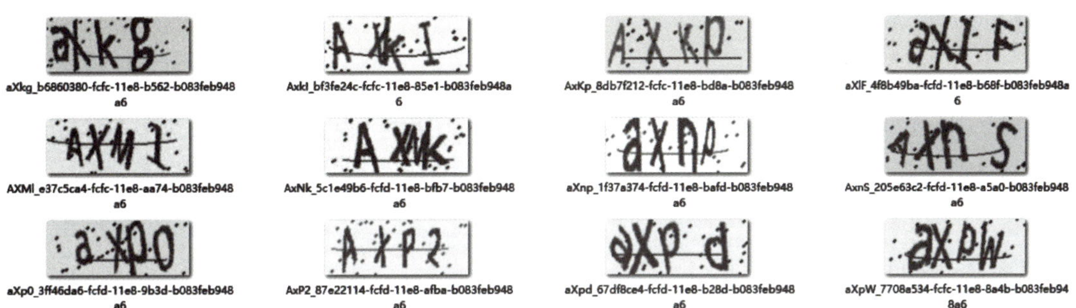

图 6-31　生成的验证码

首先定义 random_captcha_text 函数，该函数可以随机生成四位验证码，并将四位验证码构建成列表返回。代码如下：

```
def random_captcha_text(char_set=None, captcha_size=4):
    if char_set is None:
        char_set = number + alphabet + ALPHABET
    captcha_text = []
    for i in range(captcha_size):
        c = random.choice(char_set)
        captcha_text.append(c)
    return captcha_text
```

定义 gen_captcha_text_and_image 函数时，该函数的作用为生成四位验证码列表，把验证码转换成字符串和 numpy 数组形式，并返回验证码字符串和 numpy 数组。定义完成后调用 gen_captcha_text_and_image 函数。代码如下：

```
def gen_captcha_text_and_image(width=160, height=60, char_set=CHAR_SET):
    image = ImageCaptcha(width=width, height=height)
    captcha_text = random_captcha_text(char_set)
    captcha_text = ''.join(captcha_text)
    captcha = image.generate(captcha_text)
    captcha_image = Image.open(captcha)
    captcha_image = np.array(captcha_image)
return captcha_text, captcha_image
text, image = gen_captcha_text_and_image(char_set=CHAR_SET)
```

定义convert2gray函数时,将图片转成灰度图;text2vec函数将字符串转换成向量;vec2text函数将向量转换成字符串。代码如下:

```
def convert2gray(img):
    if len(img.shape) > 2:
        gray = np.mean(img, -1)
        return gray
    else:
        return img
def text2vec(text):
    vector = np.zeros([MAX_CAPTCHA, CHAR_SET_LEN])
    for i, c in enumerate(text):
        idx = CHAR_SET.index(c)
        vector[i][idx] = 1.0
    return vector
def vec2text(vec):
    text = []
    for i, c in enumerate(vec):
        text.append(CHAR_SET[c])
    return "".join(text)
```

定义get_next_batch函数时,该函数将batch_size的图片转换成batch_x变量,将相应的标签转换成batch_y变量。代码如下:

```
def get_next_batch(batch_size=128):
    batch_x = np.zeros([batch_size, IMAGE_HEIGHT, IMAGE_WIDTH, 1])
    batch_y = np.zeros([batch_size, MAX_CAPTCHA, CHAR_SET_LEN])
    def wrap_gen_captcha_text_and_image():
        while True:
            text, image = gen_captcha_text_and_image(char_set=CHAR_SET)
            if image.shape == (60, 160, 3):
                return text, image
    for i in range(batch_size):
        text, image = wrap_gen_captcha_text_and_image()
        image = tf.reshape(convert2gray(image), (IMAGE_HEIGHT, IMAGE_WIDTH, 1))
        batch_x[i, :] = image
```

```
        batch_y[i, :] = text2vec(text)
    return batch_x, batch_y
```

6.4.5 任务2:构建卷积神经网络模型

输入的图片为160×60,灰度化预处理以后为一维数组,每张图片总共有9 600个输入值。代码如下:

```
IMAGE_HEIGHT = 60
IMAGE_WIDTH = 160
```

输出的字符集有62个字符,并且每张图片有4位字符,总共有4×62=248个输出值(下面的batch_size为每批训练的图片数量)。代码如下:

```
batch_y = np.zeros([batch_size, MAX_CAPTCHA, CHAR_SET_LEN])
```

输入层有9 600个值,输出层有248个值。如果使用全连接层作为隐藏层则会需要大量的计算,所以需要先使用卷积池化操作尽可能地减少计算量(如果有一些深度学习基础的同学应该知道计算机视觉中一般都是用卷积神经网络来解决这类问题)。图片像素不高,所以使用的卷积核和池化核大小不能太大,优先考虑3×3和5×5的卷积核,池化核大小使用2×2,按照下面的神经网络模型,卷积池化以后的输出应该是128×17×5=10880(如果最后一层的深度仍然使用64的话,大小会减为一半)。代码如下:

```
model = tf.keras.Sequential()
model.add(tf.keras.layers.Conv2D(32, (3, 3)))
model.add(tf.keras.layers.PReLU())
model.add(tf.keras.layers.MaxPool2D((2, 2), strides=2))
model.add(tf.keras.layers.Conv2D(64, (5, 5)))
model.add(tf.keras.layers.PReLU())
model.add(tf.keras.layers.MaxPool2D((2, 2), strides=2))
model.add(tf.keras.layers.Conv2D(128, (5, 5)))
model.add(tf.keras.layers.PReLU())
model.add(tf.keras.layers.MaxPool2D((2, 2), strides=2))
```

输出的每一位的字符之间没有关联关系,所以仍然将输出值看成4组,需要将输出值调整为(4, 62)的数组。代码如下:

```
model.add(tf.keras.layers.Flatten())
model.add(tf.keras.layers.Dense(MAX_CAPTCHA * CHAR_SET_LEN))
model.add(tf.keras.layers.Reshape([MAX_CAPTCHA, CHAR_SET_LEN]))
```

识别的原理是计算每一位字符上某个字符出现的可能性最大,所以每张图片都是一个4位的多分类问题,最终输出使用softmax进行归一化。代码如下:

```
model.add(tf.keras.layers.Softmax())
```

6.4.6 任务3:训练卷积神经网络模型

首先对模型进行判断,如果有保存的模型,载入已有的模型,如果没有,需要创建一个新的模型,如下代码所示:

```
try:
    model = tf.keras.models.load_model(SAVE_PATH + 'model')
except Exception as e:
    print('#######Exception', e)
    model = crack_captcha_cnn()
```

然后设置模型的优化器为Adam,衡量指标是accuracy,即准确率,损失函数为categorical_crossentropy。代码如下:

```
model.compile(optimizer='Adam',
              metrics=['accuracy'],
              loss='categorical_crossentropy')
```

考虑训练的时间和训练所要占用的硬件资源,设置训练的批数为2 000,每批训练4次,batch_size设置为512,即每次训练送入512张图片。代码如下:

```
for times in range(2000):
    batch_x, batch_y = get_next_batch(512)
    print('times=',times,'batch_x.shape=',batch_x.shape,'batch_y.shape=',batch_y.shape)
    model.fit(batch_x, batch_y, epochs=4)
    if 0 == times % 10:
        print("save model at times=", times)
```

```
        model.save(SAVE_PATH + 'model')
```

6.4.7 任务4:用训练好的模型进行验证码识别

训练完成后,对训练的结果进行预测并输出,共生成100个预测码,并用训练好的模型进行识别,并判断识别是否成功,输出判断成功的概率。预测代码如下:

```
success = 0
count = 100
for _ in range(count):
    data_x, data_y = get_next_batch(1)
    prediction_value = model.predict(data_x)
    data_y = vec2text(np.argmax(data_y, axis=2)[0])
    prediction_value = vec2text(np.argmax(prediction_value, axis=2)[0])
    if data_y.upper() == prediction_value.upper():
        print("y预测=", prediction_value, "y实际=", data_y, "预测成功。")
        success += 1
    else:
        print("y预测=", prediction_value, "y实际=", data_y, "预测失败。")
    print("预测", count, "次", "成功率=", success / count)
```

在训练600多批以后,试着进行识别,成功率大概在50%~60%。输出结果如下,提高训练批次以后整个模型的识别率应该会很高。

```
2023-01-31T12:27:04.814603199Z y预测= Dg8a y实际= Og8a 预测失败。
2023-01-31T12:27:04.851135935Z y预测= TFg2 y实际= THgZ 预测失败。
2023-01-31T12:27:04.88686766Z y预测= LVht y实际= Lvht 预测成功。
……
2023-01-31T12:27:05.117682436Z y预测= JWwj y实际= JWwj 预测成功。
2023-01-31T12:27:05.185611713Z y预测= PuG4 y实际= PuG4 预测成功。
2023-01-31T12:27:05.185645231Z 预测 100 次 成功率= 0.58
```

6.4.8 思考与练习

尝试在Mo平台上,自行调试运行验证码识别程序,将运行得到的结果进行整理并记录。调整训练批次数,以及模型的结构,优化模型运行的结果。

本章小结

本章通过智能财务票据识别、身份证识别和视频内容分析的三个案例,介绍了如何应用百度AI提供的产品服务来实现应用开发的一般方法和步骤,体验了人工智能在图像识别方面的简单应用。最后一个案例验证码识别适用于计算机专业学生,在Mo平台上通过创建卷积神经网络模型,对生成的验证码图片进行识别,可以掌握自己动手搭建模型来实现图像识别的一般方法和步骤。

课后习题

一、选择题

1.智能财务票据识别属于百度AI应用中的哪一类? ( )

A.百度语音　　B.视觉技术　　C.自然语音　　D.知识图谱

2.身份证识别属于百度AI应用中的哪一类? ( )

A.百度语音　　B.视觉技术　　C.自然语音　　D.知识图谱

3.使用以下哪一种库可以生成验证码? ( )

A.Pytorch　　B.Pandas　　C.NumPy　　D.Captcha

二、填空题

1.目前百度AI产品主要有两种方式:API与________。

2.百度AI开放平台接入流程中,在账号注册登录成功后,需要创建________才可正式调用AI能力。

3.________、________、________三个信息是百度AI平台为用户的应用实际开发的主要凭证。

4.安装百度Python SDK,执行pip install________。

5.________和________为调用和使用接口的开发人员提供了一系列的交互方法。

6.身份证识别Postman调用接口时Body要填写的四个参数分别为________、________、________和________。

三、编程题

1.用手机拍照一本书中的5页内容,利用百度AI的文字识别功能,将其文字识别后按顺序存入一个文本文件中。

2.思考一个百度A1应用场景,然后编程实现,并将问题描述以注释方式放入程序代码前。

实训工单1:果蔬识别

<table>
<tr><td>工单名称</td><td colspan="3">果蔬识别</td></tr>
<tr><td>实施地点</td><td></td><td>计划工期</td><td>两个工作日</td></tr>
<tr><td>项目负责人</td><td></td><td>组员</td><td></td></tr>
<tr><td>任务说明</td><td colspan="3">收集一百张果蔬的照片,其中包括各种水果和蔬菜,使用百度AI库对每张照片中的水果和蔬菜进行识别,对识别结果进行统计分析,绘制各种果蔬的比例柱状图</td></tr>
<tr><td>任务目标</td><td colspan="3">(1)掌握如何获取access_token;
(2)掌握使用API Explorer调用百度AI果蔬识别接口;
(3)掌握使用编程语言调用百度AI接口对果蔬识别;
(4)掌握使用编程语言对JSON进行解析;
(5)掌握Matplotlib库对解析结果进行分析,绘制图表</td></tr>
<tr><td>任务1</td><td colspan="3">在百度AI平台上获取免费资源</td></tr>
<tr><td>任务解决方案或结果</td><td colspan="3"></td></tr>
<tr><td>任务2</td><td colspan="3">在百度AI平台上创建应用,得到API Key和Secret Key</td></tr>
<tr><td>任务解决方案或结果</td><td colspan="3"></td></tr>
<tr><td>任务3</td><td colspan="3">使用API Explorer或者文档代码获取access_token</td></tr>
<tr><td>任务解决方案或结果</td><td colspan="3"></td></tr>
<tr><td>任务4</td><td colspan="3">使用API Explorer获取相应图片果蔬的识别结果</td></tr>
<tr><td>任务解决方案或结果</td><td colspan="3"></td></tr>
<tr><td>任务5</td><td colspan="3">使用文档代码获取相应图片果蔬的识别结果</td></tr>
<tr><td>任务解决方案或结果</td><td colspan="3"></td></tr>
<tr><td>任务6</td><td colspan="3">对获取到的JSON进行解析,获取识别结果</td></tr>
<tr><td>任务解决方案或结果</td><td colspan="3"></td></tr>
<tr><td>任务7</td><td colspan="3">使用Matplotlib库对解析结果进行分析,绘制图表</td></tr>
<tr><td>任务解决方案或结果</td><td colspan="3"></td></tr>
<tr><td>任务总结与心得</td><td colspan="3"></td></tr>
</table>

实训工单2:防疫场景文字识别

工单名称	防疫场景文字识别		
实施地点		计划工期	两个工作日
项目负责人		组员	
任务说明	本实训模拟防疫场景,调用百度AI开放的接口对通信行程卡、健康码和核酸证明上的信息进行识别,附件文件夹中有30张照片,通信行程卡、健康码和核酸证明照片各10张,使用百度AI库对照片中的信息的进行识别,挑选出经过高风险地区的行程卡图片,非绿码的健康码图片以及核酸检测有异常的核酸证明图片,并在控制台输出有异常的文件名		
任务目标	(1)掌握如何获取access_token; (2)掌握使用编程语言调用百度AI接口对通信行程卡进行识别; (3)掌握使用编程语言调用百度AI接口对健康码进行识别; (4)掌握使用编程语言调用百度AI接口对核酸证明进行识别; (5)掌握使用编程语言对JSON进行解析		
任务1	在百度AI平台上获取免费资源		
任务解决方案或结果			
任务2	在百度AI平台上创建应用,得到API Key和Secret Key		
任务解决方案或结果			
任务3	使用文档代码获取通信行程卡图片的识别结果		
任务解决方案或结果			
任务4	使用文档代码获取健康码图片的识别结果		
任务解决方案或结果			
任务5	使用文档代码获取核酸证明图片的识别结果		
任务解决方案或结果			
任务6	对获取到的JSON结果进行解析,获取识别结果		
任务解决方案或结果			
任务7	在控制台输出有异常的通信行程卡、健康码和核酸证明图片的文件名		
任务解决方案或结果			
任务总结与心得			

实训工单3:车型识别

工单名称	车型识别		
实施地点		计划工期	两个工作日
项目负责人		组员	
任务说明	文件夹中有100张不同车型的照片,其中包括各种汽车型号,使用百度AI库对每张照片中的车型进行识别,对识别结果进行统计分析,对不同车型进行分析,绘制柱状图、折线图和饼图等		
任务目标	(1)掌握如何获取access_token; (2)掌握使用API Explorer调用百度AI车型识别接口; (3)掌握使用编程语言调用百度AI接口对车型识别; (4)掌握使用编程语言对JSON进行解析; (5)掌握Matplotlib库对不同车型的数量进行分析,绘制柱状图、折线图和饼图等		
任务1	在百度AI平台上获取免费资源		
任务解决方案或结果			
任务2	在百度AI平台上创建应用,得到API Key和Secret Key		
任务解决方案或结果			
任务3	使用API Explorer或者文档代码获取access_token		
任务解决方案或结果			
任务4	使用API Explorer获取相应图片车型的识别结果		
任务解决方案或结果			
任务5	使用文档代码获取相应图片车型的识别结果;使用文档代码获取相应图片车型的识别结果		
任务解决方案或结果			
任务6	对获取到的JSON进行解析,获取识别结果		
任务解决方案或结果			
任务7	使用Matplotlib库对解析结果进行分析,绘制柱状图、折线图和饼图等		
任务解决方案或结果			
任务总结与心得			

第7章

语音识别

语音识别，通常被称为自动语音识别(Automatic Speech Recognition，ASR)，主要是将人类语音中的词汇内容转换为计算机可读的输入，一般为可理解的文本内容或者字符序列。语音识别就好比机器的听觉系统，它使机器通过识别和理解，将语音信号转换为相应的文本或命令。

语音识别是一项融合多学科知识的前沿技术，覆盖了数学与统计学、声学、语言学、模式识别理论以及神经生物学等学科。自2009年深度学习技术兴起之后，语音识别技术的发展已经取得了长足进步。语音识别的精度和速度取决于实际应用环境，在安静环境、标准口音、常见词汇场景下的语音识别准确率已经超过97%，具备了与人类相仿的语言识别能力。

科大讯飞开放平台成立于2010年，是基于科大讯飞国际领先的人工智能技术能力与大数据运营能力建设的人工智能技术与生态服务平台，以“云+端”方式提供智能语音能力、计算机视觉能力、自然语言理解能力、人机交互能力等相关技术和垂直场景解决方案，致力于让产品能听会说、能看会认、能理解会思考。平台以云服务连通厂商、用户与终端消费者，以技术赋能产业上下游资源合作伙伴。

本章共包含三个项目，前两个项目基于科大讯飞开放平台初步体验人工智能在语音识别中的应用，最后一个项目让读者自行搭建和训练模型实现语音识别。

小贴士

我国《新一代人工智能发展规划》明确提出，要“部分领域核心关键技术实现重要突破。语音识别、视觉识别技术世界领先，初步具备跨越发展的能力”。本章语音转写技术可以为基层政务热线提供自动录入服务，大幅提升民生服务效率；语音性别年龄识别技术，在智能设备中为不同年龄群体提供交互适配。通过本章的学习，深刻认识语音识别不仅是算法优化，更是实现“数字中国”战略的重要基石，未来需以国家规划为蓝图，在核心技术自主可控、技术与民生深度融合等领域勇担使命，践行“用中国技术解决中国问题”的时代责任。

科大讯飞平台的使用

7.1 语音转写

7.1.1 提出问题

语音转写基于深度全序列卷积神经网络,将5小时以内的长段音频数据转换成文本数据,为信息处理和数据挖掘提供基础。转写对象是已录制音频(非实时),音频文件上传成功后进入等待队列,待转写成功后用户即可获取结果,返回结果时间受音频时长及排队任务量的影响。本项目基于科大讯飞开放平台提供的语音转写接口,该接口是通过REST API的方式给开发者提供一个通用的HTTP接口,基于该接口,开发者可以获取开放平台的语音转写能力,方便开发者使用自己熟悉的编程语言快速集成。

7.1.2 预备知识

1.科大讯飞开放平台接入流程

如果要使用科大讯飞开放平台(网址:https://www.xfyun.cn/),需要按下面的流程完成接入服务。

(1)成为开发者,三步完成账号的基本注册与认证:

①单击科大讯飞开放平台导航左侧的“产品服务”链接,选择需要使用的AI服务项,并选择免费试用。若为未登录状态,将跳转至登录界面,使用科大讯飞账号登录。如未有科大讯飞账户,可以注册科大讯飞账户。

②若首次使用,登录后会进入开发者认证页面,填写相关信息完成开发者认证。如果已经是科大讯飞个人用户或科大讯飞企业用户,此步可略过。

③进入科大讯飞开放平台导航右侧控制台创建应用,填写相应的应用名、分类和功能描述,进行相关操作,如图7-1所示。

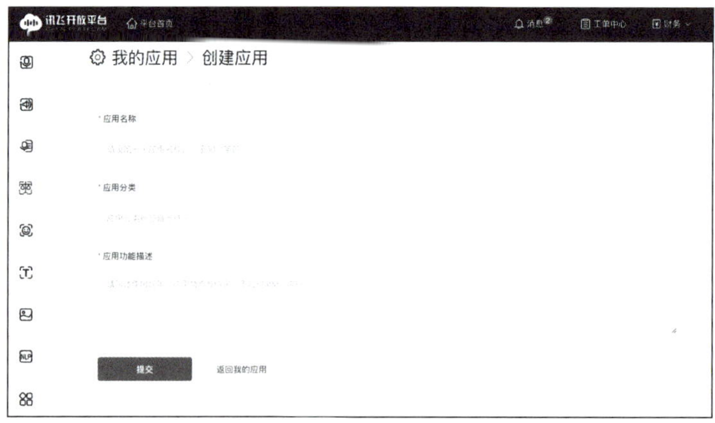

图7-1 科大讯飞开放平台创建应用

（2）选择需要的产品服务，成为开发者后，需要选择相应的产品，如图7-2所示，选择相应的服务类型，例如语音转换产品，可领取免费服务。

图7-2 科大讯飞开放平台产品服务

2. 语音识别的基本原理

所谓语音识别，就是将一段语音信号转换成相对应的文本信息，系统主要包含特征提取、声学模型、语言模型以及词汇表和解码四大部分，其中为了更有效地提取特征往往还需要对所采集到的声音信号进行滤波、分帧等预处理工作，把要分析的信号从原始信号中提取出来；之后，特征提取工作将声音信号从时域转换到频域，为声学模型提供合适的特征向量；声学模型再根据声学特性计算每一个特征向量在声学特征上的得分；而语言模型则根据语言学相关的理论，计算该声音信号对应可能词组序列的概率；最后根据已有的词汇表，对词组序列进行解码，得到最终可能的文本表示。语音识别基本原理如图7-3所示。

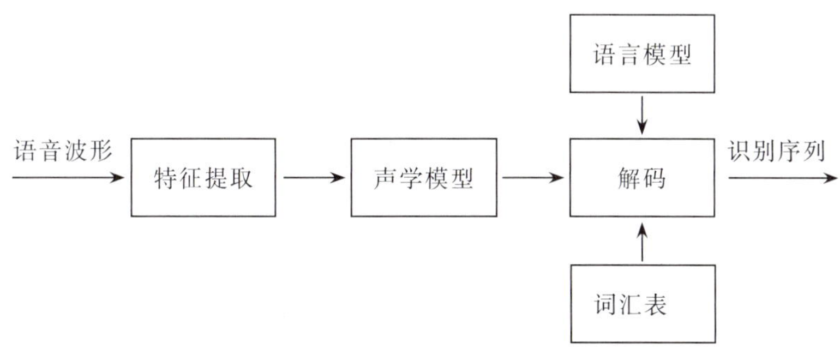

图7-3 语音识别基本原理

3. 语音转写五个步骤

语音转写API包括以下接口：预处理、上传、合并、查询进度、获取结果。语音转写中五个接口调用的流程如图7-4所示。

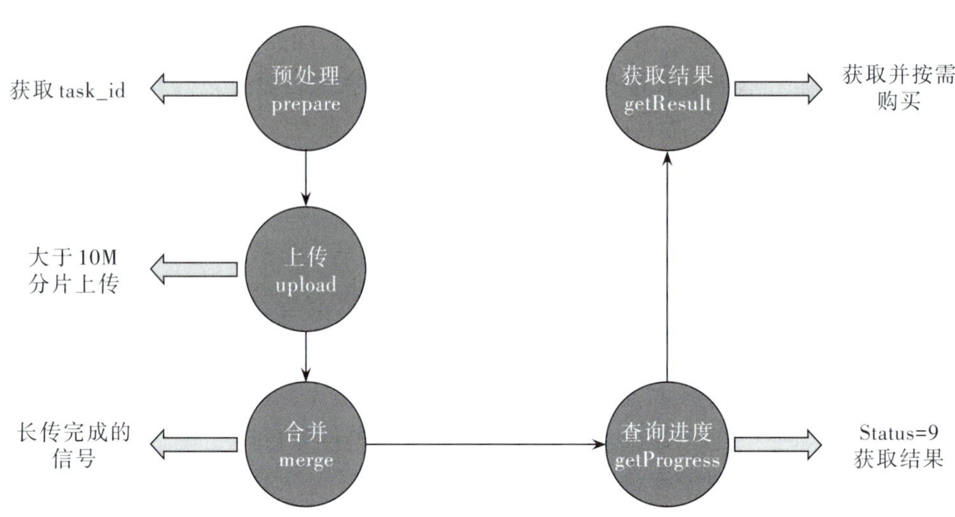

图7-4　语音转写五个接口调用的流程

(1)预处理接口。首先调用预处理接口,上传待转写音频文件的基本信息(文件名、大小)和分片信息(建议分片大小设置为10M,若无须分片,slice_num=1)和相关的可配置参数。

调用成功,返回任务ID(task_id,转写任务的唯一标识),是后续接口的必传参数。

URL如下:

```
POST http[s]://raasr.xfyun.cn/api/prepare
```

请求头为:

```
Content-Type: application/x-www-form-urlencoded; charset=UTF-8
```

预处理请求参数如表7-1所示。

表7-1　预处理请求参数

参数	类型	必须	说明	示例
app_id	string	是	讯飞开放平台应用ID	595f23df
signa	string	是	加密数字签名(基于HMACSHA1算法,可参考实时转写生成方式或页面下方demo)	BFQEcN3SgzNC4eECvqOLFUPVHvl=
ts	string	是	当前时间戳,从1970年1月1日0点0分0秒开始到现在的秒数	1512041814
file_len	string	是	文件大小(单位:字节)	160044
file_name	string	是	文件名称(带后缀)	lfasr_audio.wav
slice_num	int	是	文件分片数目(建议分片大小为10M,若文件<10M,则slice_num=1)	1

如果成功,返回值为:

```
{   "ok":0,
    "err_no":0,
    "failed":null,
    "data":"383e72a47557490aa05a344074117a9d" }
```

如果失败,返回值为:

```
{   "ok":-1,
    "err_no":26601,
    "failed":"非法应用信息",
"data":null }
```

(2)文件分片上传接口。预处理成功后,调用文件上传接口。

按预处理设置的分片信息(slice_num)依次上传音频切片(文件以二进制方式读取上传),直到全部切片上传成功(如预处理时slice_num=2,则需将音频切分成两部分,slice_id=aaaaaaaaaa和aaaaaaaaab,并按顺序调用该接口);上一切片成功上传后才可进行下一切片的上传操作。调用过程中若出现异常,可重试若干次。

URL如下:

```
POST    http[s]://raasr.xfyun.cn/api/upload
```

请求头为:

```
Content-Type: multipart/form-data;
```

文件分片上传请求参数如表7-2所示。

表7-2 文件分片上传请求参数

参数	类型	必须	说明	示例
app_id	string	是	讯飞开放平台应用ID	595f23df
signa	string	是	加密数字签名	BFQEcN3SgZNC4eECvq0LFUPVHvl=
ts	string	是	时间戳	1512041814
task_id	string	是	任务ID(预处理接口返回值)	4b705edda27a4140b31b462dfoo33cfa
slice_id	string	是	分片序号	aaaaaaaaaa,aaaaaaaaab
content	字节数组	是	分片文件内容	

如果成功,返回值为:

```
{    "ok":0,
     "err_no":0,
     "failed":null,
     "data":null}
```

如果失败,返回值为:

```
{    "ok":-1,
     "err_no":26602,
     "failed":"任务 ID 不存在",
     "data":null}
```

(3)合并文件接口。全部文件切片上传成功后,调用该接口,通知服务端进行文件合并与转写操作。该接口不会返回转写结果,仅用于通知服务端将任务列入转写计划。转写的结果需通过 getResult 接口获取。

URL 如下:

```
POST    http[s]://raasr.xfyun.cn/api/merge
```

请求头为:

```
Content-Type: application/x-www-form-urlencoded; charset=UTF-8
```

合并文件请求参数如表 7-3 所示。

表 7-3　合并文件请求参数

参数	类型	必须	说明	示例
app_id	string	是	讯飞开放平台应用 ID	595f23df
signa	string	是	加密数字签名	BFQEcN3SgZNC4eECvqOLFUPVHvl=
ts	string	是	时间戳	1512041814
task_id	string	是	任务 ID(预处理接口返回值)	4b705edda27a4140b31b462dfoo33cfa

如果成功,返回值为:

```
{    "ok":0,
     "err_no":0,
```

```
    "failed":null,
    "data":null }
```

如果失败,返回值为:

```
{   "ok":-1,
    "err_no":26602,
    "failed":"任务ID不存在",
    "data":null }
```

(4)查询处理进度接口。在调用方发出合并文件请求后,服务端会将任务列入计划。在获取结果前,调用方需轮询该接口查询任务当前状态。

当且仅当任务状态=9(转写结果上传完成)时,才可调用获取结果接口获取转写结果。

轮询策略由调用方决定,建议每隔10分钟轮询一次。

URL如下:

```
POST   http[s]://raasr.xfyun.cn/api/getProgress
```

请求头为:

```
Content-Type: application/x-www-form-urlencoded; charset=UTF-8
```

查询处理进度请求参数如表7-4所示。

表7-4 查询处理进度请求参数

参数	类型	必须	说明	示例
app_id	string	是	讯飞开放平台应用ID	595f23df
signa	string	是	加密数字签名	BFQEcN3sgzNC4eECvqoLFUPVHvl=
ts	string	是	时间戳	1512041814
task_id	string	是	任务ID(预处理接口返回值)	4b705edda27a4140b31b462dfoo33cfa

如果成功,返回值为:

```
{   "ok":0,
    "err_no":0,
    "failed":null,
    "data":"{\"desc\":\"任务创建成功\",\"status\":0}" }
```

如果失败,返回值为:


```
{    "ok":-1,
     "err_no":26640,
     "failed":"文件上传失败",
     "data":null }
```


查询处理进度接口的流程如图7-5所示。

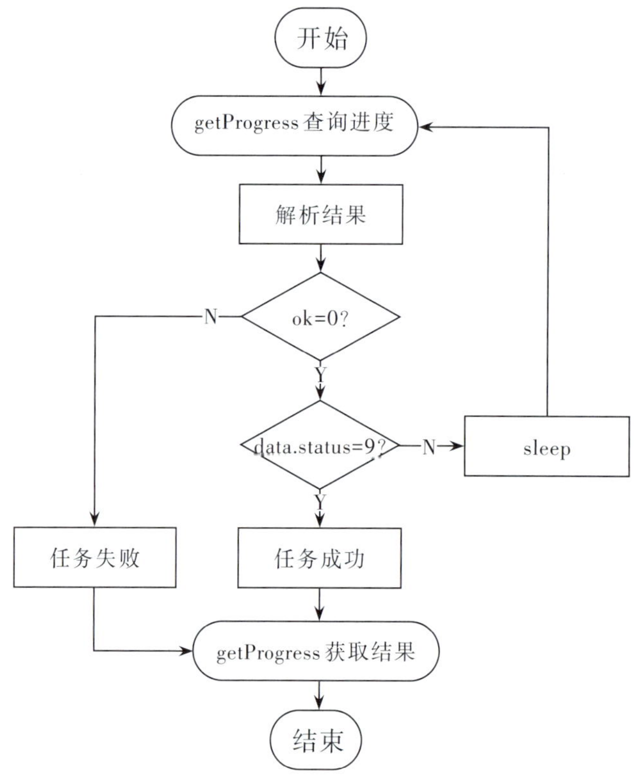

图7-5 查询处理进度接口的流程

(5)获取结果接口。当任务处理进度状态=9(见查询处理进度接口)时,调用该接口获取转写结果。这是转写流程的最后一步。

转写结果各字段的详细说明见转写结果说明文档。

服务端也支持主动回调,转写完成之后主动发送转写结果到用户配置的回调地址,配置回调地址请联系技术支持。

URL如下:

```
POST    http[s]://raasr.xfyun.cn/api/getResult
```

请求头为：

```
Content-Type: application/x-www-form-urlencoded; charset=UTF-8
```

获取结果接口请求参数如表7-5所示。

表7-5　获取结果接口请求参数

参数	类型	必须	说明	示例
app_id	string	是	讯飞开放平台应用ID	595f23df
signa	string	是	加密数字签名	BFQEcN3SgZNC4eECvq0LFUPVHvl=
ts	string	是	时间戳	1512041814
task_id	string	是	任务ID(预处理接口返回值)	4b705edda27a4140b31b462dfoo33cfa

如果成功，返回值为：

```
{	"ok":0,
	"err_no":0,
	"failed":null,
	"data":"[{\"bg\":\"0\",\"ed\":\"4950\",\"onebest\":\"科大讯飞是中国的智能语音技术
提供商。\",\"speaker\":\"0\"}]"  }
```

如果失败，返回值为：

```
{	"ok":-1,
	"err_no":26601,
	"failed":"非法应用信息",
	"data":null  }
```

7.1.3　分析问题

语音转写接口通过集成开发可将5小时以内的音频文件转换成文本数据，适用于语音质检、会议访谈等场景，可提供公有云接口及私有化部署方案。语音转写有以下几种优势：准确率高，高效稳定，通用语音识别率98%；自定义个性热词、质检关键词，无须算法开发，直接上传热词列表即可完成热词配置；质检关键词支持配置默认词库和上传自定义词库，满足多样化需求；格式转化，标点预测，对数字、日期、时间等返回格式化文本，根据对话语境，智能断句并匹配标点；方言语种，高效识别，支持除中英文外的多方言语种识别，适应复杂的语

言环境。

语音转写应用场景丰富,有以下应用场景:

(1)电话销售和客服,可以将大量录音文件转成文字,帮助电话质检和信息同步,也为数据挖掘提供原料。

(2)会议和访谈记录,将会议和访谈的音频转换成文字存稿,支持关键词检索、摘要生成,显著提升整理效率。

(3)字幕生成,将视频中的音频进行语音识别并标记时间戳,生成对应字幕,提升配置字幕效率。

(4)语音质检,可以从转写出的文字结果中搜索匹配相关词类,对非法、敏感内容进行高效鉴别。

(5)课堂录音分析,批量识别课堂录音文件,支持知识点提取,快速分析教学内容,提升教学质量。

7.1.4 任务1:获取服务接口认证信息

语音转写

登录科大讯飞控制台,选择语音转换产品,查看并获取相应的服务接口认证信息 APPID 和 SecretKey,如图 7-6 所示。

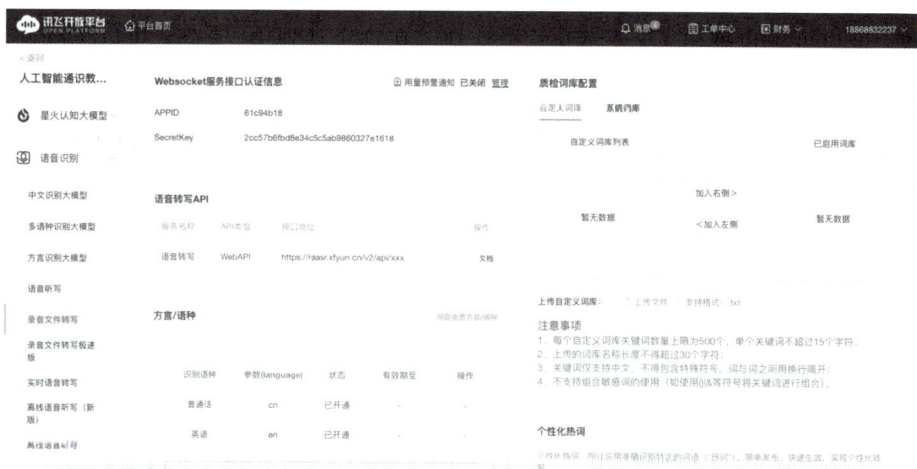

图 7-6 语音转换服务接口认证信息

7.1.5 任务2:调用接口获取结果

登录科大讯飞官网并进入控制台,单击“语音识别”→“录音文件转写”,进入相关的 WebAPI 文档界面,下载接口实例代码,如图 7-7 所示。

在实例代码中,定义了类 SliceIdGenerator,用于分配 ID 的生成器,音频文件分片,根据 ID 拼接音频以及类 RequestApi,对五个接口进行封装,类 RequestApi 中包含函数 prepare_request、upload_request、merge_request、get_progress_request、get_result_request,分别

调用了预处理、上传、合并、获取进度和获取结果接口。类 RequestApi 包含 all_api_request 函数，该函数对函数 prepare_request、upload_request、merge_request、get_progress_request、get_result_request，依次进行了调用。

图 7-7　录音文件转写代码实例代码下载

最后在 appid，secret_key 变量中填写任务 1 中获取的相应的值，upload_file_path 变量中填写相应的音频路径，然后实例化类 RequestApi，并调用函数 all_api_request，代码如下：

录音文件转写测试音频

录音文件转写素材

```
if __name__ == '__main__':
        api = RequestApi(app_id="6ed614e3",
                        secret_key="b7799045a9e1e998d7478cc28a974952",
                upload_file_path=r"./test.m4a")
        api.all_api_request()
```

运行代码后，可以看到，五个接口在预处理、上传、合并、获取进度和获取结果调用后都有返回信息，代码如下：

```
/prepare success:{'data': 'd38069a88ef94b11bd19dcc75f6a1e9e', 'err_no': 0, 'failed':
None, 'ok': 0}
/upload success:{'data': None, 'err_no': 0, 'failed': None, 'ok': 0}
upload slice 1 success
/merge success:{'data': None, 'err_no': 0, 'failed': None, 'ok': 0}
/getProgress success:{'data': '{"status":9,"desc":"转写结果上传完成"}', 'err_no': 0,
```

```
'failed': None, 'ok': 0}
task d38069a88ef94b11bd19dcc75f6a1e9e finished
/getResult success:{'data': '[{"bg":"450","ed":"3360","onebest":"大家好,我是","speaker":
"0"},{"bg":"3360","ed":"9280","onebest":"是杭州高校老师","speaker":"0"}]', 'err_no':
0, 'failed': None, 'ok': 0}
```

音频转写后的文字信息保存在getResult接口返回结果的onebest变量中,如果音频较长,结果会被拆分为多个onebest变量进行保存。

7.1.6 思考与练习

尝试基于科大讯飞开放平台,完成开发者注册,创建应用,选择语音转写产品,下载实例代码,对音频进行语音转写。

7.2 语音性别年龄识别

7.2.1 提出问题

语音性别年龄识别是机器对已被授权输入的音频数据进行分析,辅助判定说话者的年龄范围(小孩、中年、老年)及性别(男、女)。语音识别是人工智能领域中的一个重要分支,而说话者性别年龄识别被广泛认为是一个语音属性识别的子问题,它通过收到的音频数据判定发音人的性别及年龄范围,该技术对语音内容和语种不做限制,即仅声学的自然属性(音高、音强、音长、音色、音节、音位、噪声)数据预处理并提取为特征后去实现任务目标。

7.2.2 预备知识

WebSocket原理讲解

WebSocket是一种在单个TCP连接上进行全双工通信的协议。WebSocket通信协议于2011年被IETF定为标准RFC 6455,并由RFC 7936补充规范。WebSocket API也被W3C定为标准。WebSocket使客户端和服务器之间的数据交换变得更加简单,允许服务端主动向客户端推送数据。在WebSocket API中,浏览器和服务器只需完成一次握手,两者之间就可以直接创建持久性的连接,并进行双向数据传输。

Python websockets库是用于在Python中构建WebSocket服务器和客户端的库。使用Websockets库需要先用命令行安装相应的库,代码如下:

```
pip install websocket
pip install websocket-client==0.57.0
```

在WebSocket协议中,整体流程大致可以分为三个阶段:

1.第一阶段:握手建立连接过程

需要建立客户端与服务端的连接,这里进行了“握手”。

(1)首先客户端会发送一个握手包。这里就体现出了WebSocket与Http协议的联系,握手包的报文格式必须符合HTTP报文格式的规范。其中:

①方法必须是GET方法;

②HTTP版本不能低于1.1;

③必须包含Upgrade头部,值必须为websocket;

④必须包含Sec-WebSocket-Key头部,值是一个Base64编码的16字节随机字符串;

⑤必须包含Sec-WebSocket-Version头部,值必须为13。

(2)服务端验证客户端的握手包符合规范之后也会发送一个握手包给客户端。格式如下:

①必须包含Connection头部,值必须为Upgrade;

②必须包含一个Upgrade头部,值必须为websocket;

③必须包含一个Sec-WebSocket-Accept头部。

(3)客户端收到服务端的握手包之后,验证报文格式是否符合规范,以两种相同的方式计算Sec-WebSocket-Accept并与服务端握手包里的值进行比对。

这三步必须全部完成且通过,否则无法建立WebSocket连接。这就是第一阶段的握手。

2.第二阶段:自由通信过程

在建立连接之后,两端就可以进行自由的通信,客户端可以给服务端发送消息,服务端也可以给客户端发送消息,这一部分也是WebSocket不同于HTTP协议的部分,支持全双工通信,正是WebSocket的优势所在。

3.第三阶段:断开连接过程

在结束通信后,进行连接的关闭。连接关闭的过程,并不是简单的一方直接断开连接,而是双方均遵守一定规则去断开连接,下面有两种正常情况:

(1)服务端主动断开连接。服务器会向客户端发送状态码code,客户端收到服务器断连请求后应该调用close方法来关闭,否则连接会先进入停滞状态以等待客户端响应。

(2)客户端主动断开连接。客户端先要调用close方法,这个操作会发送一个断连请求到服务器上,服务器收到这个请求后把TCP连接断开即可。但是服务器程序是自己写的,这个请求也需要自己解析。

7.2.3 分析问题

语音性别年龄识别是通过WebSocket API的方式为开发者提供一个通用的接口。WebSocket API具备流式传输能力,适用于需要流式数据传输的AI服务场景,例如边说话边识别。相较于SDK,WebSocket API具有轻量、跨语言的特点;相较于HTTP API,WebSocket API协议有原生支持跨域的优势。

语音性别年龄识别的应用场景也比较丰富,有以下主要应用场景:

(1)客户画像分析,对于电话客服接到的客户音频信息,可以进行声音特征分析,便于构造用户画像;

(2)娱乐应用,分析用户上传的声音信息,给用户生成性格特征标签,增加娱乐互动性;

(3)聊天应用,根据用户上传的音频文件,给用户进行标签分类,实现精准化社交匹配。

7.2.4　任务1:获取服务接口认证信息

语音性别年龄识别

登录科大讯飞控制台,选择语音性别年龄识别产品,查看并获取相应的服务接口认证信息 APPID、APISecret 和 APIKey,如图7-8所示。

图7-8　语音性别年龄识别服务接口认证信息

7.2.5　任务2:调用接口获取结果

登录科大讯飞控制台,单击语音转换产品,进入相关的 WebAPI 文档界面,下载语音性别年龄识别服务接口实例代码,如图7-9所示。

图7-9　语音性别年龄识别服务接口实例代码下载

在实例代码中，定义了类WS_Param，用于生成语音性别年龄识别的参数实例，类RequestApi中包含函数create_url，用于生成和保存相应的服务接口地址，还定义on_message函数，用于接收WebSocket消息；on_error函数，用于处理WebSocket错误；on_close函数，用于处理WebSocket关闭事件；on_open函数，用于处理WebSocket连接建立事件。

最后在APPID、APISecret和APIKey变量中填写任务1中获取的相应的值，AudioFile变量中填写相应的音频路径，然后实例化类WS_Param，并调用函数生成接口地址，再通过WebSocketApp绑定回调函数并运行，代码如下：

性别年龄识别素材

性别年龄识别测试音频

```
if __name__ == "__main__":
    wsParam = Ws_Param(APPID='6ed614e3',
    APISecret='ZTNjNzUzZjUxODdkMjYwZmQzZmYzNDkz',
    APIKey='73b203c90c5edfeeb050c0bb3b2bb66a',
    AudioFile=r'/Users/taohu/PycharmProjects/KedaxunfeiAI/test.m4a')
    websocket.enableTrace(False)
    wsUrl = wsParam.create_url()
    ws = websocket.WebSocketApp(wsUrl, on_message=on_message,
on_error=on_error, on_close=on_close)
    ws.on_open = on_open
    ws.run_forever(sslopt={"cert_reqs": ssl.CERT_NONE})
    time2 = datetime.now()
```

运行代码后，可以得到如下结果：


```
{"code":0,"message":"success","sid":"igr0007437a@dx18617f4b35ca4d1802","data":
{"result":{"age":{"age_type":"0","child":"0.0009","middle":"0.9966","old":"0.0025"},
"gender":{"female":"0.7311","gender_type":"0","male":"0.2689"}},"status":2}}
```


其中若age_type为0，即middle的概率最大，识别的年龄处于12~40岁；若age_type为1，即child的概率最大，识别的年龄处于0~12岁；若age_type为2，即old的概率最大，识别的年龄处于40岁以上。

若gender字段中，gender_type为0，则女性概率较高；gender_type为1，则男性概率较高。

若运行的结果age_type为0，即年龄为middle的概率最高，对应年龄在12~40岁的概率最高；若gender_type为0，即女性概率较高。

7.2.6 思考与练习

尝试基于科大讯飞开放平台，选择语音转写产品，下载实例代码，对音频进行语音性别年龄识别。

7.3 基于卷积神经网络的音频识别

7.3.1 提出问题

近年来,人工智能技术愈发成熟,语音识别技术也不断进步。语音识别技术的目标是将一段语音转换成对应的文本信息。语音识别技术具有广阔的应用前景,如语音检索、命令控制等,同时语音识别还可以作为人机交互的重要接口。手机中的智能语音助手就是以语音识别为基础的具体应用。以最早出现语音助手的苹果手机为例,只要喊一声“嘿! Siri”,就可以找到被遗忘在附近某个角落的手机。在交通领域中,当驾驶员因为开车无法分心手动设置导航目标时,可以使用语音助手进行输入,降低驾驶员的操作风险。同样,可以通过这种方式打电话、发信息。但是语音识别还存在难以处理大词量连续语音的问题。本章将使用由不同人朗读的语音命令数据,提取它们的频谱图特征,并使用卷积神经网络来构建语音识别模型,实现语音识别功能。

7.3.2 预备知识

1.Speech Commands数据集

该数据集是由TensorFlow和AIY发布的包含65 000个长度为1秒的音频片段,每个片段都包含一条语音命令,共有30种不同的语音命令。该数据集多用于简单的深度学习语音识别模型的训练,用户在下载并解压数据集后,可以直接加载对应数据。数据集音频都是WAVE格式文件,每个WAVE文件是一个英文单词的人声朗读片段,这些片段选取自多个不同朗读者朗读的语音指令。

2.波形图

波形图(waveform)又称振幅图,是音频的振幅(或能量)维度的图形表达。波形图的横坐标一般为时间,纵坐标一般为dB(即分贝);如果只显示振幅的趋势,那就对振幅进行归一化为[-1,1]范围内。

3.频谱图

频谱图(spectrogram)又称声谱图(voicegram),是一种描述波动的各频率成分如何随时间变化的热图。图7-10为英文单词“nineteenth century”的发音频谱图。纵向为微小时间间隔内声波的频率分布,横向为各频率随时间的变化。最右侧的图例条表示颜色越深的区域强度越大。如图7-10所示,该图中的声音在低频率区域分布更密集,因这属于男声。

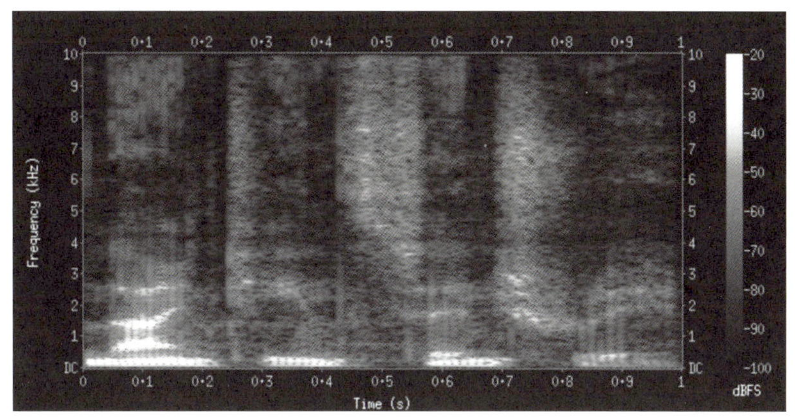

图7-10 英文单词“nineteenth century”的发音频谱图

4. 混淆矩阵

混淆矩阵的每一列代表了预测类别，每一列的总数表示预测为该类别的数据的数目；每一行代表数据的真实归属类别，每一行的数据总数表示该类别的数据实例的数目。每一列中的数值表示真实数据被预测为该类的数目。如第一行第一列中的43表示：实际属于类1的样本中，有43个被正确预测为第1类，同理，第一行第二列的2表示实际属于类1的样本中，有两个被错误预测为第2类。

如有150个样本数据，预测为1、2、3类各为50个。分类结束后得到的混淆矩阵如表7-6所示。

表7-6 混淆矩阵

		预测		
		类1	类2	类3
实际	类1	43	2	0
	类2	5	45	1
	类3	2	3	49

每一行之和表示该类别的真实样本数量，每一列之和表示被预测为该类别的样本数量，第一行说明有43个属于第一类的样本被正确预测为了第一类，有两个属于第一类的样本被错误预测为了第二类。

7.3.3 分析问题

本项目演示了如何预处理WAV格式的音频文件，并建立和训练一个基本的自动语音识别模型来识别十个不同的单词。使用Speech Commands数据集的一部分，数据集中包含短的（1秒钟或更少）命令的音频片段，如“down”“go”“left”“no”“right”“stop”“up”“yes”等。通过训练构建的语音识别模型进行音频片段的识别。

基于卷积神经网络的音频识别

基于卷积神经网络的音频识别素材

7.3.4 任务1:配置环境

首先安装相关依赖和库,其中包括tensorflow_datasets和tensorflow==2.12。代码如下

```
!pip install tensorflow_datasets
!pip install tensorflow==2.12
```

然后导入必要的模块和依赖项,其中包括matplotlib、numpy、tensorflow和seaborn等。需要seaborn来实现可视化。代码如下:

```
import os
import pathlib
import matplotlib.pyplot as plt
import numpy as np
import seaborn as sns
import tensorflow as tf
from tensorflow.keras import layers
from tensorflow.keras import models
from IPython import display
# Set the seed value for experiment reproducibility.
seed = 42
tf.random.set_seed(seed)
np.random.seed(seed)
```

7.3.5 任务2:导入小型语音命令数据集

为了节省加载数据的时间,需要将使用一个较小版本的语音命令数据集。原始数据集官方文档为:数据集由超过105 000个WAV(波形)音频文件格式的音频文件组成,内容是人们说的35个不同的词。这些数据是由谷歌收集的,并在CC BY许可下发布。用tf.keras.utils.get_file下载并提取mini_speech_commands.zip文件,其中包含小型的语音数据集。代码如下:

```
DATASET_PATH = 'data/mini_speech_commands'
data_dir = pathlib.Path(DATASET_PATH)
if not data_dir.exists():
    tf.keras.utils.get_file(
        'mini_speech_commands.zip',
```

```
        origin="http://storage.googleapis.com/download.tensorflow.org/data/mini_speech_
        commands.zip",
        extract=True,
        cache_dir='.', cache_subdir='data')
```

数据集的音频片段被存储在8个文件夹中，对应8个语音命令："no" "yes" "down" "go" "left" "up" "right" "stop"。代码如下：

```
commands = np.array(tf.io.gfile.listdir(str(data_dir)))
commands = commands[(commands != 'README.md') & (commands != '.DS_Store')]
print('Commands:', commands)
```

输出结果如下：

```
Commands: ['right' 'go' 'no' 'left' 'stop' 'up' 'down' 'yes']
```

然后用"keras.utils.audio_dataset_from_directory"加载数据并且划分数据集。

音频片段长度为1秒或更短，频率为16kHz。"output_sequence_length=16000"将短的片段精确到1秒(并修剪长片段)，便于打包处理。代码如下：

```
train_ds, val_ds = tf.keras.utils.audio_dataset_from_directory(
    directory=data_dir,
    batch_size=64,
    validation_split=0.2,
    seed=0,
    output_sequence_length=16000,
    subset='both')
label_names = np.array(train_ds.class_names)
print()
print("label names:", label_names)
```

输出结果如下：

```
Found 8000 files belonging to 8 classes.
Using 6400 files for training.
Using 1600 files for validation.
```

```
label names: ['down' 'go' 'left' 'no' 'right' 'stop' 'up' 'yes']
```

现在的数据集包含成批的音频片段和整数标签。音频片段的shape为“batch, samples, channels”。代码如下：

```
train_ds.element_spec
```

输出结果如下：

```
(TensorSpec(shape=(None, 16000, None), dtype=tf.float32, name=None),
 TensorSpec(shape=(None,), dtype=tf.int32, name=None))
```

这个数据集只包含单声道音频，所以使用tf.squeeze函数去除额外声道。代码如下：

```
def squeeze(audio, labels):
    audio = tf.squeeze(audio, axis=-1)
    return audio, labels
train_ds = train_ds.map(squeeze, tf.data.AUTOTUNE)
val_ds = val_ds.map(squeeze, tf.data.AUTOTUNE)
```

tf.keras.utils.audio_dataset_from_directory函数最多只能返回两个数据集，因此，使用Dataset.shard将测试集与验证集分开。代码如下：

```
test_ds = val_ds.shard(num_shards=2, index=0)
val_ds = val_ds.shard(num_shards=2, index=1)
```

然后输出example_audio和example_labels的shape。

```
for example_audio, example_labels in train_ds.take(1):
    print(example_audio.shape)
    print(example_labels.shape)
```

输出结果如下：

```
(64, 16000)
(64,)
```

接下来绘制几个音频波形:

```
label_names[[1,1,3,0]]
rows = 3
cols = 3
n = rows * cols
fig, axes = plt.subplots(rows, cols, figsize=(16, 9))
for i in range(n):
    if i>= n:
      break
    r = i // cols
    c = i % cols
    ax = axes[r][c]
    ax.plot(example_audio[i].numpy())
    ax.set_yticks(np.arange(-1.2, 1.2, 0.2))
    label = label_names[example_labels[i]]
    ax.set_title(label)
    ax.set_ylim([-1.1,1.1])
plt.show()
```

绘制完成的音频波形如图7-11所示。

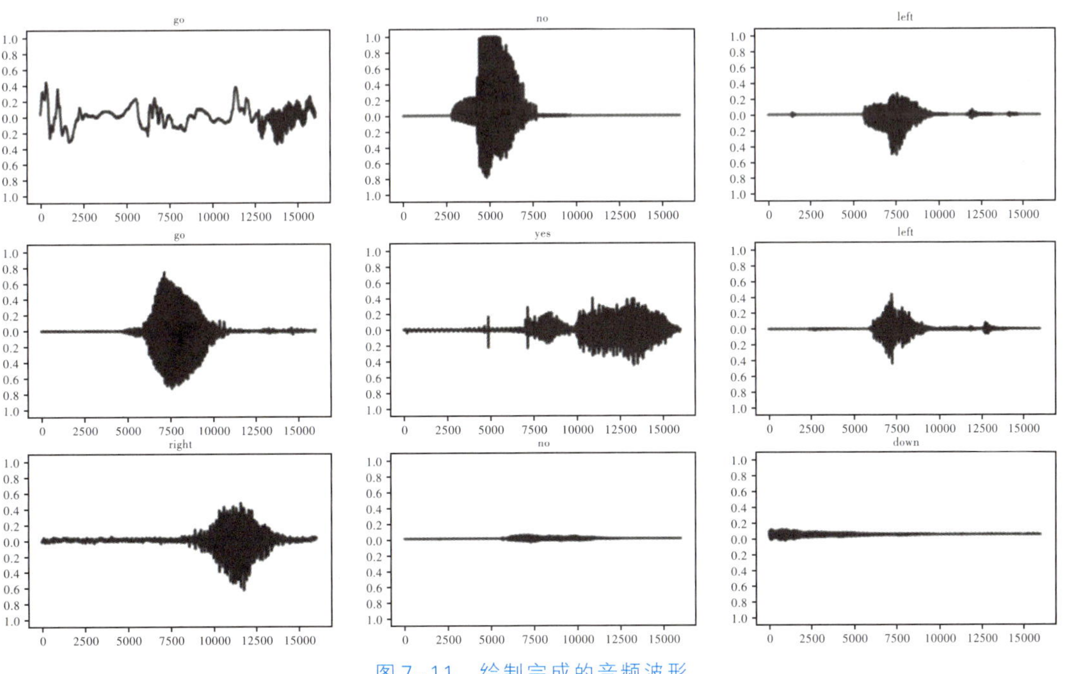

图7-11 绘制完成的音频波形

7.3.6 任务3:将波形转换为频谱图

数据集中的波形是在时域中表示的。接下来通过计算短时傅里叶变换将波形从时域信号转换为时频域信号(即将波形转换为频谱图),用二维图像显示频率随时间的变化,然后把频谱图像输入神经网络模型进行训练。

虽然可以借助傅里叶变换将信号转换为频率,但失去了所有时间信息。相比之下,短时傅里叶变换将信号分成几个时间窗口,在每个窗口上进行傅里叶变换,保留一些时间信息,并返回一个可以在上面运行标准卷积的二维张量。

然后创建一个将波形转换为频谱图的实用函数:

(1)波形需要有相同的长度,这样转换为频谱图时,结果就有相似的维度。可以通过将部分音频片段置零来实现(使用tf.zeros)。

(2)当调用tf.signal.stft时,选择frame_length和frame_step参数,使生成的频谱图“图像”接近正方形。

(3)短时傅里叶变换会产生一个代表幅度和相位的复数阵列。但在本项目中,仅使用幅度,可对tf.signal.stft的输出应用tf.abs得到幅度。代码如下:

```
def get_spectrogram(waveform):
  #Convert the waveform to a spectrogram via a STFT.
  spectrogram = tf.signal.stft(
      waveform, frame_length=255, frame_step=128)
  # Obtain the magnitude of the STFT.
  spectrogram = tf.abs(spectrogram)
  # Add a 'channels' dimension, so that the spectrogram can be used
  # as image-like input data with convolution layers (which expect
  # shape ('batch_size', 'height', 'width', 'channels').
  spectrogram = spectrogram[..., tf.newaxis]
  return spectrogram
```

接下来开始探索数据。打印一个语音命令做为示例的波形和相应频谱图的维度,并播放原始音频。代码如下:

```
for i in range(3):
    label = label_names[example_labels[i]]
    waveform = example_audio[i]
    spectrogram = get_spectrogram(waveform)
    print('Label:', label)
    print('Waveform shape:', waveform.shape)
```

```
print('Spectrogram shape:', spectrogram.shape)
print('Audio playback')
display.display(display.Audio(waveform, rate=16000))
```

运行结果如图7-12所示。

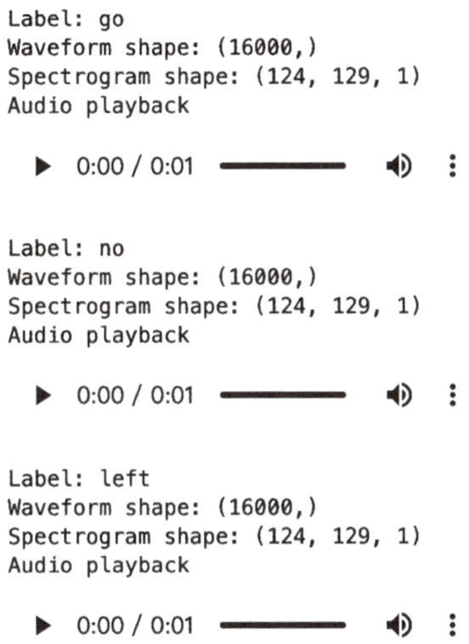

```
Label: go
Waveform shape: (16000,)
Spectrogram shape: (124, 129, 1)
Audio playback

▶ 0:00 / 0:01

Label: no
Waveform shape: (16000,)
Spectrogram shape: (124, 129, 1)
Audio playback

▶ 0:00 / 0:01

Label: left
Waveform shape: (16000,)
Spectrogram shape: (124, 129, 1)
Audio playback

▶ 0:00 / 0:01
```

图7-12 打印波形和相应频谱图的探索过程

现在,定义一个用于显示频谱图的函数。代码如下:

```
def plot_spectrogram(spectrogram, ax):
    if len(spectrogram.shape) > 2:
        assert len(spectrogram.shape) == 3
        spectrogram = np.squeeze(spectrogram, axis=-1)
    # Convert the frequencies to log scale and transpose, so that the time is
    # represented on the x-axis (columns).
    # Add an epsilon to avoid taking a log of zero.
    log_spec = np.log(spectrogram.T + np.finfo(float).eps)
    height = log_spec.shape[0]
    width = log_spec.shape[1]
    X = np.linspace(0, np.size(spectrogram), num=width, dtype=int)
    Y = range(height)
    ax.pcolormesh(X, Y, log_spec)
```

此操作绘制了波形随时间变化的图和相应的频谱图(频率随时间变化)。代码如下:

```
fig, axes = plt.subplots(2, figsize=(12, 8))
timescale = np.arange(waveform.shape[0])
axes[0].plot(timescale, waveform.numpy())
axes[0].set_title('Waveform')
axes[0].set_xlim([0, 16000])
plot_spectrogram(spectrogram.numpy(), axes[1])
axes[1].set_title('Spectrogram')
plt.suptitle(label.title())
plt.show()
```

随时间变化的波形对应的频谱如图 7-13 所示。

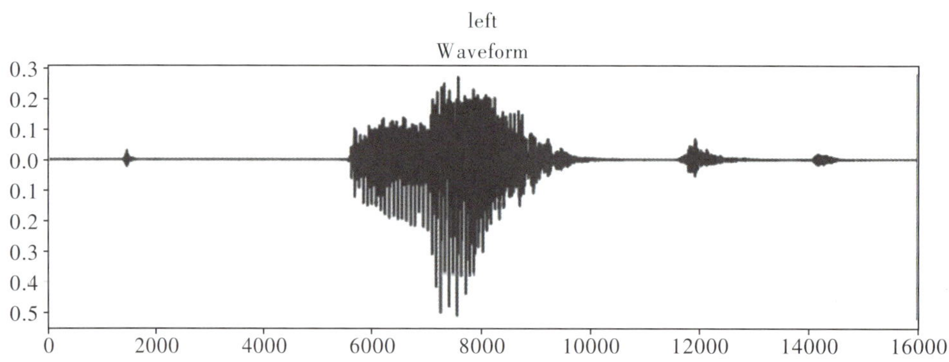

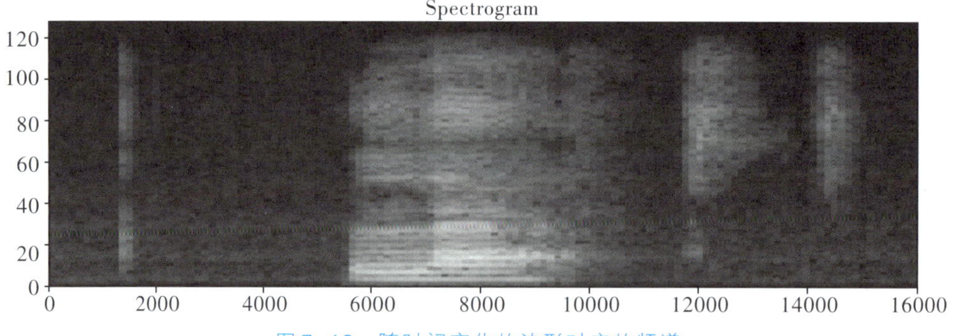

图 7-13　随时间变化的波形对应的频谱

接下来从音频数据集创建频谱图数据集。代码如下:

```
def make_spec_ds(ds):
    return ds.map(
        map_func=lambda audio, label: (get_spectrogram(audio), label),num_parallel_calls=
        tf.data.AUTOTUNE)
train_spectrogram_ds = make_spec_ds(train_ds)
```

```
val_spectrogram_ds = make_spec_ds(val_ds)
test_spectrogram_ds = make_spec_ds(test_ds)
```

然后查看数据集中不同例子的频谱图。代码如下：

```
for example_spectrograms, example_spect_labels in train_spectrogram_ds.take(1):
    break
rows = 3
cols = 3
n = rows * cols
fig, axes = plt.subplots(rows, cols, figsize=(16, 9))
for i in range(n):
    r = i // cols
    c = i % cols
    ax = axes[r][c]
    plot_spectrogram(example_spectrograms[i].numpy(), ax)
    ax.set_title(label_names[example_spect_labels[i].numpy()])
plt.show()
```

最终呈现的数据集中不同例子的频谱图如图 7-14 所示。

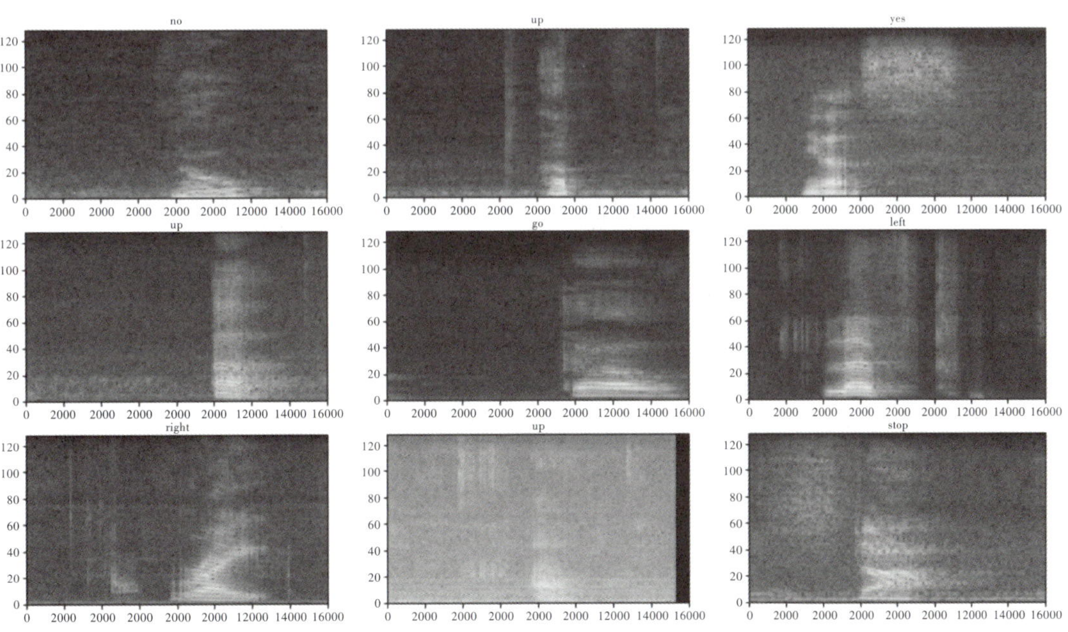

图 7-14　数据集中不同例子的频谱图

7.3.7 任务4:构建和训练模型

首先对数据集进行Dataset.cache和Dataset.prefetch操作,以减少训练模型时的读取延迟。代码如下:

```
train_spectrogram_ds = train_spectrogram_ds.cache().shuffle(10000).prefetch(tf.data.AUTOTUNE)
val_spectrogram_ds = val_spectrogram_ds.cache().prefetch(tf.data.AUTOTUNE)
test_spectrogram_ds = test_spectrogram_ds.cache().prefetch(tf.data.AUTOTUNE)
```

对于该模型,由于音频文件已经转化为频谱图,因此将使用卷积神经网络,tf.keras.Sequential模型将使用以下Keras预处理层:

(1)tf.keras.layer.Resizing:对输入进行降采样处理,使模型能够更快地训练。

(2)tf.keras.layer.Normalization:根据图像的平均值和标准差,对图像中的每个像素进行归一化处理。

对于Normalization层,它的adapt方法首先需要在训练数据上调用,用来计算总体统计数据(即平均值和标准差)。代码如下:

```
input_shape = example_spectrograms.shape[1:]
print('Input shape:', input_shape)
num_labels = len(label_names)
# Instantiate the 'tf.keras.layers.Normalization' layer.
norm_layer = layers.Normalization()
# Fit the state of the layer to the spectrograms
# with 'Normalization.adapt'.
norm_layer.adapt(data=train_spectrogram_ds.map(map_func=lambda spec, label: spec))
model = models.Sequential([
    layers.Input(shape=input_shape),
    # Downsample the input.
    layers.Resizing(32, 32),
    # Normalize.
    norm_layer,
    layers.Conv2D(32, 3, activation='relu'),
    layers.Conv2D(64, 3, activation='relu'),
    layers.MaxPooling2D(),
    layers.Dropout(0.25),
    layers.Flatten(),
    layers.Dense(128, activation='relu'),
```

```
        layers.Dropout(0.5),
        layers.Dense(num_labels),
])
model.summary()
```

数据预处理结果如图7-15所示。

```
Model: "sequential"
_________________________________________________________________
 Layer (type)                Output Shape              Param #
=================================================================
 resizing (Resizing)         (None, 32, 32, 1)         0

 normalization (Normalizatio  (None, 32, 32, 1)        3
 n)

 conv2d (Conv2D)             (None, 30, 30, 32)        320

 conv2d_1 (Conv2D)           (None, 28, 28, 64)        18496

 max_pooling2d (MaxPooling2D  (None, 14, 14, 64)       0
 )

 dropout (Dropout)           (None, 14, 14, 64)        0

 flatten (Flatten)           (None, 12544)             0

 dense (Dense)               (None, 128)               1605760

 dropout_1 (Dropout)         (None, 128)               0

 dense_1 (Dense)             (None, 8)                 1032

=================================================================
Total params: 1,625,611
Trainable params: 1,625,608
Non-trainable params: 3
```

图7-15　数据预处理结果

然后配置Keras模型的Adam优化器和交叉熵损失。代码如下：

```
model.compile(
        optimizer=tf.keras.optimizers.Adam(),
        loss=tf.keras.losses.SparseCategoricalCrossentropy(from_logits=True),
        metrics=['accuracy']
)
```

然后训练模型10个epochs。代码如下：

```
EPOCHS = 10
history = model.fit(
      train_spectrogram_ds,
      validation_data=val_spectrogram_ds,
      epochs=EPOCHS,
```

```
    callbacks=tf.keras.callbacks.EarlyStopping(verbose=1, patience=2),
)
```

模型10 epochs处理后的结果如图7-16所示。

```
Epoch 1/10
100/100 [==============================] - 76s 728ms/step - loss: 1.7490 - accuracy: 0.3641 - val_loss: 1.310
8 - val_accuracy: 0.5964
Epoch 2/10
100/100 [==============================] - 67s 668ms/step - loss: 1.1920 - accuracy: 0.5711 - val_loss: 0.940
9 - val_accuracy: 0.7070
Epoch 3/10
100/100 [==============================] - 66s 666ms/step - loss: 0.9078 - accuracy: 0.6734 - val_loss: 0.772
6 - val_accuracy: 0.7513
Epoch 4/10
100/100 [==============================] - 66s 660ms/step - loss: 0.7566 - accuracy: 0.7269 - val_loss: 0.677
8 - val_accuracy: 0.7760
Epoch 5/10
100/100 [==============================] - 66s 660ms/step - loss: 0.6605 - accuracy: 0.7658 - val_loss: 0.620
2 - val_accuracy: 0.8099
Epoch 6/10
100/100 [==============================] - 67s 667ms/step - loss: 0.5698 - accuracy: 0.7983 - val_loss: 0.560
0 - val_accuracy: 0.8164
Epoch 7/10
100/100 [==============================] - 67s 670ms/step - loss: 0.5145 - accuracy: 0.8127 - val_loss: 0.533
5 - val_accuracy: 0.8190
Epoch 8/10
100/100 [==============================] - 66s 658ms/step - loss: 0.4604 - accuracy: 0.8398 - val_loss: 0.533
6 - val_accuracy: 0.8268
Epoch 9/10
100/100 [==============================] - 67s 670ms/step - loss: 0.4169 - accuracy: 0.8522 - val_loss: 0.490
2 - val_accuracy: 0.8451
Epoch 10/10
100/100 [==============================] - 67s 673ms/step - loss: 0.3768 - accuracy: 0.8617 - val_loss: 0.493
1 - val_accuracy: 0.8464
```

图7-16 模型10 epochs处理后的结果

绘制训练和验证损失曲线,以查看模型在训练中的改进情况。代码如下所示:

```
metrics = history.history
plt.figure(figsize=(16,6))
plt.subplot(1,2,1)
plt.plot(history.epoch, metrics['loss'], metrics['val_loss'])
plt.legend(['loss', 'val_loss'])
plt.ylim([0, max(plt.ylim())])
plt.xlabel('Epoch')
plt.ylabel('Loss [CrossEntropy]')
plt.subplot(1,2,2)
plt.plot(history.epoch, 100*np.array(metrics['accuracy']), 100*np.array(metrics['val_accuracy']))
plt.legend(['accuracy', 'val_accuracy'])
plt.ylim([0, 100])
plt.xlabel('Epoch')
plt.ylabel('Accuracy [%]')
```

得到的训练和验证损失曲线如图7-17所示。

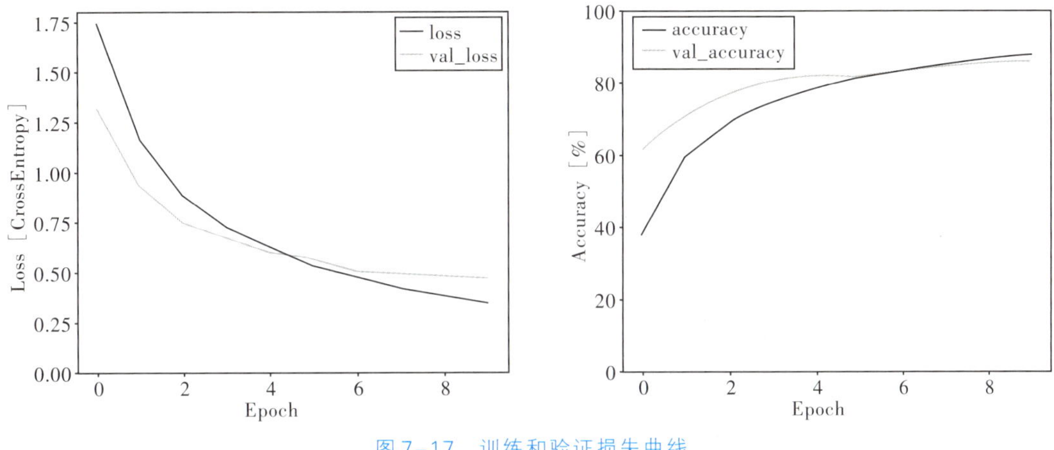

图7-17　训练和验证损失曲线

7.3.8　任务5:评估模型性能

在测试集上运行模型,检查模型的性能。代码如下:

```
model.evaluate(test_spectrogram_ds, return_dict=True)
```

运行结果如下:

```
13/13 [==============================] - 0s 7ms/step - loss: 0.5120 - accuracy: 0.8413
```

7.3.9　任务6:显示混淆矩阵

最后使用混淆矩阵来检查模型对测试集每个命令的分类情况。代码如下:

```
y_pred = model.predict(test_spectrogram_ds)
y_pred = tf.argmax(y_pred, axis=1)
y_true = tf.concat(list(test_spectrogram_ds.map(lambda s,lab: lab)), axis=0)
confusion_mtx = tf.math.confusion_matrix(y_true, y_pred)
plt.figure(figsize=(10, 8))
sns.heatmap(confusion_mtx,
            xticklabels=label_names,
            yticklabels=label_names,
            annot=True, fmt='g')
plt.xlabel('Prediction')
plt.ylabel('Label')
plt.show()
```

得到的混淆矩阵如图 7-18 所示。

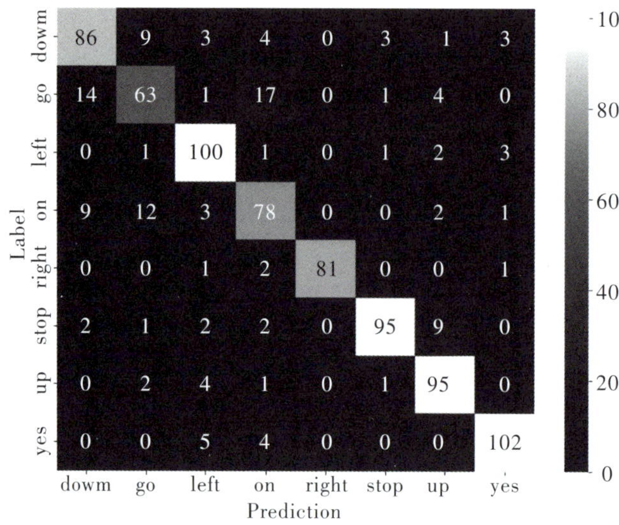

图 7-18 混淆矩阵

7.3.10 任务 7:对一个音频文件进行识别

最后,用一个说“no”的人的输入音频文件来验证模型的识别输出,查看模型表现。代码如下:

```
x = data_dir/'no/01bb6a2a_nohash_0.wav'
x = tf.io.read_file(str(x))
x, sample_rate = tf.audio.decode_wav(x, desired_channels=1, desired_samples=16000,)
x = tf.squeeze(x, axis=-1)
waveform = x
x = get_spectrogram(x)
x = x[tf.newaxis,…]
prediction = model(x)
x_labels = ['no', 'yes', 'down', 'go', 'left', 'up', 'right', 'stop']
plt.bar(x_labels, tf.nn.softmax(prediction[0]))
plt.title('No')
plt.show()
display.display(display.Audio(waveform, rate=16000))
```

识别的输出结果如图 7-19 所示。

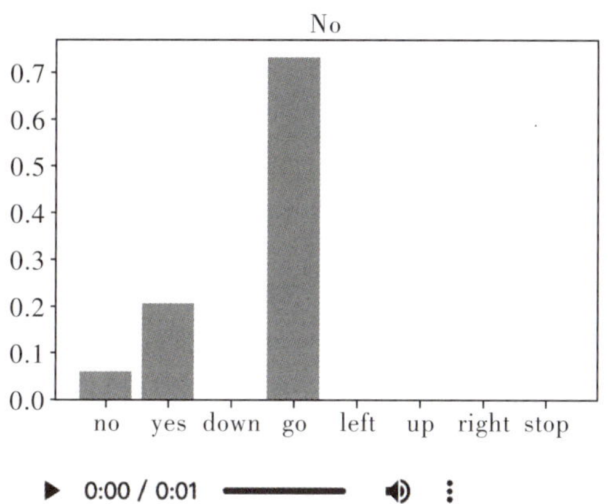

图7-19　"no"输入音频时模型的识别输出

正如输出显示的那样，模型已经将音频命令识别为"no"。

7.3.11　思考与练习

尝试在Mo平台上，自行调试运行验证码识别程序，将运行得到的结果进行整理并记录。调整训练批次数，以及模型的结构，优化模型运行的结果。

本章小结

本章通过语音转写、语音性别年龄识别和基于卷积神经网络的音频识别的三个案例，介绍了如何应用科大讯飞提供的产品服务来实现语音应用开发的一般方法和步骤，体验了人工智能在语音方面的简单应用。最后一个案例简单命令语音识别适用于计算机专业学生，在Mo平台上通过创建卷积神经网络模型，对简单命令语音进行识别，让读者掌握自己动手搭建模型来实现语音识别的一般方法和步骤。

课后习题

一、选择题

1.语音转写属于科大讯飞开放平台中的哪一类？　（　　）

A.语音识别　B.文字识别　C.自然语言处理　D.图像识别

2.物体识别属于科大讯飞开放平台中的哪一类？　（　　）

A.语音识别　B.文字识别　C.自然语言处理　D.图像识别

3.Seaborn库主要的作用是什么？　（　　）

A.下载数据　B.深度学习库　C.机器学习库　D.可视化

二、填空题

1.语音转写API包括以下接口:________、________、________、________和________。

2.使用语音转换产品,需要登录科大讯飞控制台,查看并获取相应的______和______。

3.WebSockets库需要先用______________命令行安装相应的库。

4.在WebSocket协议中,整体的流程,大致可以分为三部分______、______和______。

5.波形图是______这个维度的图形表达,频谱是一种描述波动的______随时间变化的热图。

三、编程题

1.用手机录一段音频,利用科大讯飞的语音转写功能,将音频识别的文字存放在一个Word文档内。

2.使用一个科大讯飞语音测评应用,实现对中英文的朗读发音进行评分和问题定位,并返回准确度、流畅度、完整度、声韵调型等多维度评分。

实训工单1:在线语音合成

<table>
<tr><td>工单名称</td><td colspan="3">在线语音合成</td></tr>
<tr><td>实施地点</td><td></td><td>计划工期</td><td>两个工作日</td></tr>
<tr><td>项目负责人</td><td></td><td>组员</td><td></td></tr>
<tr><td>任务说明</td><td colspan="3">实现将文字转换成语音,即语音合成,调用科大讯飞开放平台在线语音合成接口,将一段文字信息转化为声音信息</td></tr>
<tr><td>任务目标</td><td colspan="3">(1)掌握如何注册科大讯飞平台,成为开发者;
(2)掌握如何获取AppID、APISecret和APIKey;
(3)学会阅读科大讯飞平台在线语音合成相关文档;
(4)掌握在线语音合成接口调用相关代码的下载方法;
(5)安装语音合成接口调用相关代码所需的库;
(6)学会调用在线语音合成接口;
(7)掌握对语音合成接口调用结果的分析方法</td></tr>
<tr><td>任务1</td><td colspan="3">在科大讯飞平台注册成为开发者</td></tr>
<tr><td>任务解决方案或结果</td><td colspan="3"></td></tr>
<tr><td>任务2</td><td colspan="3">在科大讯飞平台上选择在线语音服务,获取AppID、APISecret和APIKey等凭证信息</td></tr>
<tr><td>任务解决方案或结果</td><td colspan="3"></td></tr>
<tr><td>任务3</td><td colspan="3">阅读科大讯飞平台在线语音合成相关文档</td></tr>
<tr><td>任务解决方案或结果</td><td colspan="3"></td></tr>
<tr><td>任务4</td><td colspan="3">下载在线语音合成接口调用相关代码</td></tr>
<tr><td>任务解决方案或结果</td><td colspan="3"></td></tr>
<tr><td>任务5</td><td colspan="3">使用一种编程语言调用在线语音合成接口</td></tr>
<tr><td>任务解决方案或结果</td><td colspan="3"></td></tr>
<tr><td>任务6</td><td colspan="3">对语音合成接口调用结果进行分析</td></tr>
<tr><td>任务解决方案或结果</td><td colspan="3"></td></tr>
<tr><td>任务总结与心得</td><td colspan="3"></td></tr>
</table>

实训工单2:语音测评

工单名称	语音测评		
实施地点		计划工期	两个工作日
项目负责人		组员	
任务说明	实现对一段语音的测评(即语音测评),需调用科大讯飞开放平台的在线语音测评接口,通过智能语音技术对文字在发音水平进行评价,同时完成发音错误、缺陷定位及问题分析		
任务目标	(1)掌握如何注册科大讯飞平台并成为开发者; (2)掌握如何获取AppID、APISecret和APIKey; (3)学会阅读科大讯飞平台语音测评相关文档; (4)掌握语音测评接口调用相关代码的下载方法; (5)安装语音测评接口调用相关代码所需要的库; (6)学会调用语音测评接口; (7)掌握对语音测评接口调用结果的分析方法		
任务1	在科大讯飞平台注册成为开发者		
任务解决方案或结果			
任务2	在科大讯飞平台上选择语音测评服务,获取AppID、APISecret和APIKey等凭证信息		
任务解决方案或结果			
任务3	阅读科大讯飞平台在线语音测评相关文档		
任务解决方案或结果			
任务4	下载在线语音测评接口调用相关代码		
任务解决方案或结果			
任务5	使用一种编程语言调用语音测评接口		
任务解决方案或结果			
任务6	对语音测评接口调用结果进行分析		
任务解决方案或结果			
任务总结与心得			

实训工单3:歌曲识别

工单名称	歌曲识别		
实施地点		计划工期	两个工作日
项目负责人		组员	
任务说明	实现对一段歌曲的识别(即歌曲识别),需调用科大讯飞开放平台歌曲识别接口,通过智能语音技术收集歌曲的播放信息、生成音频指纹,并在曲库中识别到对应的歌曲		
任务目标	(1)掌握如何注册科大讯飞平台并成为开发者; (2)掌握如何获取AppID和APIKey等凭证信息; (3)学会阅读科大讯飞平台歌曲识别相关文档; (4)掌握歌曲识别接口调用相关代码的下载方法; (5)安装歌曲识别接口调用相关代码所需要的库; (6)学会调用歌曲识别接口; (7)掌握对歌曲识别调用结果的分析方法		
任务1	在科大讯飞平台注册并成为开发者		
任务解决方案或结果			
任务2	在科大讯飞平台上选择歌曲识别服务,获取AppID和APIKey凭证信息		
任务解决方案或结果			
任务3	阅读科大讯飞平台歌曲识别相关文档		
任务解决方案或结果			
任务4	下载在线歌曲识别接口调用相关代码		
任务解决方案或结果			
任务5	使用一种编程语言调用歌曲识别接口		
任务解决方案或结果			
任务6	对歌曲识别接口调用结果进行分析		
任务解决方案或结果			
任务总结与心得			

第8章

智能制造

8.1 什么是智能制造

智能制造是一种结合信息技术、工程技术和人工智能的制造模式，在研发、生产、管理、服务能力等方面智能化，能够优化企业的所有业务流程和运营流程，实现生产率的持续增长和较高的经济效益。智能制造是在数控机床、机械臂、机器人等生产设备自动化的基础上，引入人工智能技术形成的智能化生产系统。智能制造将从根本上改变产品研发、制造、运输和销售管理过程，实现生产制造过程的科学决策、智能设计、合理排产、监控设备状态、指导设备运行，从而极大地提升企业制造效率。

智能制造代表了先进制造技术和信息技术的融合。一般认为，智能制造的发展需经历数字化、网络化、智能化三个阶段。从20世纪中叶到90年代中期的数字化设计制造，以计算、通信和控制系统应用为主要特征实现自动化生产，仅有极少量企业在管理应用人工智能；从20世纪90年代中期发展至今的网络化制造，伴随着我国互联网的大规模普及应用，先进设备制造进入了以万物互联为主要特征的网络化阶段，出现了较多基于机器人的智能化制造；近些年，在大数据、云计算、机器视觉等技术水平突飞猛进的基础上，人工智能已经深度融入制造业领域，先进制造公司开始步入以新一代人工智能科学技术为核心的智能化制造阶段。

近年来，中国制造业向智能制造迈进的步伐加快。2015年发布的《中国制造2025》明确指出，智能制造技术已成为我国先进制造业新的发展方向。工业巨头，互联网技术等领域的企业扩大经营范围，积极转型进入智能制造行业。《世界智能制造中心发展趋势报告(2019)》显示，包括带有“智能制造”名称的产业园区在内，目前中国共有537个，分布在全国27个省市。

小贴士

习近平总书记指出：“深入推进新型工业化，强化产业基础再造和重大技术装备攻关，推动制造业高端化、智能化、绿色化发展[①]。”制造业高端化发展是迈向制造强国的必经之路，从复兴号高速列车领跑世界、国产飞机C919实现商飞，以及万米载人潜水器“奋斗者”号迎来全面升级……近年来，在部分高端技术制造业领域，中国正由“跟跑者”

①这段话出自2023年3月5日习近平总书记参加十四届全国人大一次会议江苏代表团审议时的讲话

向"并跑者""领跑者"转变,在石化、食品、纺织等行业,鼓励和支持企业紧扣关键工序智能化、关键岗位用机器人代替、供应链优化等重点,建设智能化工厂、数字化车间。本章重点介绍智能制造关键技术和应用场景。

8.1.1 智能制造特征

车间"物联网"简介

1.生产设备网络化,实现车间"物联网"

物联网(IoT)是指通过各种信息传感设备,实时采集任何需要监控、连接、互动的物体或过程等各种需要的信息,其目的是实现物与物、物与人、所有的物品与网络的连接,方便识别、管理和控制。

2.生产文档无纸化,实现高效、绿色制造

生产文档进行无纸化管理后,工作人员在生产现场即可快速查询、浏览、下载所需要的生产信息,生产过程中产生的资料能够及时进行归档保存,大幅降低基于纸质文档的人工传递及流转,从而杜绝了文件、数据丢失,进一步提高了生产准备效率和生产作业效率,实现绿色、无纸化生产。

3.生产数据可视化,利用大数据分析进行生产决策

生产数据可视化

在生产现场,每隔几秒就收集一次数据,利用这些数据可以实现很多形式的分析,包括设备开机率、主轴运转率、主轴负载率、运行率、故障率、生产率、设备综合利用率(OEE)、零部件合格率、质量百分比等。首先,在生产工艺改进方面,在生产过程中使用这些大数据,就能分析整个生产流程,了解每个环节是如何执行的。例如,一旦有某个流程偏离了标准工艺,就会产生一个报警信号,能更快速地发现错误或者瓶颈所在,也就能更容易解决问题。利用大数据技术,还可以对产品的生产过程建立虚拟模型,仿真并优化生产流程,当所有流程和绩效数据都能在系统中重建时,这种透明度将有助于制造企业改进其生产流程。再如,在能耗分析方面,在设备生产过程中利用传感器集中监控所有的生产流程,能够发现能耗的异常或峰值情形,由此便可在生产过程中优化能源的消耗,对所有流程进行分析并优化将会大大降低能耗。

4.生产过程透明化,智能工厂的"神经"系统

在机械、汽车、航空、船舶、轻工、家用电器和电子信息等离散制造行业,企业发展智能制造的核心目的是拓展产品价值空间,侧重从单台设备自动化和产品智能化入手,基于生产效率和产品效能的提升实现价值增长。因此,其智能工厂建设模式为推进生产设备(生产线)智能化,通过引进各类符合生产所需的智能装备,建立基于制造执行系统MES的车间级智能生产单元,提高精准制造、敏捷制造、透明制造的能力。

5.生产现场无人化,真正做到"无人"生产

生产现场无人化

在离散制造企业生产现场,数控加工中心智能机器人、三坐标测量仪及其他所有柔性化制造单元进行自动化排产调度,工件、物料、刀具进行自动化装卸调度,可以达到无人值守的全自动化生产模式(Lights-OutMFG)。

在不间断单元自动化生产的情况下，管理生产任务的优先和暂缓，远程查看并管理单元内的生产状态，如果生产中遇到问题，一旦解决，立即恢复自动化生产，整个生产过程无需人工参与，真正实现“无人”智能生产。

8.1.2 智能制造关键技术

在智能制造的关键技术当中，智能产品与智能服务可以帮助企业带来商业模式的创新；智能装备、智能产线、智能车间到智能工厂，可以帮助企业实现生产模式的创新；智能研发、智能管理、智能物流与供应链则可以帮助企业实现运营模式的创新；而智能决策则可以帮助企业实现科学决策。智能制造的十项技术之间是息息相关的，制造企业应当渐进式、理性地推进这十项智能技术的应用。

1. 智能产品(Smart Product)

智能产品通常包括机械、电气和嵌入式软件，具有记忆、感知、计算和传输功能。典型的智能产品包括智能手机、智能可穿戴设备、无人机、智能汽车、智能家电、智能售货机等，涵盖更多智能硬件产品。智能装备也是一种智能产品。企业应该思考如何在产品上加入智能化的单元，提升产品的附加值。

2. 智能服务(Smart Service)

基于传感器和物联网，可以感知产品的状态，从而进行预防性维修维护，及时帮助客户更换备品备件，甚至可以通过了解产品运行的状态，帮助客户带来商业机会。还可以采集产品运营的大数据，辅助企业进行市场营销的决策。此外，企业通过开发面向客户服务的APP，也是一种智能服务的手段，可以针对企业购买的产品提供有针对性的服务，从而锁定用户，开展服务营销。

3. 智能装备(Smart Equipment)

制造装备经历了从机械装备到数控装备的发展，目前正在逐步升级为智能装备。智能装备具有检测功能，可以实现在机检测，从而补偿加工误差，提高加工精度，还可以对热变形进行补偿。以往一些精密装备对环境的要求很高，现在由于有了闭环的检测与补偿，可以降低对环境的要求。

4. 智能产线(Smart Production Line)

智能产线

很多行业的企业高度依赖自动化生产线，比如钢铁、化工、制药、食品饮料、烟草、芯片制造、电子组装、汽车整车及零部件制造等，实现自动化的加工、装配和检测，一些机械标准件生产也应用了自动化生产线，例如轴承生产。但是，装备制造企业目前仍以离散制造为主。很多企业的技术改造重点，就是建立自动化生产线、装配线和检测线。美国波音公司的飞机总装厂已建立了U形的脉动式总装线。自动化生产线可以分为刚性自动化生产线和柔性自动化生产线，柔性自动化生产线一般建立了缓冲区。为了提高生产效率，工业机器人、吊挂系统在自动化生产线上应用越来越广泛。

5. 智能车间(Smart Workshop)

一个车间通常有多条生产线，这些生产线要么生产相似零件或产品，要么有上下游的装配关系。要实现车间的智能化，需要对生产状况、设备状态、能源消耗、生产质量、物料消耗等信息进行实时采集和分析,进行高效排产和合理排班,显著提高设备利用率(OEE)。因此,无论何种制造行业,制造执行系统(MES)成为企业的必然选择。

6. 智能工厂(Smart Factory)

一个工厂通常由多个车间组成,大型企业则有多个工厂。作为智能工厂,不仅生产过程应实现自动化、透明化、可视化、精益化,同时,产品检测、质量检验和分析、生产物流也应当与生产过程实现闭环集成。一个工厂的多个车间之间要实现信息共享、准时配送、协同作业。一些离散制造企业也借鉴了流程制造企业的模式,建立了生产指挥中心,对整个工厂进行指挥和调度,及时发现和解决突发问题,这也是智能工厂的重要标志。智能工厂必须依赖无缝集成的信息系统支撑,主要包括PLM、ERP、CRM、SCM和MES五大核心系统。大型企业的智能工厂需要应用ERP系统制定多个车间的生产计划(production planning),并由MES系统根据各个车间的生产计划进行详细排产(production scheduling),MES排产的粒度是天、小时,甚至分钟。

7. 智能研发(Smart R&D)

离散制造企业在产品研发方面,已经应用了CAD/CAM/CAE/CAPP/EDA等工具软件和PDM/PLM系统,但是e-works在为制造企业提供咨询服务的过程中发现,很多企业应用这些软件的水平并不高。企业要开发智能产品,需要机、电、软多学科的协同配合;要缩短产品研发周期,需要深入应用仿真技术,建立虚拟数字化样机,实现多学科仿真,通过仿真减少实物试验;需要贯彻标准化、系列化、模块化的思想,以支持大批量客户定制或产品个性化定制;需要将仿真技术与试验管理结合起来,以提高仿真结果的置信度。流程制造企业已开始应用PLM系统实现工艺管理和配方管理,LIMS(实验室信息管理系统)系统的应用较为广泛。

8. 智能管理(Smart Management)

制造企业核心的运营管理系统还包括人力资产管理系统(HCM)、客户关系管理系统(CRM)、企业资产管理系统(EAM)、能源管理系统(EMS)、供应商关系管理系统(SRM)、企业门户(EP)、业务流程管理系统(BPM)等,国内企业也把办公自动化(OA)作为一个核心信息系统。为了统一管理企业的核心主数据,近年来主数据管理(MDM)也在大型企业开始部署应用。实现智能管理和智能决策,最重要的条件是基础数据准确和主要信息系统无缝集成。

9. 智能物流与供应链(Smart Logistics and SCM)

智能物流与供应链

制造企业内部的采购、生产、销售流程都伴随着物料的流动,因此,越来越多的制造企业在重视生产自动化的同时,也越来越重视物流自动化,自动化立体仓库、无人引导小车(AGV)、智能吊挂系统得到了广泛的应用;而在制造企业和物流企业的物流中心,智能分拣系统、堆垛机器人、自动辊道系统的应用日趋普及。WMS(Warehouse Management System,仓储管理系统)和TMS(Transport Management System,运输管理系统)也受到制造企业和物流企业的普遍关注。

10. 智能决策(Smart Decision Making)

企业在运营过程中,产生了大量的数据。一方面是来自各个业务部门和业务系统产生的核心业务数据,例如,合同、回款、费用、库存、现金、产品、客户、投资、设备、产量、交货期等数据,这些数据一般是结构化的数据,可以进行多维度的分析和预测,这就是BI(Business Intelligence,业务智能)技术的范畴,也被称为管理驾驶舱或决策支持系统。同时,企业可以应用这些数据提炼出企业的KPI,并与预设的目标进行对比。还可以对KPI进行层层分解,对干部和员工进行考核,这就是EPM(Enterprise Performance Management,企业绩效管理)的范畴。从技术角度来看,内存计算是BI的重要支撑。共享集团正在打造中国智能制造的车间及工厂,为行业搭建了共享工业云平台来分享技术、协同制造及提供智能化物流和供应链,秉承传统产业智能转型的理念,利用智能管理技术和互联网来服务行业,引领时代进步,相信未来产业在云上。

8.1.3　智能制造系统

智能制造系统架构通过生命周期、系统层级和智能功能3个维度构建而成,主要解决智能制造标准体系结构和框架的建模问题。如图8-1所示。

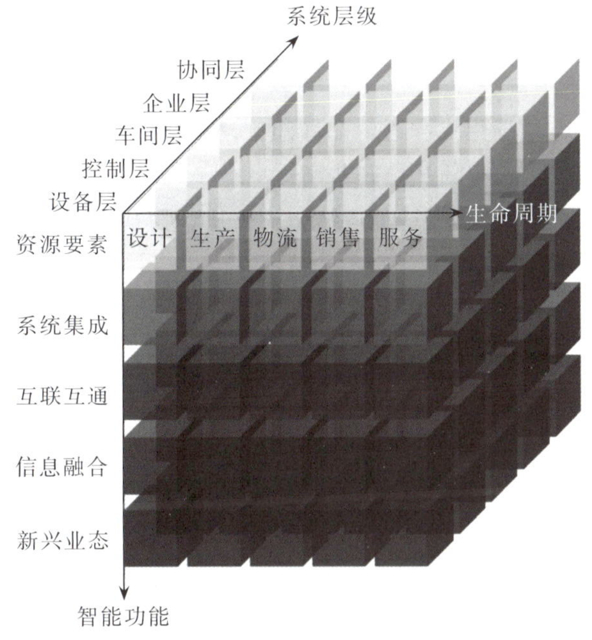

图8-1　智能制造系统架构

1.生命周期

生命周期是由设计、生产、物流、销售、服务等一系列相互关联的价值创造活动组成的链式集合。生命周期中各项活动相互关联、相互影响。不同行业的生命周期构成不尽相同。

2.系统层级

系统层级自下而上共五层,分别为设备层、控制层、车间层、企业层和协同层。智能制造的系统层级体现了装备的智能化和互联网协议(IP)化,以及网络的扁平化趋势。具体包括:

(1)设备层包括传感器、仪器仪表、条码、射频识别、机器、机械和装置等,是企业开展生产活动的物质技术基础;

(2)控制层包括可编程逻辑控制器(PLC)、数据采集与监视控制系统(SCADA)、分布式控制系统(DCS)和现场总线控制系统(FCS)等;

(3)车间层实现面向工厂和车间的生产管理,包括制造执行系统(MES)等;

(4)企业层实现面向企业的经营管理,包括企业资源计划系统(ERP)、产品生命周期管理(PLM)、供应链管理系统(SCM)和客户关系管理系统(CRM)等;

(5)协同层由产业链上不同企业通过互联网络共享信息实现协同研发、智能生产、精准物流和智能服务等。

3.智能功能

智能功能包括资源要素、系统集成、互联互通、信息融合和新兴业态等。

(1)资源要素包括设计施工图纸、产品工艺文件、原材料、制造设备、生产车间和工厂等物理实体,也包括电力、燃气等能源。此外,人员也可视为资源的组成部分;

(2)系统集成是指通过二维码、射频识别、软件等信息技术集成原材料、零部件、能源、设备等各种制造资源。由小到大实现从智能装备到智能生产单元、智能生产线、数字化车间、智能工厂,乃至智能制造系统的集成;

(3)互联互通是指通过有线、无线等通信技术,实现机器之间、机器与控制系统之间、企业之间的互联互通;

(4)信息融合是指在系统集成和通信的基础上,利用云计算、大数据等新一代信息技术,在保障信息安全的前提下,实现信息协同共享;

(5)新兴业态包括个性化定制、远程运维和工业云等服务型制造模式。

4.示例解析

智能制造系统构架通过3个层面展现了智能制造的全貌。为更好地解析和理解系统架构图,以可编程逻辑控制器(PLC)、工业机器人和工业互联网为例,从点、线、面三个方面诠释智能制造重点领域在系统架构中所处的位置及其相关标准。

PLC位于智能制造系统架构生命周期的生产环节、系统层级的控制层级,以及智能功能的系统集成,如图8-2所示。

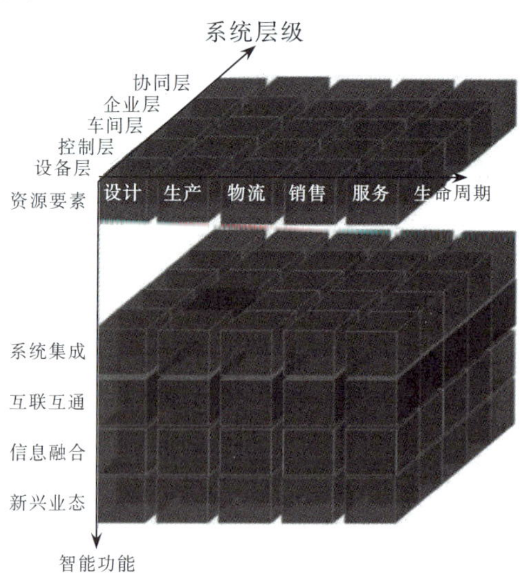

图8-2　PLC位于智能制造系统架构中的位置

工业机器人位于智能制造系统架构生命周期的生产环节、系统层级的设备层级和控制层级,以及智能功能的资源要素,如图8-3所示。

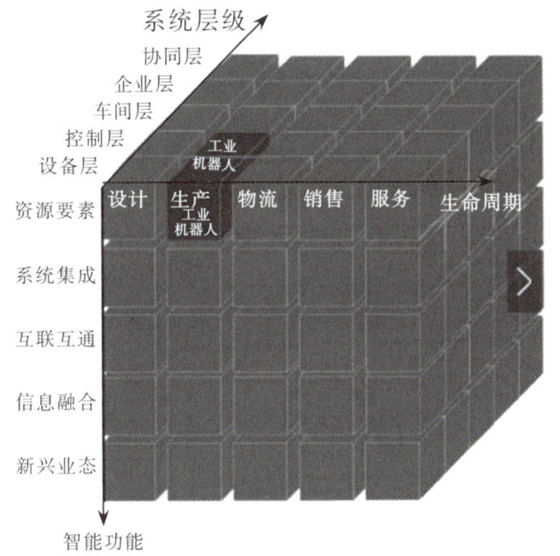

图8-3 工业机器人位于智能制造系统架构中的位置

工业互联网位于智能制造系统架构生命周期的所有环节、系统层级的设备、控制、工厂、企业和协同五个层级,以及智能功能的互联互通,如图8-4所示。

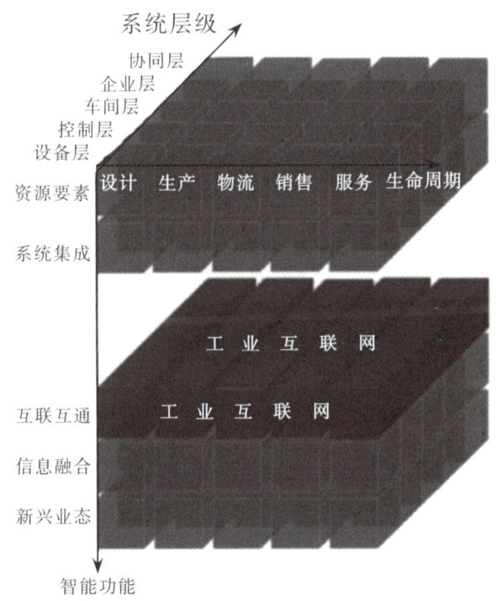

图8-4 工业互联网位于智能制造系统架构中的位置

8.2 智能工厂

智能工厂是实现智能制造的载体,近年来引起制造企业的广泛关注和各级政府的高度重视。

8.2.1 智能工厂定义

智能工厂是通过信息技术与制造业的深度融合,将工厂内生产资源、生产要素、生产工艺、生产制造、管理等各环节高度协同,实现以订单为导向、以数据为驱动的自动化、智能化生产模式的现代工厂。

智能工厂具有以下6个显著特征:

①设备互联;

②广泛应用工业软件;

③充分结合精益生产理念;

④实现柔性自动化;

⑤注重环境友好;

⑥可实现实时监控。

可以看出,仅有自动化生产线和工业机器人的工厂还不能称为智能工厂。智能工厂不仅能在生产过程中实现自动化、透明化、可视化、精益化,而且能在产品检测、质量检验和分析、物流等环节与生产过程实现闭环集成。目前,智能工厂取代传统人工操作的主要原因是其能提高产品质量的稳定性。

8.2.2 智能工厂体系架构

智能工厂分为基础设施层、智能装备层、智能生产线层、智能车间层和工厂管控层。通过IT信息化五层架构的贯通,能够打破数据孤岛,使得智能工厂从设计、制造、安装、运维到服务的所有环节都被打通。PLM的设计数据直接进入ERP系统,ERP系统立即调配工厂资源;如需外界供货,则由SCM系统自动调配。以下是5层架构的介绍。

第一层(基础设施层):包括工业生产各类设备、传感器、PLC控制、传输网络以及物联网网关等,是工厂的最底层加工单元。主要完成数据的采集、转换、收集、处理和计算,以及必要的控制。通过统一的接口(如OPC UA),按照传输协议(比如工业以太网传输协议)连接到工业监测、控制、执行系统中。

第二层(智能装备层):设备监测控制系统,比如HMI、DNC、SCADA等。HMI(Human-Machine Interface)称作人机接口(也叫人机界面),是系统和用户之间进行交互和信息交换的媒介,实现信息的内部形式与人类可以接受的形式之间的转换。SCADA是数据采集与监测控制系统,是以计算机为基础的DCS与电力自动化监控系统。可以对现场的运行设备组网进行监测和控制,以实现数据采集、设备控制、测量、参数调节以及各类信号报警等功能。

第三层(智能生产线层):由MES、MOM等满足不同工业需求的生产执行系统构成,负责接收任务并进行任务的分配与过程执行。在这个过程中,需要通过网络和各类接口,向控制层系统或基础层设备请求所需要的各种参数、变量、状态和数据,反向控制指令的原理与此相同。其技术基础是与现场设备进行通信,实现数据的自动化采集甚至智能采集以及反向控制。

第四层(智能车间层):包括PLM、ERP、SCM、CRM等上层系统。其中,PLM负责产品从研发到报废的“全生命周期管理”,ERP负责企业内部资源的配置和协调,SCM负责企业资源和外部的对接,CRM负责促进企业和消费者的沟通。

第五层(工厂管控层):经过层层数据的采集、处理、存储、分析和利用,最终能够为商业决策层(BI商务智能)提供精益的数据基础。商业决策层将企业中现有的数据进行有效整合,快速准确地提出决策依据,帮助企业做出明智的业务经营决策。

8.3 工业机器人

工业机器人是广泛用于工业领域的多关节机械手或多自由度的机器装置,具有一定自动性,可依靠自身的动力能源和控制能力实现各种工业加工制造功能。

一般来说,工业机器人由三大部分和六个子系统组成。三大部分为机械部分、传感部分和控制部分。六个子系统可分为机械结构系统、驱动系统、感知系统、机器人—环境交互系统、人机交互系统和控制系统。

目前,工业机器人主要应用在以下四个方面:

1.在码垛方面的应用

工业码垛机器人

在各类工厂的码垛方面,自动化程度极高的机器人被广泛应用,人工码垛工作强度大,耗费人力,员工不仅需要承受巨大的压力,而且工作效率低。搬运机器人能够根据搬运物件的特点,以及搬运物件所归类的地方,在保持物件形状和性质不变的基础上,进行高效地分类搬运,使得装箱设备每小时能够完成数百块的码垛任务。在生产线上下料、集装箱的搬运等方面发挥着极其重要的作用。

2.在焊接方面的应用

焊接机器人

焊接机器人主要承担焊接工作,不同的工业类型有着不同的工业需求,所以常见的焊接机器人有点焊机器人、弧焊机器人、激光机器人等。汽车制造行业是焊接机器人应用最广泛的行业,在焊接难度、焊接数量、焊接质量等方面有着人工焊接无法比拟的优势。

3.在装配方面的应用

在工业生产中,零件的装配是一件工程量极大的工作,需要大量的劳动力,曾经的人力装配因为出错率高,效率低而逐渐被工业机器人代替。装配机器人的研发,结合了多种技术,包括通信技术、自动控制、光学原理、微电子技术等。研发人员根据装配流程,编写合适的程序,应用于具体的装配工作。装配机器人的最大特点,就是安装精度高、灵活性大、耐用性强。因为装配工作复杂精细,因此选用装配机器人来进行电子零件,汽车精细部件的安装。

4.在检测方面的应用

水质检测机器人

机器人具有多维度的附加功能。它能够代替工作人员在特殊岗位上的工作,比如在高危领域如核污染区域、有毒区域、高危未知区域进行探测。以及,人类难以达到的地方,如病人患病部位的探测、工业瑕疵的探测、在地震救灾现场的生命探测都发挥着重要作用。

8.4 智能制造典型应用案例

8.4.1 数码印花的缺陷检测

数码印花简介

1.数码印花简介

数码印花如图8-5所示,通常是指数码喷墨印花,即通过数字化的方式,将特定的图案输入到电子计算机中,并由计算机来控制喷墨设备,将图案喷涂到纺织品面料上,形成印花面料。数码印花技术起源于喷墨打印技术,最初的打印对象为办公纸张、书籍等,而后逐渐发展到纺织领域,例如地毯、衣物等图案印制。与数码印花相对应的技术是传统印花工艺。传统印花如图8-6所示,工艺流程较为繁琐,通常包括图案设计、花筒雕刻、分色、调色、印刷、后处理等多个步骤。同时,受限于成本与设备技术水平,传统印花工艺的精细度与准确度往往较低。相比之下,数码印花有着较为显著的优点:工艺简单,可使用计算机软件进行拼色,颜色准确度高;印花清晰度高,纹理更为生动;不需要进行制版打样,节省时间与成本。因此,数码印花技术在纺织业有着非常重要的应用。

图8-5　数码印花

图8-6　传统印花

2.数码印花可能产生的缺陷

虽然数码印花相比于传统印花工艺而言,在设备精度和成本控制方面有着非常多的优势,但仍然会存在一些缺陷。其中比较典型的缺陷就是颜色不均、墨渍污染、步进道条纹等,具体可见图8-7。其中,颜色不均往往是由于喷头长久使用并且未清理而导致堵塞,以致于颜料在喷墨过程中出量不均;墨渍污染则往往是由于喷头漏墨或气压不稳,导致多余的颜料误染到布料上;步进道条纹则是由于控制印花的电机电压不稳定,从而导致步进道条纹状纹路。

步进道条纹

墨渍污染

颜色不均

图8-7 颜色不均、墨渍污染、步进道条纹缺陷

针对数码印花可能产生的缺陷,大部分的解决方法是使用人工进行检验,即聘请有相关经验的从业人员对出厂的印花布料进行人眼检测。然而,人工检验的效率相对较低,对于大批量生产的纺织布料而言,需要雇佣大量的检测人员来进行缺陷检测。同时,人眼由于注意力过于集中容易产生疲劳,使得检测效率和准确率会随着时间的推移而逐渐下降。因此,使用机器视觉来代替人眼进行数码印花缺陷检测的方法受到了越来越多从业者的关注。

3.基于机器视觉的数码印花缺陷检测

机器视觉利用图像采集装置(CCD相机等)对纺织物的印花进行图像采集,而后通过算法对图像进行分析,最终判断印花质量是否有缺陷。与人眼检测相比,机器视觉方法准确率更高、速度更快、效率更高。基于机器视觉的数码印花缺陷检测通常包含以下几个步骤:图像预处理、模板匹配、印花缺陷检测。如图8-8所示。

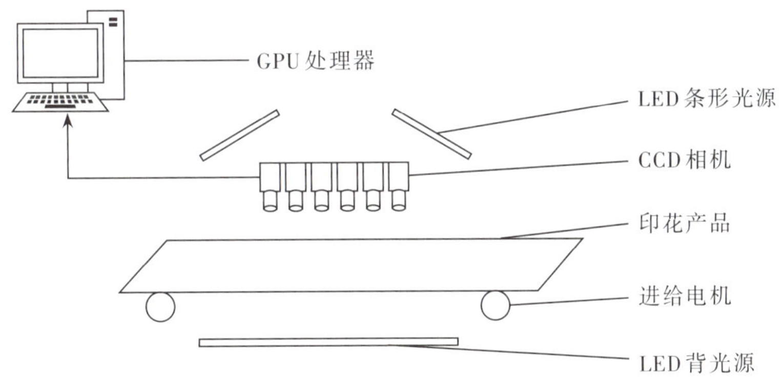

图8-8 数码印花缺陷检测系统示意图

(1)图像预处理。

机器视觉需要通过图像采集设备来获取印花图案的图像,而光照、噪声、白平衡等因素都会对图像的质量产生影响。因此,首先需要对原始图像进行预处理,以消除多种外在因素导致的图像色彩偏差。常见的方法包括光照补偿、图像增强、图像滤波。其中,光照补偿的目的是修复受光不均匀的采集图像,使得画面整体的亮度尽可能一致,如图8-9所示;图像增强是对画面整体灰度进行均衡化,防止局部曝光过高或者过低;而图像滤波用于处理图像采集过程中产生的噪声等问题,使采集到的图像细节更清晰准确。

彩图效果

图8-9 光照补偿修复前后对比图

(2)模板匹配。

为了确定印花图像是否存在缺陷,需要一张无缺陷的标准模板图作为参照,通过两者对应位置的印花图案进行判断。因此,首先需要将印花图像与模板图像对齐,找到两幅图像中相同内容的位置对应关系。这个过程就称为模板匹配。模板匹配的方式有多种,最常用的是特征点匹配算法。这是因为印花图案通常包含较多边缘信息,因此可通过机器视觉算法进行角点检测(Harris角点特征、SIFT角点特征等),并计算两组角点之间的欧氏距离,找出对应的匹配点。角点匹配的可视化结果如图8-10所示。其中左图为印花图像,右图为模板图像。不同颜色的连线代表算法找到的不同对应点。

彩图效果

图8-10 角点匹配结果图

(3)印花缺陷检测。

针对不同的印花缺陷,将使用不同的机器视觉算法进行检测。对于颜色不均的问题,通常采用颜色直方图相似度比较法,即分别提取两张图像各自通道的矩阵图像,并进行直方图检测,最后通过直方图的相似性度量判断两张图像是否具有足够的相似性。若相似性较低,则说明印花图像存在缺陷,需要进行返工。对于墨渍污染,通常采用背景差分算法进行检测,即将待检测的印花图像与模板图像相减,再通过一系列图像增强、降噪、形态学操作等步骤,得到显示墨渍的差分图像,如图8-11所示。此外,还有很多其他的缺陷检测方法,在此不再一一进行列举。

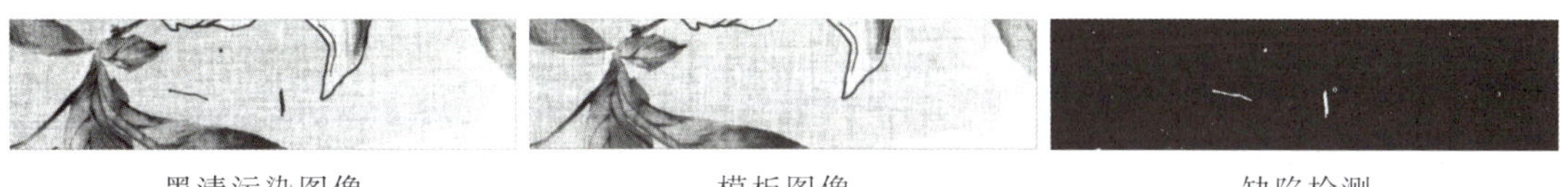

墨渍污染图像　　模板图像　　缺陷检测

图8-11 印花缺陷检测

8.4.2 板材计数

1.板材计数简介

板材是当前工业生产中非常重要的部件,常见的板材有木板、钢板、电路板等。对其进行精确计数具有非常重要的意义,直接影响企业和厂商的生产以及销售过程。然而,不同的板材材质千差万别,大小、颜色等特征均不相同。即使是同一材质的板材,也可能出现厚度不均、截面平整度不一致的情况,因此大大增加了板材计数的难度。传统的板材计数方法倾向于使用人工计数法,即雇佣统计人员手工对板材的数量进行清点。然而,在面对数量庞大的板材堆时,仅使用人工清点的方式大大降低了生产效率,还可能出现清点错误。除了人工计数法之外,也有一些设备能够实现机械计数,例如TFC点数机(如图8-12所示)。这类设备可将板材放置其中,通过机械结构带动刀片来进行自动点数。相比于人工计数法,机械计数的速度要快得多,能够有效地提升计数效率。但也存在着一定的缺点,即设备噪声较大、对于板材的形状和大小有一定的限制、技术被国外垄断等。因此,目前很多的企业开始采用机器视觉方法进行板材的计数。

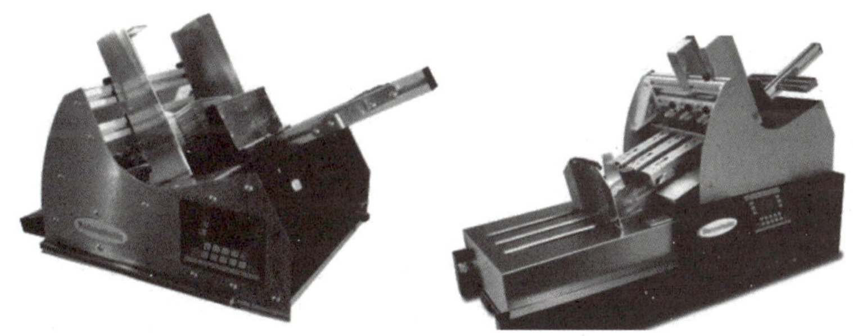

图8-12 TFC系列点数机

2.基于机器视觉的板材计数

采用机器视觉进行板材计数的整体思路是,用图像获取设备拍摄板材堆叠的横截面,再通过图像处理算法计算出板材的数量。板材计数系统结构示意如图8-13所示,其中包括计算机、相机、LED补光灯、待测板材等。而在算法处理层面,基于机器视觉的板材计数通常可以分为三个步骤:图像预处理、线性特征增强、骨架提取与计数。

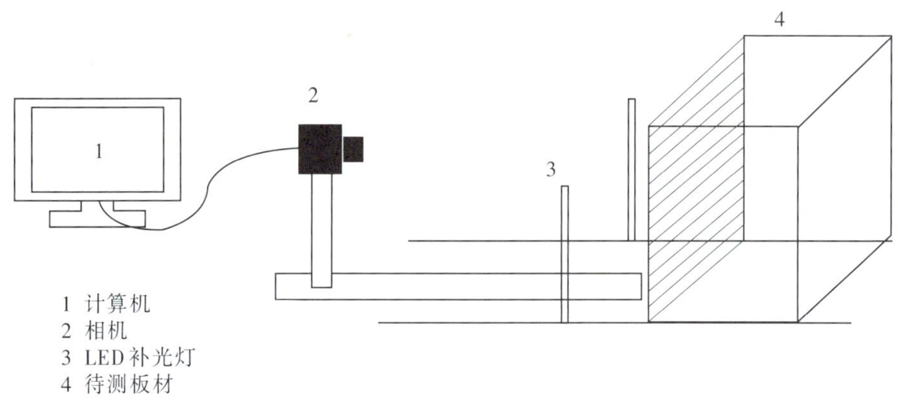

图8-13 板材计数系统示意

(1)图像预处理。

对于原始获取的板材图像,首先要进行图像预处理,目的是消除图像中的噪声,并对原始图像进行适当的增强,以便后续处理。预处理一般包含两个步骤:畸变校正与感兴趣区域(ROI)提取。其中,畸变的产生是由于板材平面与相机光轴无法保证完全垂直,从而导致拍摄到的图像存在一定的透视畸变,影响板材的计数结果。因此需要首先使用畸变校正对图像进行复原。畸变校正通常采用三维成像原理,修改图像中部分畸变的像素位置。可以看到,右上角的图像有了较为明显的畸变改善,视角能重新回归垂直于相机光轴的方向,方便后续计数。经过透视畸变校正后,选取部分图像信息完整的区域进行后续的处理,该区域即为感兴趣区域(ROI),如图8-14所示。

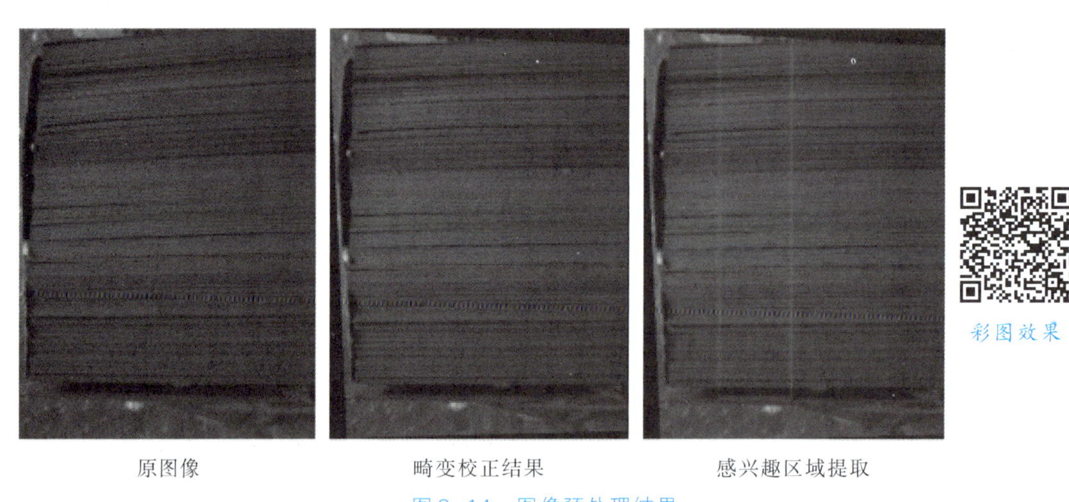

图8-14 图像预处理结果

(2)线性特征增强。

由于板材表面可能存在毛刺、凹凸不平等问题,可能会影响计数的准确性。因此需要对图像进行增强,抑制这些噪声信息,同时使板材图像中的直线部分变得更明显。通常,采用直方图均衡化和阈值分割的方法。其中,直方图均衡化可使图像的灰度分布更平衡,改善过亮或过暗区域的图像表现,效果如图8-15所示。可以看出此时的图像已经有了较明显的分层信息。而后需要对图像进行阈值分割。阈值分割的作用是将无用的背景信息等噪声进行滤除，最大程度保留板材边缘的直线信息。通常采用可变阈值来进行处理，处理得到的结果如图8-16所示。

彩图效果

图8-15　板材图像增强结果

彩图效果

图8-16　板材图像阈值分割结果

（3）骨架提取与计数。

得到阈值分割的结果后，每块板材都有了比较清晰的边缘信息。为了能够更好地计数，采用骨架提取算法来处理板材图像，使每块具有一定厚度的板材都通过一根直线表示。这根直线可以看作该板材的“骨架”，最后只需计算图像中的直线数量，就能够知道有多少块板材，即完成了板材计数功能。骨架提取之后的结果如图8-17所示。

彩图效果

图8-17　板材骨架提取结果

8.4.3　机械零部件识别与抓取

1. 工业机器人的优势

随着机器视觉的不断普及，工业机器人在制造业的重要性日益凸显，在采矿加工、快递分拣、精密仪器加工、机械制造等多个领域都大放光彩。相比较而言，传统的人工劳动力总体效率较低、易疲劳，无法长时间保证高质高效完成任务。并且不同工人的技术水平差别较大，企业难以保证不同批次的产品质量完全一致。同时，培养一名合格工程师的周期较长，需要长期的经验累积。因此，引入工业机器人成了许多企业的首选。

工业机器人如图8-18所示，相较于人工劳动力有着诸多优势：它能够在较为恶劣的环境中长时间工作，避免对工人的身心健康产生危害，减少安全隐患；同时能够长时间、高效率地进行作业，保证产品质量和工艺的一致性；在生产环节为工厂节省人工成本，更易监管，还能使工厂的布局设置更为紧凑，节省土地资源。

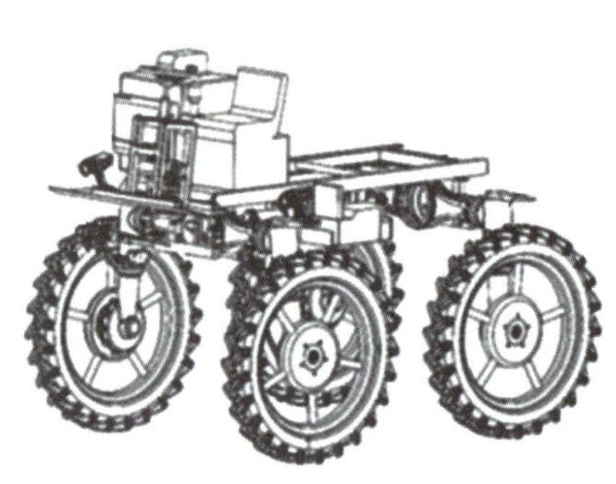
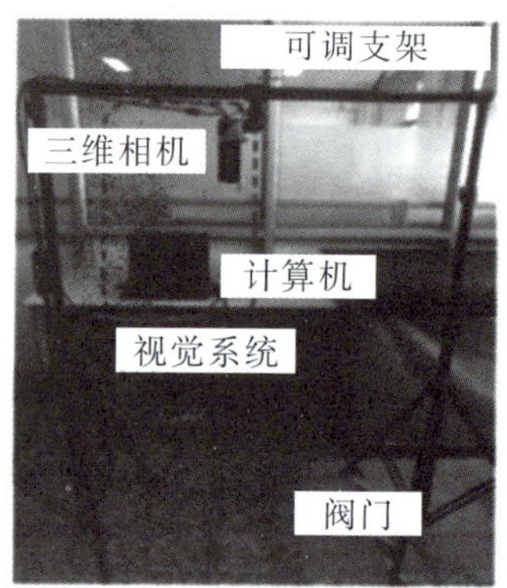

图 8-18　工业机器人示例

2. 工业机器人的识别与抓取

彩图效果

基于机器视觉的工业机器人的核心部件在于视觉系统，它使用CCD相机等图像获取设备对工作流水线内的零部件进行拍摄，而后由算法系统找出需要进行下一步装配的目标零部件位置，并驱动机械臂等机械装置进行准确的抓取，如图8-19所示。因此，其中的关键技术在于目标零件的识别检测与抓取路径规划。

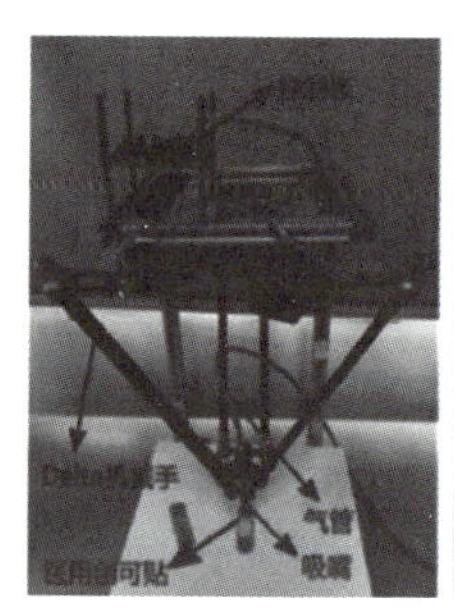

Dalta并联机器人
编码器
工业相机
传送带

图 8-19　视觉引导机械臂抓取示例

目标识别检测一直是机器视觉领域的研究热点，因为它的识别精准度能够直接影响到当前的智能制造水平。然而，目前大部分的目标识别算法还停留在对于特定数据集的实验上，例如COCO、ImageNet数据集等。这类数据集虽然已经包含了大量的图片样本，但是与日常生产生活中所面对的机械零部件样本有很大的区别，因此在适用性上存在着一定的欠缺。除了数据集之外，算法设计本身也会影响检测的精准度，目前较为常用的方法是使用卷积神经网络进行目标识别检测，即将包含目标零件的图像输入神经网络，在输出端直接预测目标零件的边界框与类别，以实现识别。而网络结构设计、损失函数设计都会影响到神经网络的训练结果与识别精度，因此学术界对于这一方向的研究热度依然非常高。

对于路径规划问题而言，主要研究内容是运动优化控制、关键参数约束和插值算法。研究人员首先需要对周围的环境进行建模，将物理空间内的通路转化为抽象空间内的线条供算法进行处理。随后，算法需要以时间、性能等参数为目标，从多种可能路径中寻找最优解。同时，还需要考虑机械臂在抓取过程中的位姿变化、末端执行机构的设计，以及算法的判断时间和执行时间之间的时间差等问题。因此，工业机器人的抓取算法仍然是极具难度和挑战性的课题。

3. 机械零部件识别与抓取实例

机械零部件识别与抓取实例

如图8-20所示，为一个工业机器人的系统示意图，其中包括了CCD相机、UR5机械手、控制箱、上位机等部件。其中上位机是整套系统中最为核心的部件，相当于工业机器人的大脑。它负责指挥CCD相机进行图像拍摄，通过算法处理图像中的语义信息，识别零件并完成路径规划，将信息发送至控制箱。控制箱负责与上位机进行通信，并将上位机发送的指令下达到机械臂，控制完成整个抓取流程。在此简要介绍其中最为重要的三个步骤，即相机标定、零件识别与定位、机械臂抓取。

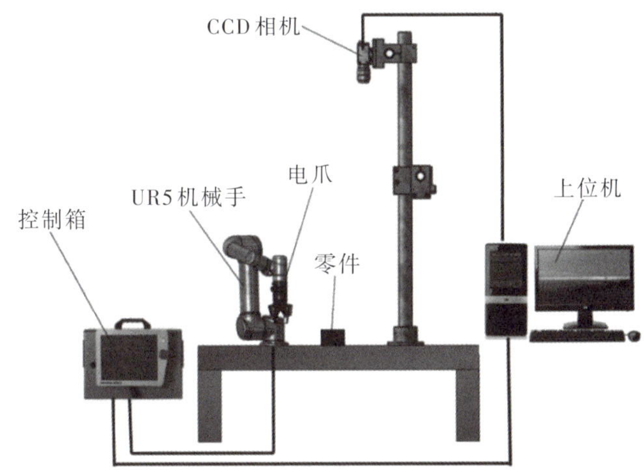

图8-20　工业机器人系统示意

(1)相机标定。

CCD相机可以看作整个工业机器人的眼睛，承担了对周边环境空间进行视觉感知的作用。然而，相机坐标和世界坐标之间存在差别，两者之间的对应关系需要通过计算来获得；同时，相机透镜本身的光学性质也会存在图像畸变的问题，因此需要进行修正统一，保证成像的准确性，而相机的标定就是完成这一目标的过程。通常，开发者会根据相机成像模型来找到世界坐标和相机坐标之间的旋转变换矩阵，并引入畸变系数来对成像模型进行修正，解决相机的径向畸变和切向畸变。常见的相机标定实验如图8-21所示。

图8-21　相机标定实验

彩图效果

(2)零件定位与识别。

在完成相机标定之后,再用标定后的相机对零件进行拍摄,得到一张原图像。而后使用图像预处理的方法,例如阈值分割、图像滤波、边缘提取等操作,得到各个零件的边缘信息,找到不同零件的位置。结果如图8-22所示。

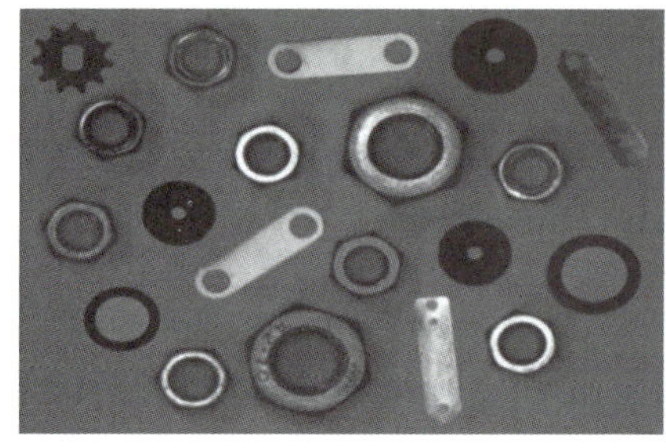

原图像

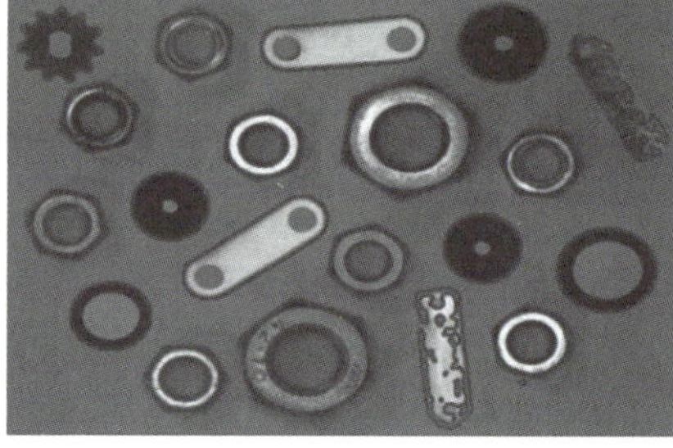

零件边缘提取

彩图效果

图8-22 零件的边缘信息

在得到各个零件的位置之后,需要将每一个零件与背景分离出来,单独进行识别处理。在识别过程中,可以使用SIFT(Scale-Invariant Feature Transform,尺度不变特征变换)算法等方法进行特征提取,并采用模板匹配算法对零件进行识别匹配。匹配结果如图8-23所示。

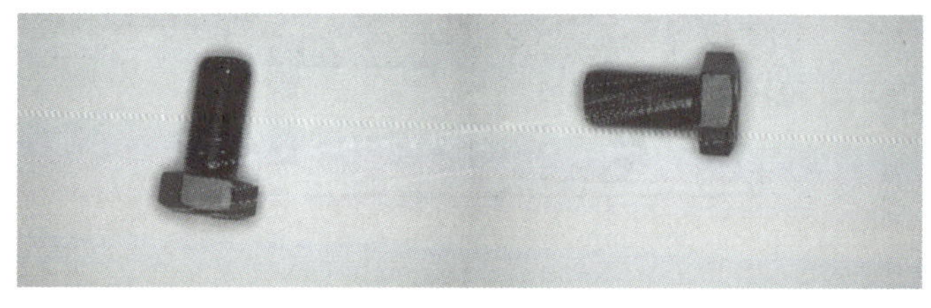

彩图效果

图8-23 零件的识别匹配结果

(3)机械臂抓取。

在得到零部件的识别结果和位置之后,需要设计算法来驱动机械臂按照特定的路径抓取零件。首先需要对机械臂的运动模型进行数学建模,来获得连杆参数。而后通过仿真软件对机械臂的运动情况进行三维仿真,输出可视化的模型文件。最后使用遗传算法等方法规划抓取路径,使抓取路径或抓取时间能够最短,并将得到的路径应用在机械臂的三维模型上进行仿真实验,如图8-24所示。至此,完成机械零部件的识别与抓取。

到达目标点上方

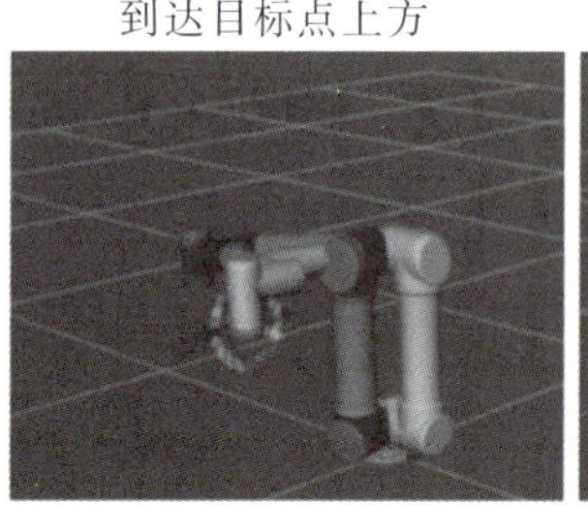

下降抓取

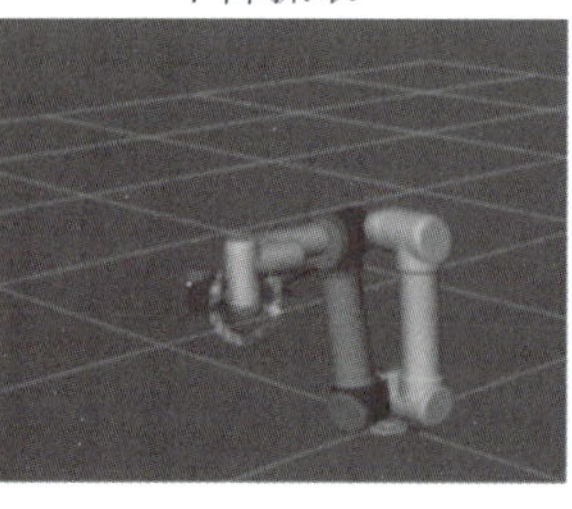

上升分拣

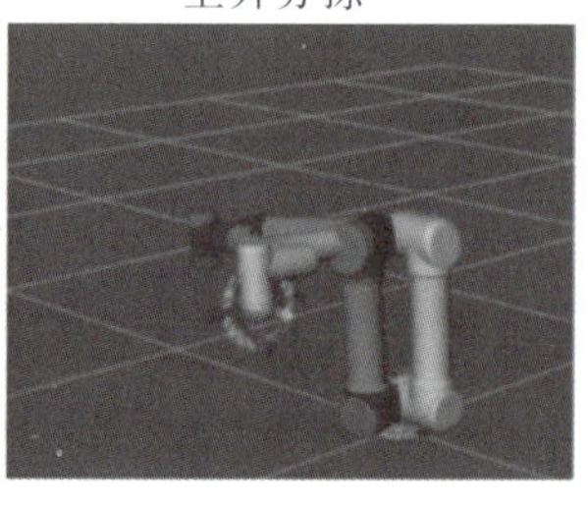

彩图效果

图8-24 机械臂抓取过程仿真

本章小结

本章介绍了智能制造的概念、特征、智能制造关键技术以及智能制造系统的组成等，重点介绍了智能工厂、智能机器人等技术，通过智能制造典型应用案例进一步扩充学习者的视野，为人工智能赋能制造应用奠定基础。

课后习题

1. 简述智能制造的概念。
2. 简述智能制造的特征。
3. 简述智能工厂的典型特点有哪些。
4. 请举例机器人在智能制造中的典型应用。
5. 请举例说明智能制造典型应用。

实训工单1:工业产品缺陷识别

工单名称	简单工业产品缺陷识别		
实施地点		计划工期	2个工作日
项目负责人		组员	
任务说明	智能制造技术广泛应用于工业生产,其中机器视觉技术作为重要组成部分,常用于检测工业产品表面质量问题。本次实训的主要目的是通过直观的观察方式,让学生了解并初步掌握工业产品表面明显缺陷的识别方法,可以使用DeepSeek等AI工具		
任务目标	(1)能准确区分工业产品表面是否存在明显缺陷,理解不同缺陷的表现形式; (2)能够规范地填写观察记录表格,并进行缺陷类型的初步统计和整理		
任务1	观察不同工业产品图片		
任务解决方案或结果			
任务2	按照不同缺陷分类工业产品图片		
任务解决方案或结果			
任务3	填写观察记录		
任务解决方案或结果			
任务4	小组讨论与核对		
任务解决方案或结果			
任务总结与心得			
参考答案			

实训工单2:机械臂动作分析

工单名称	简单智能机械臂动作分析		
实施地点		计划工期	2个工作日
项目负责人		组员	
任务说明	智能机械臂是智能制造领域的重要设备,在现代制造生产线中发挥着关键作用。本次实训要求学生通过观看视频或现场机械臂演示的方式,学习机械臂完成搬运和装配任务时的基本动作,并能够准确记录和描述动作过程,可以使用DeepSeek等AI工具		
任务目标	(1)能够识别和理解智能机械臂在完成搬运或装配任务时的关键动作步骤; (2)能详细、准确地记录和描述机械臂的动作过程,提升观察和记录的技能		
任务1	观看机械臂操作视频或现场演示		
任务解决方案或结果			
任务2	详细记录机械臂的动作步骤		
任务解决方案或结果			
任务3	小组确认和补充细节		
任务解决方案或结果			
任务总结与心得			
参考答案			

第9章
智能医疗

9.1 智能医疗定义

智能医疗是指利用人工智能相关技术，包括机器学习、自然语言处理、计算机视觉等，为患者提供更加智能化、高效化的诊断、治疗和健康保障服务的新型医疗模式。它包括医疗信息化、医学影像分析、医学大数据等多个领域，重点解决医疗资源不足、医疗服务质量不高、医疗费用不合理等问题，以提高医疗水平和患者体验。

智能医疗的核心是人工智能技术。通过机器学习、数据挖掘、自然语言处理等技术，对海量医学数据进行分析，能够高效、准确地诊断疾病、制定治疗方案，帮助医生做出更科学的决策，并提高诊疗效率。此外，智能医疗还与云计算、物联网等技术相结合，实现医院、医生、患者之间的无缝连接，促进医疗协同和信息共享。

智能医疗的应用领域非常广泛，包括电子病历、医学影像分析、远程医疗、智能诊断、医疗大数据分析等。其中，医学影像分析是智能医疗的重要组成部分。通过图像处理、模式识别等技术，将医学影像转化为数字信号，再通过数据分析和机器学习技术，快速识别病变，提高医生诊断的准确性，缩短患者等待时间。智能医疗的特点如下：

电子病历

①个性化，智能医疗可以根据患者的病情和个性化需求，提供相应的医疗服务。

②智能化，智能医疗借助医疗设备与云计算等技术，提供更加精准的医疗服务。

③远程化，智能医疗可以支持医疗工作者和患者远程互动，实现医疗服务的无缝对接。

智能医疗的发展对医疗行业有着深远的影响。首先，它可以提高医疗效率和质量，为医生提供更好的辅助决策和治疗方案，同时减轻医生的工作压力。其次，智能医疗也能减少医疗资源的浪费，缩短患者等待时间，降低医疗费用等。最后，智能医疗也能够推动医学研究和教育的发展，创造更广阔的发展空间。

智能医疗不仅尝试优化医疗行业的管理和流程，还将开创新的医疗模式和概念，涵盖从传统疾病诊断和治疗，到健康监测和生命照护等各方面。在未来，智能医疗有望成为改善现有医疗环境和促进医疗健康的重要工具。随着人工智能等技术的快速发展，智能医疗也将迎来更加广阔的发展前景。同时，智能医疗也需要注重数据隐私保护、安全风险等问题，建立完善的医疗法律法规，确保数据安全和医疗安全。

小贴士

党的二十大报告指出,推进健康中国建设。习近平总书记强调:“人民健康是社会文明进步的基础,是民族昌盛和国家富强的重要标志,也是广大人民群众的共同追求①。”2025年《中国发展高层论坛圆桌会》提出,实施健康优先发展战略,促进医疗、医保、医药协同发展和治理。本章重点介绍传统医疗智能升级过程中,涌现出的智能影像设备、智能手术机器人等“硬核”科技,也有人工智能辅助诊疗、人工智能辅助慢性病管理、诊后管理等“智慧”大模型、“人工智能+制药”等,人工智能不断拓宽在医疗领域的应用场景。

9.2 智能医疗发展历史

20世纪60年代,科学家们开始探索如何让计算机模拟人类智能来进行诊断和治疗。当时计算机技术和数据存储能力有限,这一领域并没有得到广泛应用和发展。直到近年来,随着计算机技术和算法的不断进步,智能医疗逐渐成为热点领域。

2008年,IBM的“沃森”超级计算机在美国电视节目《危险边缘》中亮相,并赢得了比赛的胜利。这一事件引发了全球对人工智能的关注,也让智能医疗领域再次受到重视。

2014年,IBM推出了基于人工智能算法开发的医疗应用程序,利用大数据和机器学习技术进行医疗数据分析和预测。此后,智能医疗逐渐成为各大科技公司和医疗机构的重点发展领域。

2015年,微软公司开发的“智能云”平台上线,成为人工智能技术在医疗领域的重要应用之一。该平台可以根据患者的病情和健康状态自动更新治疗方案,帮助医护人员优化医疗流程,提高医疗效率和质量。

2018年,中国政府发布《人工智能发展规划》,将智能医疗列为其中的八个战略性领域之一。同年12月,阿里巴巴宣布成立“智能医疗实验室”,致力于开发基于大数据、AI技术的智能医疗产品和技术解决方案。

2020年,COVID-19全球暴发,也因此推动了智能医疗领域的进一步发展,尤其是远程健康监测和在线问诊等方面得到了越来越多的关注和广泛应用。

9.3 智能医疗支撑技术

智能医疗支撑技术指的是利用先进的技术手段,为医疗行业提供一系列的支撑和辅助服务,以提高医疗效率和准确性。随着人工智能、物联网、大数据等技术的不断发展,智能医疗支撑技术也在不断更新和升级,目前主要包括以下几个方面:

①习近平主持召开教育文化卫生体育领域专家代表座谈会并发表重要讲话[R/OL].(2020-09-22)[2025-05-11]. https://www.gov.cn/xinwen/2020-09/22/content_5546100.htm

1. 智能诊断技术

智能诊断技术是指利用人工智能算法，通过对患者病历、影像等数据进行分析，快速准确地给出诊断结果的技术。其主要应用于医学影像诊断、实时监测等领域。近年来，随着深度学习技术的不断发展，人工智能诊断准确率不断提高，已经可以与专业医生相媲美。如临床决策支持系统(Clinical Decision Support System，CDSS)是一种基于人工智能技术的医疗工具，它可以帮助医生根据患者的病情、医疗历史和实验室检查结果等信息做出更准确、更全面的诊断和治疗方案。

2. 智能护理技术

智能护理技术是指利用物联网和传感器等技术手段，实现对患者进行实时监测和护理的技术。例如，智能床垫可以通过传感器对患者的体温、呼吸、心率等生理数据进行实时监测，及时预警并报警；智能药盒可以帮助患者按时服药，并记录服药情况。

智能护理技术

3. 智能健康管理技术

智能健康管理技术是指利用大数据技术，对个体或群体健康数据进行收集、分析和管理的技术。通过对各种医疗数据的融合和比对，可以更加精准地判断患者身体状况以及病情的发展趋势，帮助医生制定更加科学合理的治疗方案。

4. 智能手术技术

智能手术技术是指利用机器人、虚拟现实等技术手段，实现对手术过程的智能化辅助和控制。通过机器人手臂、3D打印等技术手段，可以实现对手术过程的自动化操作和精准控制，提高手术效率和准确性，降低手术风险。

智能手术技术

5. 智能医疗设备技术

智能医疗设备技术是指利用物联网、云计算等技术，实现医疗设备的智能化管理和控制的技术。例如，智能电子血压计、智能血糖仪、智能手环、理疗仪等设备，可以将测量数据上传至云端，医生可以通过手机或电脑远程查看和分析患者的健康状态。

总的来说，智能医疗支撑技术已经逐步成熟和普及，它改变了医疗行业的现有模式，提升了医疗诊疗的准确性和安全性，在未来的发展中将会对医疗行业产生深远的影响。

9.4 智能医疗应用实践

9.4.1 智慧医疗在临床诊断中的应用

随着现代医疗技术的不断发展，智慧医疗作为一种新型的医疗模式，在临床诊断中越来越受到重视。智慧医疗可以结合传感技术、数据分析、大数据等先进技术，帮助医生更加准确地进行诊断和治疗。

智慧医疗在临床诊断中的应用场景如下：

医学影像诊断

(1)医学影像诊断：智慧医疗可以通过医学影像技术，提供更加准确的医学影像诊断服务。医生可以利用智慧医疗,快速确定病情,制定合理的治疗方案。

智能医疗云平台

(2)实时监测患者:智慧医疗可以结合传感技术,实时监测患者的生理指标和体征。当发现异常情况时,医生可以第一时间了解患者的情况,及时采取措施。

(3)疾病预防:智慧医疗可以通过大数据分析,预测疾病发生的可能性。医生可以针对潜在问题,提出预防措施,减少疾病的发生。

(4)科学诊疗:智慧医疗可以结合人工智能技术,帮助医生更加科学地制定诊疗方案。基于大数据分析,智慧医疗可以根据患者的病情特征和病历资料,为医生提供有价值的诊断参考。

智慧医疗在临床诊断中的优点:

胃镜检查演示

(1)提高临床诊断精度:智慧医疗可以通过综合应用传感技术、大数据分析、人工智能等技术,为医生提供准确的医学数据和病例信息,从而提高临床诊断的精度。

(2)减轻医护人员压力:智慧医疗可以通过自动化处理,减轻医生和护士的工作量,从而让他们有更多的时间去关注患者的实际状况。

(3)改善医患体验:智慧医疗可以改善医患之间的沟通和交流,使患者得到更好的医疗体验。

(4)降低医疗成本:智慧医疗可以通过科技手段实现医疗资源的共享,在医疗过程中减少浪费,从而降低医疗成本。

智慧医疗在临床诊断中的挑战:

(1)数据安全风险:智慧医疗需要大量的数据支持,在数据采集、存储和传输中存在安全风险,需要加强安全技术保障。

(2)法律和道德问题:智慧医疗需要遵守相关法律法规,保障患者隐私,同时也需要遵守伦理和道德规范。

(3)技术限制:目前智慧医疗还存在一定的技术限制,包括诊断准确率不足和数据交互不畅问题等方面,需要不断完善和提升。

智慧医疗在临床诊断中的应用,在提高医生的诊断精度,降低医疗成本,改善医患体验等方面,具有广阔的发展前景。但同时也面临着数据安全风险、法律和道德问题、技术限制等挑战,需要加强技术研发和完善管理规范。随着技术的进一步提升,智慧医疗将会在医疗行业中发挥越来越重要的作用。

9.4.2 智能医疗在医学影像诊断中的应用

随着医疗技术的快速发展,医学影像诊断已成为现代医学中不可或缺的一环。而智能医疗技术的出现,对于医学影像诊断水平的提高和完善起到了至关重要的作用。

医学影像诊断是指通过各种医学影像技术获取患者的影像信息,然后由专业医师对影像进行分析和判断,确定疾病的类型和程度等相关信息。智能医疗可以借助数据处理、深度学习、自然语言处理等技术,更加准确和快速地完成医学影像诊断。

智能医疗在医学影像诊断中的应用技术:

(1)机器学习技术:通过构建机器学习算法,将海量的医学影像数据进行分类、筛选、管理,以得到更加准确地诊断结果。这种技术能辅助医生做出更加准确的诊断,也有助于对彩超、CT、MRI等各种医学影像设备的检测结果进行分析。

(2)自动化技术:利用自动化技术,将医学影像数据中与疾病相关的特征自动提取并进行比对,从而实现更加准确的诊断结果。这种技术包括图像处理、目标检测和特征提取等。

(3)大数据技术:利用大数据技术,收集海量的医学影像数据和相关信息,进行分析和比对,为医生提供辅助诊断服务。

智能医疗在医学影像诊断中的应用场景:

(1)肿瘤诊断:智能医疗可以应用于肿瘤的早期诊断和分析,准确识别肿瘤的类型,给予合理的治疗方案。

(2)脑部影像分析:利用智能医疗技术,可以自动分析脑部影像,快速定位异常部位,为医生提供更加准确的诊断。

心脏影像诊断

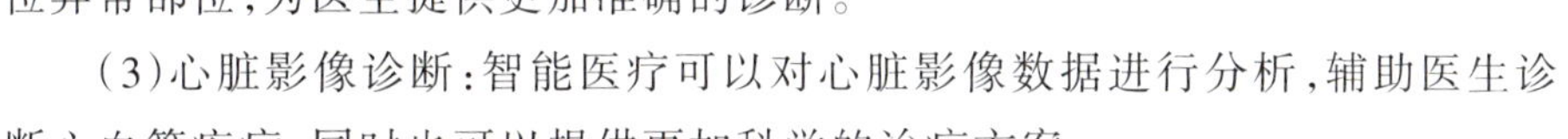

(3)心脏影像诊断:智能医疗可以对心脏影像数据进行分析,辅助医生诊断心血管疾病,同时也可以提供更加科学的治疗方案。

(4)骨骼影像分析:智能医疗可以辅助医生识别骨折、肌肉撕裂等问题,评估患者骨骼健康状况,并提供合理的治疗建议。

智能医疗在医学影像诊断中的优点:

(1)提高医学影像诊断的准确性:智能医疗利用先进技术,能够根据患者的影像信息,快速、准确地给出医学诊断结果,辅助医生做出更为准确的判断。

(2)提供科学、个性化的诊疗方案:智能医疗可以根据患者的病情特征和病历资料,生成个性化诊疗方案,满足患者的特殊需求。

(3)提高医疗效率:智能医疗通过自动化技术,可以在短时间内完成大量诊断任务,并且能够减轻医生的工作量,提高医疗效率。

(4)减少误诊和漏诊:智能医疗技术能够精准判断诊断结果,避免人为因素导致的误诊和漏诊,提高医疗质量。

智能医疗在医学影像诊断中的应用,可以提高医学影像诊断的准确性,提供科学化的诊疗方案,提高医疗效率等。在应用过程中,智能医疗也面临着数据质量、技术壁垒、法律和道德问题等挑战。随着技术的进一步发展,智能医疗有望在医学影像诊断领域发挥越来越重要的作用,为医疗行业的发展注入新的动力和活力。

9.4.3　智能医疗在远程医疗中的应用

随着科技的发展,智能医疗在远程医疗中的应用越来越受到关注。在远程医疗中,智能医疗可以提升医疗效率,降低医疗成本,优化医疗资源配置,提高医疗质量和安全。

智能医疗在远程医疗中的应用场景:

1.智能诊疗

智能诊疗是通过人工智能技术辅助实现医学诊断和治疗,在远程医疗中可以帮助医生更快、更准确地判断病情。智能诊疗可以通过医学图像分析、语音识别、自然语言处理等技术为医生提供辅助诊断和治疗。例如,医学图像分析可以帮助医生对X光片、CT、MRI等医学影像进行智能诊断,提高诊断的准确性;语音识别可以帮助医生更快地记录病历,节省宝贵的时间。

2.远程监护

随着远程医疗技术的不断发展,家庭医疗设备被广泛应用于慢性病患者的日常生活中。智能医疗可以通过物联网技术实现远程监护。例如,可以采用智能手环、智能血压计、智能体重秤等设备将病人的生命体征数据传输到医学中心并进行分析,及时发现异常情况并提示医生和患者。

3.远程问诊

智能医疗可以通过基于云平台的在线医疗咨询平台,为患者提供在线诊疗服务。患者可以通过网络视频、语音聊天等方式与医生进行远程交流,并通过医生的诊断和建议得到治疗,省去了看病排队等待的时间,缓解了医院的就诊压力。同时,远程问诊也为偏远地区的患者提供了就医便利。

远程问诊

4.数据分析

智能医疗可以通过大数据技术对海量的医疗数据进行分析,帮助医生深入了解患者的医疗史和生活习惯,并根据这些数据制定个性化治疗方案和预防措施,提高诊疗效果和质量。此外,智能医疗还可以对医疗机构和医生的工作进行评估,通过数据反馈优化医疗服务流程和医疗资源配置,提升医疗服务的效率和质量。

医疗大数据分析

总的来说,智能医疗技术在远程医疗中的应用可以有效地提高医疗服务效率、降低医疗成本、提升医疗质量和安全。但是,在推广智能医疗技术的过程中也需要注意数据的安全和隐私保护问题,加强医疗机构和医生的专业培训和技能提升,真正实现智能医疗服务的价值。

9.4.4 智能医疗在药物研发中的应用

在药物研发中,智能医疗也有着广泛的应用。药物研发是一个极为复杂、时间长、成本高昂的过程,需要经历多个环节,包括分子筛选、动物实验、临床试验等。智能化技术可以帮助加速药物研发流程,提高研发效率,降低研发成本。

智能化药物研发流程如下:

1.分子筛选

分子筛选是药物研发中的第一步,是从数百万个分子中筛选出具有治疗作用的分子。传统的分子筛选方法需要耗费大量的时间和资源,而智能化技术可以通过模拟分子结构、预测分子性质等方法,快速筛选出有潜力的分子,大幅缩短了筛选周期。

2.动物实验

动物实验是药物研发的重要环节,用于评价药物的毒性和疗效。传统的动物实验往往需要长时间的观察和大量数据的统计,而智能化技术可以通过人工智能算法和大数据分析,快速诊断和预测药物的副作用和疗效,提高了实验的效率和准确度。

3.临床试验

临床试验是药物研发中的最后一步,是将研发出的药物应用到真正的患者中进行验证。

传统的临床试验需要耗费大量的时间和资源,而智能化技术可以通过挖掘医疗大数据、运用人工智能算法等方法,优化临床试验设计,加速临床试验进程,提高试验效果。

智能医疗在药物研发中的应用场景:

1.智能化药物剂量计算

药物剂量计算是临床中非常重要的一环。药物剂量的不当使用会导致患者的安全问题和治疗效果的降低。而智能化技术可以利用医疗大数据、人工智能算法等方法,对患者的生理指标、病情等因素进行分析,快速给出个体化的药物剂量建议,提高治疗效果和患者的安全性。

2.智能化药物管理

药物管理是医疗过程中必不可少的环节。智能化技术可以通过建立电子病历系统、药物智能管理系统等手段,实现药物的信息化管理,防止药物误用、重复用药等问题的发生,并加强对患者用药情况的监测和评估,提高患者的用药安全性和治疗效果。

3.智能化药物推荐

智能化技术可以利用大数据、人工智能算法等手段,对疾病的诊断和治疗方案进行分析和评估,提供有效的治疗建议。例如,智能化药物推荐系统可以根据患者的病情、药物过敏史、生理参数等因素,推荐最适合的药物组合,提高治疗效果和患者的安全性。

总之,智能医疗在药物研发中的应用,可以提高研发效率、降低研发成本;可以优化药物剂量计算,提高治疗效果和患者安全性;可以建立药物智能管理系统,避免药物误用等问题的发生;还可以利用大数据、人工智能算法等手段,为患者提供更加个性化的治疗方案和药物推荐方案,具有重要意义。

9.5 智能医疗应用典型案例

1.AI神经外科手术机器人

如图9-1所示的这台AI神经外科手术机器人是我国独立自主研发完成的。计算机及软件系统是其“大脑”,可以合成患者的头颅模型,方便医生观察病灶,进行患者的手术规划;机械臂是其“手”,负责定位医生规划的手术位置,精度能够达到1毫米,同时还是多功能手术平台;摄像头则是其“眼”,确保机械臂按手术规划路径运动到指定位置。

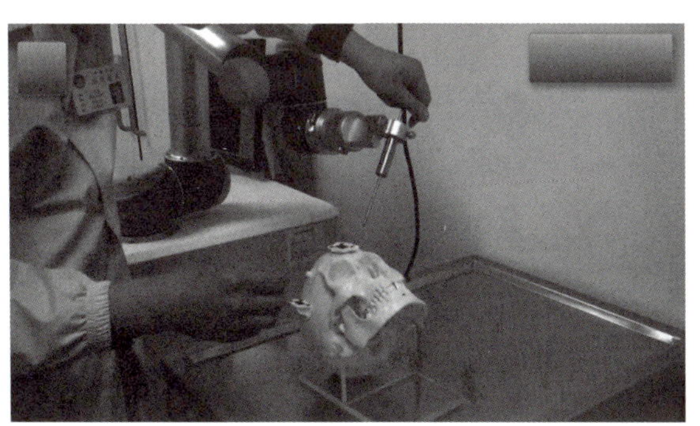

图9-1 AI神经外科手术机器人

AI神经外科手术机器人

这款具备一定智能、高性能、稳定的手术机器人已经应用于临床,可对患者进行穿刺、活检操作,取出组织标本,且切口大小只有2毫米,出血量几乎为0。机械臂的稳定性、可靠性及可重复性都比较高,不受疲劳影响,不受操作人员的精神状态影响,有助于实现精确定位、精确手术、精确切除。

2.智能医疗设备

(1)智能血压计。

智能血压计有蓝牙血压计、GPRS血压计、Wi-Fi血压计等。

蓝牙血压计在血压计中内置蓝牙模块,通过蓝牙将测量数据传送到手机,然后由手机再上传到云端。它的优点是无线传输,不需要接线,不依赖于外部网络,直接上传到手机。缺点是必须依赖于手机,并且测量血压时,要同时操作血压计和手机,使用前要先做蓝牙匹配。对年长的人来说,不太方便。

GPRS血压计通过内置GPRS和3G模块,利用无所不在的公共移动通信网络,将数据直接上传到云端。这种方法的优点是足够方便,日常使用跟传统血压计一样,无须考虑手机,而数据随时可得。

Wi-Fi血压计是直接使用Wi-Fi将数据上传到云端。典型的代表如云大夫血压计。这种方式兼具上面几种方式的优点:操作方便,不需要依赖手机,同时还不需要任何费用。它的缺点是必须依赖网络。

不同的智能血压计适用于不同的人群。比如蓝牙和USB血压计,由于测量时必须使用手机,比较适合40岁以下的年轻人群使用。而GPRS和Wi-Fi基本上适合所有人群。其中GPRS因为需要支付流量费用,不适合对费用敏感的人群。

(2)理疗仪。

理疗仪,它们大部分是属于远红外线、红外线、热疗、磁疗、高低频、音频脉冲以及机械按摩类别的治疗仪器。当腰、腿、颈椎、胳膊有什么不舒适时,人们会去做一些理疗以缓解疾病疼痛的感觉。这些家用理疗仪可以方便地在家中使用和作为辅助的保健治疗。

(3)智能手环。

智能手环是一种手戴式智能设备。通过这款手环,用户可以记录日常生活中的锻炼、睡眠、部分饮食等实时数据,并将这些数据与手机、平板等同步,起到通过数据指导健康生活的作用。具有普通计步器的一般计步,测量距离、卡路里、脂肪等功能,支持活动、锻炼、睡眠等模式,拥有智能闹钟、高档防水、疲劳提醒等特殊功能;用户可以通过蓝牙数据传输,记录并分享日常生活中的锻炼、睡眠和饮食等实时数据。

(4)智能体脂秤。

智能体脂秤可全面检测体重、脂肪、骨骼、肌肉等含量,并智能分析身体重要数据,根据每个时段的身体状况和日常生活习惯提供个性化的饮食和健康指导,满足全家各年龄阶段需求。

(5)智能假肢。

智能假肢,又叫神经义肢,生物电子装置,是指医生们利用现代生物电子学技术将患者的人体神经系统与照相机、话筒、马达之类的装置连接起来,以嵌入和听从大脑指令的方式替代这个人群的躯体部分缺失或损毁的人工装置。

本章小结

本章介绍了智能医疗的定义、发展历史、应用领域,最后列举了智能医疗的几个典型应用,为读者把人工智能应用到医疗领域奠定基础。

课后习题

1.简述智能医疗的含义。

2.智能医疗的主要应用领域有哪些?

3.举例说明智能医疗的典型应用。

实训工单1:医学知识问答

<table>
<tr><td>工单名称</td><td colspan="3">简单医学知识问答</td></tr>
<tr><td>实施地点</td><td></td><td>计划工期</td><td>2个工作日</td></tr>
<tr><td>项目负责人</td><td></td><td>组员</td><td></td></tr>
<tr><td>任务说明</td><td colspan="3">智能医疗领域经常使用知识问答系统,以帮助医生和患者快速高效地获取医疗信息和日常健康知识。本次实训任务旨在通过小组间互动的医学知识问答形式,使学生能够更深入地了解智能医疗知识问答系统的作用及其实际应用效果,可以使用DeepSeek等AI工具</td></tr>
<tr><td>任务目标</td><td colspan="3">(1)能够准确回答常见医疗和健康知识相关的问题,如常见疾病的预防、症状识别及日常健康保健等内容;
(2)能够初步理解智能医疗知识问答系统在信息传播中的重要意义和实际功能</td></tr>
<tr><td>任务1</td><td colspan="3">准备医学知识问答题目</td></tr>
<tr><td>任务解决方案或结果</td><td colspan="3"></td></tr>
<tr><td>任务2</td><td colspan="3">开展小组知识问答活动</td></tr>
<tr><td>任务解决方案或结果</td><td colspan="3"></td></tr>
<tr><td>任务3</td><td colspan="3">统计与分析问答效果</td></tr>
<tr><td>任务解决方案或结果</td><td colspan="3"></td></tr>
<tr><td>任务4</td><td colspan="3">总结和小组讨论</td></tr>
<tr><td>任务解决方案或结果</td><td colspan="3"></td></tr>
<tr><td>任务总结与心得</td><td colspan="3"></td></tr>
<tr><td>参考答案</td><td colspan="3"></td></tr>
</table>

实训工单2:健康方案管理设计

<table>
<tr><td>工单名称</td><td colspan="3">简单健康管理方案设计</td></tr>
<tr><td>实施地点</td><td></td><td>计划工期</td><td>2个工作日</td></tr>
<tr><td>项目负责人</td><td></td><td>组员</td><td></td></tr>
<tr><td>任务说明</td><td colspan="3">随着智能医疗技术的发展,个人健康管理变得更加便捷和高效。本次实训任务要求学生根据日常生活中的健康需求,初步设计并优化一个针对性强、简单实用的健康管理方案,以提高健康意识和自我健康管理能力,可以使用DeepSeek等AI工具</td></tr>
<tr><td>任务目标</td><td colspan="3">(1)能够清晰地理解并确定个人和群体的日常健康管理需求,涵盖饮食、运动、睡眠、心理健康等多个维度;
(2)能够根据确定的健康需求设计出合理、可操作的简单健康管理方案</td></tr>
<tr><td>任务1</td><td colspan="3">确定具体的健康管理需求</td></tr>
<tr><td>任务解决方案或结果</td><td colspan="3"></td></tr>
<tr><td>任务2</td><td colspan="3">设计并初步制定健康管理方案</td></tr>
<tr><td>任务解决方案或结果</td><td colspan="3"></td></tr>
<tr><td>任务3</td><td colspan="3">方案展示与小组交流</td></tr>
<tr><td>任务解决方案或结果</td><td colspan="3"></td></tr>
<tr><td>任务4</td><td colspan="3">优化和完善健康管理方案</td></tr>
<tr><td>任务解决方案或结果</td><td colspan="3"></td></tr>
<tr><td>任务总结与心得</td><td colspan="3"></td></tr>
<tr><td>参考答案</td><td colspan="3"></td></tr>
</table>

第10章

智能零售

10.1 智能零售的概念和特点

智能零售是指在实体店和电商平台上利用物联网、人工智能、大数据等技术手段对传统零售业进行智能化改造,从而实现智能定制、智能营销、智能服务、智能管理的零售业态。智能零售应用包含以下几个方面。

(1)智能化店铺管理:利用智能技术对店铺进行管理和优化,包括预测销售、财务管理、库存管理以及员工管理等。例如,利用人脸识别技术实现员工签到打卡、智能货架自动补货等,提高店内管理效率。

智能化店铺管理

(2)智能化商品管理:通过数据分析和人工智能技术,实现商品的分类、推荐和搭配等智能化运营,提高商品销售效率和消费者的购物体验。例如,利用消费者画像和购物历史数据,对商品进行个性化推荐和匹配,提高购物转化率和客户忠诚度。

(3)智能化支付流程:通过移动支付、扫码支付等智能支付方式,提高收银效率和安全性,同时也减少了人员成本。未来,智能零售还将通过区块链技术等手段在支付环节上进一步的升级和优化,保证消费者的个人信息和支付安全。

智能化支付流程

智能零售是未来零售业的发展方向,是推动零售业智能化和数字化的必经之路。通过利用智能技术和数据分析手段,可以提高零售业的效率和竞争力,同时也可以为消费者带来更好的购物体验和服务。在未来,智能零售的应用范围将会越来越广泛,涵盖更多的零售业领域和业态。

相较于传统的零售模式,智能零售具有以下特点。

(1)全程智能化:智能零售模式利用物联网技术构建全场景联网系统,各种硬件设备都能够与人工智能设备连接,实现大数据分析及业务智能化。例如,智能柜、智能超市、智能停车场等场景化智能服务可以满足消费者在购物、取货、储物、停车等方面的需求,而无线收银、预测购物、智能售货等应用则直接满足客户的购物需求,前后端信息高度互联互通,实现全程智能操作。

无人零售简介

(2)全面个性化:智能零售模式中采用新一代技术对消费者的店内消费行为、线上线下互动等信息进行数据采集、分析、处理,并以此为基础进行精准营销和合理化运营。例如,可以根据客户购买历史、预测需求、个人喜好等因素进行个性化推荐、定制化服务、与时俱进的营销等多种形式的服务,提高客户的购物体验及忠诚度。

VR 购物

(3)场景体验:智能零售模式通过智能化设计和体验营销,实现生动、有趣、富有调性的场景体验。例如,可以利用场地视频、3D影像、物联网技术等进行创意体验设计,打造独特的购物场景,吸引顾客的关注、加深印象并增强忠诚度,进而提高客户消费满意度。

(4)高效安全:智能零售模式通过大数据分析、人工智能等技术,提高自动化、智能化、覆盖范围、数据处理效率以及运营服务质量,并能够实现全程自动安全监控、防止僵尸账户、抗DDoS(Distributed Denial of Service,分布式拒绝服务)攻击、信息安全等领域,强化终端用户的隐私安全保障。

(5)协同共赢:智能零售模式通过区块链技术、微信、支付宝等新一代的电子支付渠道,建立多元化的生态系统并分享创造价值,实现线上线下的良性互动和优势互补,对整个行业的创新和发展起到积极的促进作用。

总之,智能零售越来越成为新消费环境的主流趋势,将大大提高人类社会运作的效率、促进商业模式的多元化发展、推进社会智慧化、智能化与高效化。

小贴士

党的二十届三中全会再次强调要“构建全国统一大市场”,并明确提出“完善流通体制,加快发展物联网,健全一体衔接的流通规则和标准”,进一步为完善流通领域制度、规则和标准,加快建设全国统一大市场指明了方向、明确了任务。现代零售体系依托大数据、人工智能等先进技术手段,精准捕捉消费者的口味偏好、健康需求以及购买习惯等信息,从而实现产品的精准研发与供应。本章重点介绍推动数字化赋能,推动实体零售与数字经济深度融合,形成新质生产力,提升效率,打造让消费更便捷的购物体验。

10.2 智能零售的发展历史

智能零售是一种融合了第四次工业革命先进技术的新型零售模式。其发展历程大致可以分为以下几个阶段。

1. 智能家居时代(20世纪90年代—2005年)

智能家居

智能零售的起源可以追溯到20世纪90年代,当时的市场主要是面向高端消费者的智能家居行业。智能家居以“三高”(高品质、高技术、高服务)为目标。传感器技术和人工智能技术的应用,使得家居用品和家庭设备可以实现自动化和智能化。智能家居的成功推动了物联网技术和智能应用的发展,为智能零售行业后期发展奠定了基础。

2. 智慧零售时代(2005—2013年)

智慧零售是智能零售的序幕。从2005年开始,全球许多主要零售商开始将物联网技术、大数据、云计算等技术应用于商业营销和服务领域,开创了智慧零售时代。利用新一代技术可收集、分析、处理、传输大量数据,实现真正的个性化推荐、场景化服务和协同化运营,提高了智慧零售的效率、效果和客户满意度。

3. 智能零售时代(2013年至今)

机器学习、深度学习、自然语言处理和计算机图像识别等人工智能技术、物联网和5G等新技术的迅速发展和应用,使得智能零售在技术、应用和创新等方面迈上了一个新的台阶。智能零售时代的核心是将智能化、场景化、个性化和安全化等要素渗透到整个流程中,包括供应链管理、门店设计、产品设计、销售渠道、营销策略、物流配送等方面。通过引入人工智能、大数据等核心技术实现智能商业运营、更高效的库存管理和更高质量的服务体验,为消费者提供更好的购物体验和产品定制服务。

智能零售的这种发展历程推动了智慧城市、智慧产业、人工智能等领域的快速发展,推动了数字赋能和数字中国等政策的实施,对全球智能产业的发展,特别是中国智能制造领域的发展,产生了重要的影响。可以预测,智能零售将继续保持快速、高效、可信、环保和可持续的特点,成为智慧城市及全球数字经济发展的重要支撑,也将加速推进人类社会向智慧社会转型。

10.3 智能零售的应用场景

智能零售是以技术为基础,以提高效率、降低成本、创造新商业价值为目标的,集数据采集、分析、处理、信息共享、机器学习、人工智能、自动化以及增强现实(AR)技术等多种手段于一身的新型零售模式。智能零售应用场景广泛,以下将从产品设计、销售渠道、门店智能化、营销策略和物流配送等五个方面分别说明。

1. 产品设计

传统商品的生产,往往是基于制造商对市场需求的预测而开发的。但是,基于大数据和消费者交互数据,智能零售通过不断收集、清洗、分析和挖掘数据,可以更好地理解消费者的需求和满意度。而且通过数据将原来的进行笼统的分类、区域性的划分转化为更细颗粒度化的商品的细分,甚至可以开发出定制化产品,从而为消费者提供更精细和个性化的商品和服务,提高客户满意度和忠诚度。

2. 销售渠道

智能零售为消费者提供更方便、快捷、个性化的购物体验,通过互联网和移动终端,不仅可以随时随地购买商品,还可以随时获取商品的实时库存信息、价格信息、折扣信息等,并且可以通过手势识别、语音识别等智能技术快速完成购物流程。同时,线上和线下渠道也可以相互切换,突破了传统零售业的销售模式,为消费者提供全新的购物模式和体验。

3.门店智能化

智能零售通过将人工智能技术、传感技术、机器视觉、无线射频识别(RFID)技术等,运用到门店终端的设备和系统中,构建更加智能、安全和节能的门店环境,不仅可以减少人力成本,还可以提升门店的品质、服务级别和体验。例如,在门店中加装智能监控视频和智能计算机视觉系统,通过人脸识别技术,可以实现客户的快速身份识别,并快速为客户提供个性化的优惠服务;同时,在门店中配备智能付款、自助点餐、自动售货机等设备可以极大地提升效率、节省人力成本、缩短等待时间,给消费者更好的体验。

4.营销策略

传统的零售企业常常采用大规模宣传、促销和广告等方式来吸引顾客。然而,这种方式成本较高、效果难以掌控和预测。而智能零售则可以通过大数据和人工智能技术的应用,运用推荐算法等方式分析消费者的行为、兴趣和需求等相关数据信息,从而为消费者推荐个性化的商品和服务,并制定促销策略,准确地针对不同的消费者群体,提升营销效率和营销效果。

5.物流配送

智能零售不仅应用于销售渠道的优化,还可以实现物流配送的智能化,从而为消费者提供更快更优质的服务。通过物联网技术,可实现对物流节点进行及时监控与跟踪,便于准确把握物流节点位置。同时,利用大数据和人工智能技术,可以实现路线优化、实时监控、配送线路自动规划、配送员自动分配和订单配送的自动化,可以大幅度缩短配送时间,提高物流效率和客户满意度。

综上所述,智能零售将会广泛应用于包括商业娱乐、旅游、金融、家居、医疗、教育、汽车等所有行业。

10.4 智能零售的优势与劣势

智能零售是一种新兴的购物模式,它利用物联网、人工智能和大数据等技术,将线上与线下进行无缝整合,提供更加方便、快捷、个性化的购物体验。智能零售的兴起,不仅改变了传统零售商业的竞争格局,也为消费者带来了更多的购物选择和便利。本节将对智能零售的优势和劣势进行详细分析,并探讨智能零售的未来发展趋势。

1.智能零售的优势

(1)提高购物效率。智能零售的一大优势是可以提高购物效率。传统的零售方式,需要消费者花费大量的时间在购物上,包括出门购物、排队付款等环节。而智能零售则可以通过相关技术,将这些购物环节大大简化,让消费者省去排队的时间,并为消费者提供更加快捷的购物方式。例如,智能零售的QR码支付、语音购物、智能推荐等功能,不仅减少了消费者购物的时间成本,也提升了购物的体验感。

(2)提供更好的服务。智能零售提供了全新的购物方式和服务,为消费者带来更具个性化的购物体验。智能零售可以通过大数据技术分析消费者的购物习惯和偏好,针对消费者需求制定推荐方案,提供更加符合消费者需求的商品和服务。另外,智能零售还可以通过智能客服等技术为消费者提供更高效的售前售后服务，增强了服务品质和体验感。

(3)降低成本。智能零售可以通过自动化和智能化的技术，降低运营成本，提高运营效率。智能零售既不需要大量的人力资源进行维护和运营，也不需要负担过高的商业租金和人力成本等费用。智能零售可以利用物联网和大数据技术，以更有效的方式管理库存、预测需求、优化布局、减少食品浪费等方面实现成本节约。

2. 智能零售的劣势

(1)技术难度大。智能零售需要应用众多新技术，涉及硬件、软件、系统集成等方面，技术难度很大。智能零售的开发、测试、运营等需要大量的人力、物力和财力投入，而且同时涉及多个领域的技术，需要具备相应的综合能力。

(2)安全风险高。智能零售涉及用户的信息和支付等敏感数据，如果数据泄露或者被攻击入侵，就会对用户的利益造成严重威胁。因此，智能零售的信息安全和支付安全问题需要高度重视和加强保护。

(3)用户接受度低。智能零售需要用户有一定的技术储备和使用习惯，同时对于年长用户或者一些不习惯互联网购物的用户来说，智能零售可能存在使用难度或者不便之处。

10.5　智能零售的体系架构

智能零售的体系架构包括以下几个方面：

1. 数据采集和处理层

智能零售的基础是数据采集和处理。该层通过各种传感器和数据接口，收集店铺、商品、顾客等方面的数据，包括销售数据、客流量、库存、价格等；同时，也通过各种数据分析和机器学习技术，对数据进行处理和挖掘，得出有价值的信息和模式。

2. 智能化决策层

在数据采集和处理的基础上，智能零售还需要建立智能化决策层。该层通过结合数据分析和人工智能算法，实现预测销售、库存管理、定价以及推荐客户购物等智能化决策，提高零售业的效率和利润。

3. 智能化运营层

智能化运营层是智能零售的核心。该层通过各种智能设备和系统，实现智能化店铺和商品管理、智能化支付以及员工管理等。例如，智能化货架可以根据实时销售情况，自动调整库存和陈列方式，提高商品销售效率。

4. 智能化客户服务层

智能化客户服务层是智能零售的重要组成部分。该层通过各种客户端和应用程序，实现智能化客户服务和推销。例如，店内定位、线上购物、社交媒体营销等。此外，还可以通过智能客服系统和人工智能机器人等方式，提供更加个性化的客户服务。

5. 智能化安全保障层

智能零售需要考虑各种安全风险，包括支付安全、客户信息安全、设备安全等。该层通过各种安全技术和措施,确保智能零售系统的安全性和可靠性。

以上是智能零售的体系架构。通过搭建以上各个组成部分并进行协同作用,智能零售将实现店内、线上和客户服务的智能化管理和运营,提供更加便利和高效的购物体验,同时也将为实体零售业带来更大的发展机遇。

10.6 智能零售的未来趋势

零售行业是经济中的一个巨大组成部分,随着科技的飞速发展,正逐渐进入智能零售时代。智能零售是一种以人工智能和物联网技术为核心的商业模式,它的出现将对零售业产生革命性的影响。未来,智能零售将变得更加智能化、人性化和定制化,而且消费者将成为零售业的关键驱动力。接下来我将详细阐述智能零售的未来趋势。

1. 无人零售店将渐渐普及

无人零售店是智能零售的前沿,采用物联网技术、人工智能、数字支付等技术,实现了全自动化运营。未来,无人零售店将不断普及,能够满足消费者随时随地的购物需求。通过手机APP扫码、人脸识别等方式,消费者可以轻松地在无人零售店中购物,无须排队,结账快捷。目前,国内外已经有很多企业投入了大量的资源和精力进行无人零售店的研发和实践,未来将成为零售业的一个重要分支。

2. 智能化的定制化服务将成为主流

未来,智能化的定制化服务将成为智能零售的主流趋势。这意味着,零售商需要通过人工智能、大数据分析等技术针对不同消费者的个性化需求进行深度挖掘,并提供个性化的商品和服务。例如,通过消费者的行为数据来识别消费者的喜好,推荐个性化商品;通过消费者的身体数据和生活习惯,提供个性化的健康养生方案等。未来零售商将发掘更多的数据,帮助消费者获得更好的购物体验和服务。

3.AR/VR 等技术将进一步应用

AR(Augmented Reality,增强现实)和VR(Virtual Reality,虚拟现实)一直是智能零售行业的重要技术,未来这些技术将得到进一步应用。消费者可以通过AR技术在网络上看到商品在现实中的呈现,甚至可以在未到实体店之前就对商品进行全方位的观察和体验。VR技术能够帮助消费者进入一个虚拟的购物环境,给消费者以更真实、更立体的购物体验,未来将成为重要的购物形式。

4. 全场景、全渠道的营销将增强用户黏性

未来,零售商将致力于打造全场景、全渠道的营销体验,通过人机交互和数字化手段来增强用户黏性。通过多渠道的方式进行个性化商品推荐、优惠券发放、互动活动、信息流营销等,即使消费者在不同渠道购物或不同场景使用,也能保持一致的服务和体验。目前,淘宝、京东等互联网零售商已经具备了较成熟的全渠道营销能力,在线上和线下购物中消费者体验的无缝连接将成为未来的趋势。

5.智慧物流将提高服务水平

智慧物流是指将物流系统数字化、信息化，通过数据分析、智能化算法使物流运作效率更高、成本更低、服务品质更好的新一代物流方式。未来，物流行业将更多地采用智能机器人和企业物流车库等，提升物流效率和服务水平，从而降低成本，更好地服务消费者。智慧物流将成为智能零售流程中至关重要的一环。

智慧物流简介

综上所述，智能零售的未来趋势将是智能化、人性化、定制化和渠道化。未来，零售商应该迈向智能化与全场景、全渠道思路，为用户提供更智能、个性化、场景化的消费体验。同时，智能零售将推动零售业数字化、智能化的升级进程。

10.7 智能零售典型应用案例

10.7.1 无人零售

基于深度学习、计算机视觉、智能传感器等人工智能技术的无人零售是实体零售的重要发展方向，它可以让顾客高效率地实现商品的选购和付款流程，同时降低商家的人力成本。此外，无人零售建立的客户大数据，也将为精准营销提供强有力的数据支持。在无人零售场景中，商家可以快速实现对某种或某一类商品的用户数据进行有效分析，根据用户的浏览记录、购买记录等相关数据，确定产品的有效客户群。随着人工智能相关技术逐渐成熟和移动支付服务的快速发展，以无人零售为代表的新零售得到全球零售巨头的重点关注。

1.亚马逊无人超市

亚马逊无人超市

亚马逊无人超市是当前智能零售领域的一项重要突破。无人超市并不是要“消除”所有人工环节，店内也不是不出现任何店员，而是“消除”导购员、收银员这类人工成本相对较高的职位，一定程度上节约人力成本，更大的意义是将线下场景数字化、提升运营效率、实现精准营销等，并通过提供更便捷的结账方式，提升用户体验。借助人工智能的卷积神经网络、计算机视觉、深度学习、生物识别等前沿技术，打造一个人工智能零售系统，实现零售无人或少人的智能升级。无人售货系统通过智能传感器（摄像头、货架上感应商品重力的传感器和手机）来判别和执行用户的购买行为。顾客在进入超市之前，需要通过手机端下载APP软件Amazon Go，注册并登录，然后通过软件生成的二维码扫码进店，生成的二维码可以对应多个人，这主要是为了应对家庭购物场景。进入超市后，顾客的注册信息将成为每个顾客唯一的终身ID。ID、手机定位和体态行为检测算法可以精准识别用户，并辅助系统完成对用户整个购物流程的追踪定位。顾客手机中的亚马逊Amazon Go可以与店内的蓝牙信标网络进行通信，而店内密集的蓝牙信标网络可以把顾客的位置精确到半米之内。

在购物环节，顾客在货架中取商品、将商品放回、行走等用户行为，都会被摄像头记录下来。系统利用压力传感装置、红外传感器、载荷传感器等识别顾客的选购行为，其主服务器中的判别模型会对顾客是否购买某件商品做出最终判断,并将判断结果体现在虚拟购物车中。当一个商品被拿走或是被放回时,货架上的摄像头和重量感应器可以监测到商品的图像、重量信息,并将这些信息输入其人工智能系统,而店内的人工智能系统可以通过这些数据以及商品放置的位置来推测出是什么商品被放置或是被拿走了。当顾客浏览商品时,从货架上拿下的货物都会被自动加入APP的虚拟购物车,但如果顾客拿下商品后又不想要了,直接放回货架即可,APP会在虚拟购物车里自动加减商品。完成购物后,客户不需要排队,人工智能可以自动识别每个用户的商品购买信息,并在客户离开超市后,在顾客绑定的亚马逊账户中自动扣款,同时将订单详情发送至用户的手机上。

2.关键技术

无人零售是深度学习、计算机视觉、智能传感器等人工智能技术与超市购物场景结合的新型零售模式。无人零售的关键技术主要体现在场景内的用户个人商品购买行为的精准识别,包含身份认证与顾客追踪、商品识别等。

(1)身份认证与顾客追踪。身份认证又称验证、鉴权,是指通过一定的手段,完成对用户身份的确认;顾客追踪是指对进入无人零售场景的顾客进行有效的行为追踪。顾客追踪的前提是身份认证,也就是说进入无人零售场景的顾客要证明其在整个购物过程中身份的唯一性。在无人零售场景内,身份认证与顾客追踪可以对顾客的商品购买行为提供有效的数据支持,降低商品损坏率、丢失率。在无人零售场景外,商家可以提取顾客的行为数据、分析消费行为、预测消费方向等。

在身份认证与顾客追踪的识别方式上,国内外商家采取了不同的技术路线。有些超市的技术方法是利用监控、音频捕捉和手机端定位共同构建顾客的身份认证与顾客追踪系统。当顾客扫码进入超市后,监控系统就会认出顾客是谁并一路"跟踪",店内麦克风会根据周围的环境声音判断顾客所处的位置。此外,用户手机的GPS以及Wi-Fi信号也能协助定位的实现。当顾客站在货架前准备购物时,货架上的相机系统便会启动,拍下顾客拿取了什么商品,以及离开货架时手里有什么商品。

(2)商品识别。商品识别主要涉及计算机视觉,实现对货架上商品信息变更的识别。可以通过手势识别、红外传感器、压力感应装置、荷载传感器来判断用户取走了哪些商品以及放回了多少商品。有的技术方案则采用结算意图识别和交易系统。顾客需经过两道结算门,对商品的识别过程就是在这两道门之间完成(误判率0.1%)。有分析认为,系统利用了RFID 技术。据工程师内测,把商品放进书包里、塞进裤兜里,多人拥挤在一个货柜前抢爆款、戴墨镜等行为下,系统基本能识别并自动扣款。

10.7.2 智能试衣

智能试衣

智能试衣场景主要应用了增强现实、语音识别、手势识别等技术。比如Magic Mirror公司测试的智能试衣镜项目,使顾客不需要将衣服穿在身上,即可看到该衣服的3D效果。该项目的智能系统会自动根据客户的性别、年龄、身高、肤色、外貌等数据与门店里的合适服装进行匹配,实现个性化推荐。向顾客推荐的服装将会以3D服装模型的形式在人体模型上呈现出来,让顾客可以方便快捷地了解自己的试穿效果。与此同时，智能系统还会利用语音交互设备等与顾客进行沟通，让用户获得更高的满意度。

首先，顾客需要使用智能搜索技术（包含语音搜索或者图像搜索等），将感兴趣的服饰在终端上找到并显示出来；其次，触发智能识别，识别目标界面中的服饰图像；接着，对获取的图像进行算法识别，如图像的属性信息，包括颜色、大小、款式、类型（上衣、帽子、裤子等）；然后，通过相机或数据图像输入，获取目标（用户）的人体模型图像；最后，将服饰图像叠加显示在目标的3D人体模型上。

10.7.3 VR营销

VR技术已经逐渐成了现代营销的热门选择。在VR中，消费者可以亲身参与体验产品和服务，增强情感共鸣以及品牌忠诚度。下面介绍几个VR营销的典型案例。

1. 餐饮行业VR营销

餐饮行业VR营销

如何营销餐饮品牌和酒店客房服务已经成了一个挑战。但是，借助虚拟现实技术，餐饮业可以为客户创造无限的无边界体验。

例如，宜家推出一款名为VR Kitchen的应用程序。该应用程序可以提供一个客户在家中就可以了解厨房不同装修风格的机会。在VR中，用户可以通过转动头部来查看各种厨房场景，并且可以自由搭配厨房家具来创造自己最喜欢的厨房风格。

此外，可口可乐也推出了一个VR营销计划。在这个计划中，消费者可以亲自参与到一个汽水制造厂的流程中，并且了解各个环节。消费者可以在VR中感受到自己实际在饮品制造中所处的位置。

2. 汽车行业VR营销

汽车行业VR营销

汽车行业是另一个可以使用VR技术的行业。因为一辆汽车是相当大的，而且还需要在展厅内陈列，而VR则可以模拟真实场合。

虚拟现实可以让消费者走进汽车内部，探索车厢里的每一个角落，察觉到汽车内部的各种动态甚至静态的细节。同时，顾客还可以体验汽车在各种场合下的真实表现，比如在城市中行驶、在高速公路上高速行驶，切身感受驾驶一辆汽车的各种情境和体验感。

特斯拉公司的虚拟现实汽车营销已经广受好评。在特斯拉使用VR营销的技术中，消费者可以随意选出他们感兴趣的车型，并在VR中设置各种参数和设备，以获得极致的体验。此外，特斯拉在展示时还可以进行多种内置设计，例如，强制客户订购高级设备，或者展示装饰部件等。

3. 旅游行业VR营销

VR技术可以让消费者在从未进入具体景点时就先体验其中的景色。例如，在夏威夷，游客可以体验一种极致的夏威夷旅游感。他们可以在VR中浏览当地美景，在动态风景中感受到自己的心情氛围。

另外，在澳大利亚布里斯班等地，消费者可以使用VR技术和虚拟现实眼镜体验当地的各种景色，以及得到一些自然资源的讲解，游客在没有亲临前就体验其中的自然旅游风景。

总之,VR营销是一种极具吸引力的新型营销方式,通过类似视频的方式让消费者体验到更真实的虚拟世界,在各个行业都有着丰富的应用场景,可以提高客户参与度和品牌影响力。未来,随着虚拟现实技术的不断发展,VR营销将成为更多行业的营销必备。

本章小结

本章介绍了智能零售的概念和内涵、未来发展趋势及典型案例等,随着人们对生活品质的不断提高,智能零售将会成为零售业的主要趋势之一。未来,随着技术的不断进步,智能化将会改变消费者的购物习惯和消费方式,使得消费体验更加便捷和高效。

课后习题

1.简述智能零售的含义。

2.智能零售的主要应用场景有哪些?

3.举例说明智能零售的典型应用。

实训工单1:智能零售方案设计

工单名称	简单智能零售方案设计		
实施地点		计划工期	2个工作日
项目负责人		组员	
任务说明	智能零售技术广泛应用于各种零售场景,极大提升了顾客体验和运营效率。本次实训任务旨在通过小组合作,让学生初步理解智能零售的基本概念,设计一个简单的智能零售解决方案,以解决传统零售中的典型问题,可以使用DeepSeek等AI工具		
任务目标	(1)能够明确理解智能零售的基本特点和优势; (2)能够初步设计一个简单、实用的智能零售解决方案		
任务1	分析零售场景和问题		
任务解决方案或结果			
任务2	制定初步智能零售方案		
任务解决方案或结果			
任务3	方案交流与展示		
任务解决方案或结果			
任务4	方案优化		
任务解决方案或结果			
任务总结与心得			
参考答案			

实训工单2:顾客行为分析

工单名称	顾客购物行为分析		
实施地点		计划工期	2个工作日
项目负责人		组员	
任务说明	智能零售技术的重要功能之一是分析顾客购物行为,帮助商家提升销售业绩和客户满意度。本次实训任务要求学生初步掌握顾客购物行为分析的方法,通过观察和记录顾客的购物行为,初步了解智能零售分析技术的应用,可以使用DeepSeek等AI工具		
任务目标	(1)能够准确记录和分析顾客的购物行为; (2)能够理解顾客购物行为分析对零售管理的意义		
任务1	观察和记录购物行为		
任务解决方案或结果			
任务2	初步分析顾客行为数据		
任务解决方案或结果			
任务3	分析结果展示与讨论		
任务解决方案或结果			
任务4	方案与建议优化		
任务解决方案或结果			
任务总结与心得			
参考答案			

参考文献

[1]蔡自兴,徐光祐.人工智能及其应用[M].北京:清华大学出版社,2010.
[2]崔炜,张良均.TensorFlow2深度学习实战[M].北京:人民邮电出版社,2021.
[3]韩雁泽,刘洪涛.人工智能基础与应用[M].2版.北京:人民邮电出版社,2022.
[4]李航.统计学习方法[M].北京:清华大学出版社,2017.
[5]李铮,黄源,蒋文豪.人工智能导论[M].北京:人民邮电出版社,2021.
[6]刘艳飞,常城.人工智能应用实战[M].北京:人民邮电出版社,2022.
[7]鲁晟燚.基于机器视觉的机械零部件识别与分拣技术研究[D].宁波:宁波大学,2021.
[8]吕天池.基于Xavier平台的数码印花缺陷检测软件研发[D].杭州:浙江大学,2022.
[9]吕云翔,王渌汀,袁琪.机器学习原理及应用[M].北京:机械工业出版社,2023
[10]马超华.基于机器视觉的数码印花缺陷检测系统研究[D].西安:西安工程大学,2021.
[11]马学功,周兴叶,何剑雄.纺织品数码印花技术综述[C]//中国纺织工程学会."博奥-艳棱"杯2015全国新型染料助剂/印染实用新技术研讨会论文集.香港中大实业有限公司,2015.
[12]马月坤,陈昊.人工智能导论[M].北京:清华大学出版社,2021.
[13]明日科技.Python数据分析从入门到精通[M].北京:清华大学出版社,2021.
[14]莫宏伟.人工智能通论[M].北京:电子工业出版社,2022.
[15]MAGNUS H. Python基础教程[M].司维,曾军崴,谭颖华,译.北京:人民邮电出版社,2014.
[16]MARK L. Python学习手册[M].秦鹤,林明,译.5版.北京:机械工业出版社,2018.
[17]聂哲,肖正兴.人工智能技术导论[M].北京:中国铁道出版社,2019.
[18]王博.基于视觉引导的汽车小零件定位抓取技术研究[D].秦皇岛:燕山大学,2019.
[19]WES M.利用Python进行数据分析[M].唐学韬,等,译.北京:机械工业出版社,2014.
[20]杨年华.Python数据分析与机器学习:微课视频版[M].北京:清华大学出版社,2023.
[21]张松慧,陈丹.机器学习Python实战[M].北京:人民邮电出版社,2022.
[22]周志华.机器学习[M].北京:清华大学出版社,2016.
[23]祝天培.基于机器视觉的板材计数技术研究[D].南京:南京信息工程大学,2021.